矢澤彬の熱力学問題集

早稲田 嘉夫・大藏 隆彦
森 芳秋・岡部 徹・宇田 哲也
共　編

内田老鶴圃

本書の全部あるいは一部を断わりなく転載または
複写(コピー)することは，著作権および出版権の
侵害となる場合がありますのでご注意下さい．

思い出の熱力学演習

　1948年の春，旧制の東北大学3年の課程を終えた私は，"非鉄乾式製錬の理論と実験"という研究課題を与えられ，大学院の特研生として専門の道に入ることになりました．この頃すでに鉄鋼製錬の分野では，内外の多くの研究者により平衡論的な研究が展開されつつありましたが，非鉄分野を対象とした理論研究は極めて乏しい状態でした．仕事の進め方は全く自由に任されていましたが，多くの対象金属，膨大なプロセスの数の中から，とりあえず実験研究として銅の溶融製錬の相平衡を選び，かたわら理論面で手がかりにと化学熱力学的手法の援用を模索して参りました．

　駆け出しの若年研究者のこととて，初めのうちは試行錯誤の繰り返しでしたが，5年も経つと溶融実験と熱力学計算の両面がつながり，それなりの成果が発表できるようになりました．この頃になると，学部学生の実験，演習や，研究室についた学生の卒業研究の指導にも忙しくなりましたが，初学者には旧来型の記述式非鉄製錬を講じても反応は鈍く，熱力学計算と結んだ解説が有効なことを確かめることができました．この頃の演習対象者は主に4年次学生で，卒業後の就職分野も様々でしたが，数年前，前後のクラスの方々数人が拙宅を訪問され懐旧談に花を咲かせた折に，狭く薄暗い研究室での演習が何よりの思い出との言葉を，感慨深く承ったことでした．

　1962年に工学部から選鉱製錬研究所の乾式部門に移りましたが，この頃，新制の大学院への講義の充実が図られ，私にとっては未知の分野であった湿式製錬の講義担当を命ぜられました．やむを得ず乾式熱力学の経験を土台に，分析化学の水溶液平衡反応のにわか勉強を加え，間に合わせましたが，この過程で水溶液熱力学計算の演習問題を加えることができました．研究所に移り，学部学生への教育負担は減り，卒論の4年次学生は2名程度となりましたが，大学院学生が増えたほか，非鉄製錬各社のお計らいで受託研究員が増え，さらに海外からの研究留学生，研修員なども増加し，研究室は賑やかでした．専門性が高く，製錬実務に詳しい参加者が増えたことに加え，範囲も環境関連の問題にも広がり，熱力学演習は出席者に有用であっただけでなく，私にとっても手ごたえがあり，楽しい勉学の機会でありました．

　発表論文や留学生を通じての研究室の評価の故か，海外から私への招待も多くなり，1966年にはチェコスロバキアから1学期に及ぶ冶金熱力学の講義委嘱を受けました．初めての海外が当時のソ連圏で，英語での長い講義も初めて，しかも対象学生の多くはロシア語が第一外国語で，といった不安だらけの出張でしたが，結果は実用性に富む熱力学だと高く評価され，私の講義原稿はその後かなりの間，使われ続けたと聞いております．心配した言葉の問題も通訳のお陰もありますが，演習問題を毎回出題し回答につき討議する方式が，学生の興味と理解を繋ぎ止めたと聞いております．その後，チリやオーストラリアで3ヶ月程度の集中講義に呼ばれた折も，部分的に挟んだ演習問題の愚問賢答？が役立ったように思いました．

　学術論文の出版はとくに研究所が長かった者として義務と思っていましたので，私も共著者のお陰もありかれこれ400編程度は出してきたかと思いますが，演習問題の方は今までほとんど陽の目を見ておりませんでした．一部に幻のと言われるゆえんですが，これは私の能力欠如，また怠惰のゆえ，と言えるのかも知れません．でも上に述べましたように熱力学演習は私にとって，かなり永きに渡り取り組んだ仕事であり，これを通じて学び，またいろいろな方とお付き合いをしてきた，忘れ難い思い出です．大学を離れて熱力学演習も20年も昔のこととなると，今の時代における価値も計り難く，これは私と共に忘れ去られてもよいと思っておりましたが，早稲田名誉教授のご尽力で，このような形で本にして戴けるとのこと，誠に有り難いことです．もう多分30〜40年も前に演習にご参加いただき，今は日本の学界，産業界で枢要な地位を占め

て居られるご多忙な方々の音頭取りで，このような労多く大変なまとめをして下さった皆様に，幾重にも御礼申し上げる次第です．

2010 年 5 月 13 日

矢澤　彬

まえがき

　1970年代における大学の工学部，冶金系・金属系あるいは材料系・物質系学科で当然のように提供されていた，資源の採掘，破砕・選鉱プロセスはもちろん，鉱石から有用な金属を取り出す「製錬プロセス」の講義も，我が国の産業構造の変化に伴って，最近はほとんど姿を消しつつある．それに加えて，デジタル家電・ゲーム機などの中で育った若者にとって，熱力学，とくに化学熱力学は"古い"というイメージが付きまとうようである．しかし，熱力学は，我々の身の周りで起こるエネルギーや物質の変化を，温度や圧力などの巨視的な量のみを用いて議論できる有用な手段の一つである．原子や分子のレベルに立ち入らないで，着目する反応が起こり得るかなどを予測できることが利点でもある．

　我が国が得意とする「ものづくり」において，熱力学は予想以上に有効で便利な手段の一つである．また，最近の新聞紙上で日常的に使用されている「都市鉱山」に代表される，貴重な金属資源の有効活用を検討する際にも，熱力学は強い味方である．言い換えると，ものづくりやリサイクルなどに関わる若手研究者・技術者にとって，熱力学の基礎知識があり熱力学を使いこなせることは，活用できる人材と見なされることにつながる．ちなみに「都市鉱山」とは，(故)南條道夫選鉱製錬研究所教授が1987年に提唱された造語（選研彙報 Vol. 43 (1987) p. 239；金属 Vol. 57 (1987) p. 21）である．

　熱力学は，もともと膨大な実験事実の積み重ねである経験的データに基づいて生まれた学問体系の一つで，例えば金属素材の製造プロセスにおける大まかな操業指針を得ることに役立つ．一例を見てみよう．

　銅は，一般に黄銅鉱（$CuFeS_2$）あるいは輝銅鉱（Cu_2S）のような硫化物として産出することが多い．これらの鉱石を加熱して酸化物にし，還元することで銅を得る方法が数世紀前までは使われていた．しかし，どうせイオウとの反応が容易であるならひとまず硫化銅とし，それからゆっくり銅を採取すればよいのではないかという発想が生まれ，この考えに基づく製錬法が現在の銅製錬の基本である．この場合，たとえ酸化銅が混在しても，銅鉱石は硫化鉄（FeS）を必ず含んでいるので，硫化鉄が共存するかぎり，$Cu_2O+FeS=Cu_2S+FeO$ の反応で硫化銅となるという都合のよい点もある．実は，これは「硫化鉄が熱力学的に先に酸化されること，また酸化に伴って発生するエネルギーを効率的に利用する」という理にかなった銅の製造プロセスの基本につながっている．

　硫化銅に酸素を吹き込むと，イオウは SO_2 ガスになって除去されるので金属銅が生成し，硫化銅は減少する．この反応が進行すると，図1に模式的に示すように，ついには金属銅中に溶け込んだ硫化銅が残る状態となる．この残留硫化銅は酸素吹込みによって必然的に生ずる酸化銅との間で，$Cu_2S+2Cu_2O=6Cu+SO_2$ の反応を進行させて金属銅になってしまう．ただし，金属銅と硫化銅は互いに少量ずつ融け合う性質を有するので，製錬最終期には，銅中のイオウは減少するが，酸素は増加することが予想される．溶融銅中にわずかに溶けた酸素を [O(% in Cu)]，同様に溶融銅中にわずかに溶けたイオウを [S(% in Cu)] と表すことにすると前述の反応式は，SO_2 ガスを生成する反応を考慮することに置き換えて，検討することができる．具体的には，銅中にわずかに酸素やイオウが溶ける反応に関する標準ギブズエネルギー変化（$\Delta G°$）について，これまでに先人達が苦労して蓄積した熱力学データがあるので，これらを利用すれば，次の熱力学的基礎情報を得ることができる．

$$SO_2(gas) = S(\% \text{ in Cu}) + 2O(\% \text{ in Cu})$$
$$\Delta G° = 128400 + 1.59\,T \text{ (J)}$$

ここで，T は絶対温度，SO_2 ガスの圧力は atm（あるいは mmHg）単位で表した情報が使われている．

まえがき

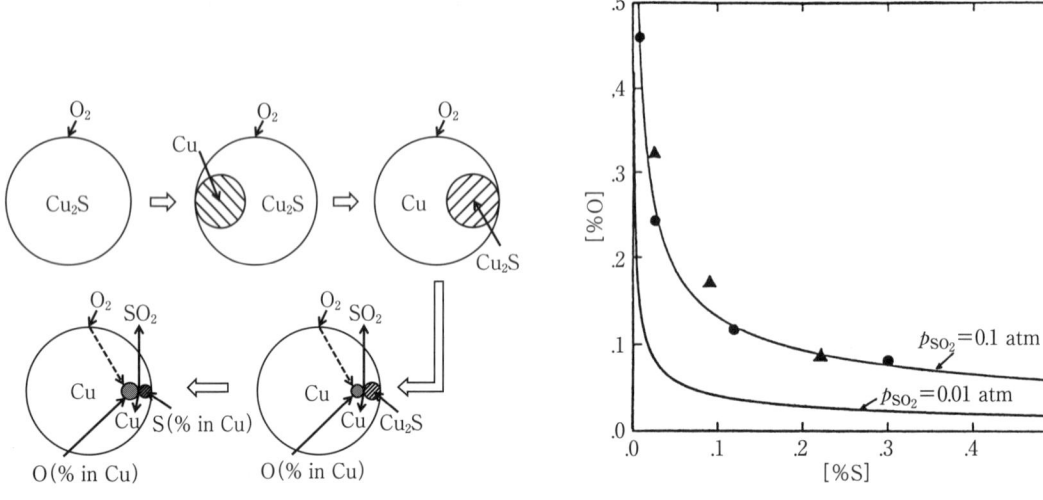

図1 銅製錬プロセスにおいて予想される反応の模式図　**図2** 銅製錬終了期における溶融銅中の酸素およびイオウの濃度．●▲：実操業における分析値

（図1, 2：早稲田嘉夫，金属 **61**（1991），アグネ技術センターより）

SO_2 ガスの分圧を p_{SO_2}，溶融銅中の酸素およびイオウの活量を濃度 [%O] および [%S] で近似し，反応のギブズエネルギー変化（ΔG）は平衡状態でゼロであることを利用すれば，熱力学は次式の関係を教えてくれる．

$$\frac{[\%S]\cdot[\%O]^2}{p_{SO_2}}=\exp\left[-\frac{\Delta G^\circ}{RT}\right]$$

ここで，R は気体定数（8.3144 J/deg・mole）である．例えば実際の操業温度 1200 ℃ = 1473 K の値を入れて計算すると，以下の通りである．

$$\Delta G^\circ = 130742\ (\mathrm{J})$$

$$-\frac{\Delta G^\circ}{RT}=\frac{-130742}{8.3144\times 1473}=-10.675$$

$$\frac{[\%S]\cdot[\%O]^2}{p_{SO_2}}=2.31\times 10^{-5}$$

したがって，p_{SO_2} の値さえ設定すれば，溶融銅中の酸素あるいはイオウ濃度の算出は容易にできる．すなわち，熱力学は図2の予測値を提供する．この図には実操業で得た粗銅の分析値を丸と三角印で加えたが，両者の一致は悪くない．かなり"いい線"を示すことが容易に理解できる．すなわち熱力学計算が実際の操業の指針となり得るよい一例である．もちろん，半導体やセラミックスのプロセシングの理解にも，先人達が蓄積してくれた多くの熱力学的データに基づいて同様な手順で検討すればよい．すなわち，熱力学は有効な手段の一つであることは間違いない．

このように，熱力学は，素材プロセスの分野では強い助っ人であり，熱力学を思い通りに使いこなすには，地道な演習の積み重ねが欠かせない．熱力学を習得するのに好都合な指南書の一つとして，主に非鉄金属製錬の分野で流布していた「幻の矢澤熱力学問題集」がある．これは，東北大学選鉱製錬研究所の矢澤彬先生（東北大学名誉教授）が，1970～1985年当時，主として企業から派遣によって来所した研究生の教育用に使用しておられた，熱力学の問題約100問のことである．矢澤研究室に1～2年間滞在した研究生は，この100問の熱力学演習を，矢澤教授の解説付きで修得するという幸運に浴していたようである．この内容

まえがき

はいずれ，世の中に印刷物として提供されるであろうと多くの人が考えていたが，諸事情で幻状態のまま推移し，今日に至っていたようである．

2009年に関係者が集まった折，「矢澤熱力学問題集が幻状態のままでは，いずれ飛散して消滅する可能性があり，もったいない」，「すでに実用プロセスではない題材も含まれているが，プロセスを検討する際の熱力学的アプローチを学ぶには，有効である」などの意見が大勢を占めた．そのような意見交換を踏まえ，かつ矢澤彬先生の許可とご賛同が得られたので，ものづくりやリサイクルなどに関わる若手研究者・技術者の熱力学の実力向上に供するため，「矢澤彬の熱力学問題集」として，世に送り出すこととした．これが本書であり，オリジナル原稿は，以下の経緯で作成された．

① 1982年3月，早稲田嘉夫選鉱製錬研究所助教授（当時）による，初版．
② 1982年8月，露口誠一（81年9月～82年8月受託研究員，住友金属鉱山），吾妻伸一（81年11月～82年12月受託研究員，三井金属鉱業）両氏による，改訂第2版．
③ 1983年9月，森芳秋（82年9月～83年10月受託研究員，住友金属鉱山）氏による，改訂第3版．
④ 1984年10月，松原英一郎選鉱製錬研究所助手（当時），工藤純一，神田稔，齋藤武男（東北大学大学院生），上埜修司（84年4月～86年3月受託研究員，ユニチカ），宇都宮公昭（83年10月～85年3月受託研究員，住友金属鉱山）氏らによる，改訂第4版．この改訂で原則としてSI単位系に統一した．

このように，本書は，編集者代表の早稲田による「初版」から数えると「改訂第5版」に相当する．この作業については，下記の皆さん方に献身的な協力をいただいた（敬称略）．野瀬嘉太郎（京大助教），松本景子（京大事務補佐員），粟津萌（京大事務補佐員），野瀬勝弘（東大特任助教），江口紀子（東北大事務補佐員），奥村友輔（京大M2），片上貴文（京大M2），田中範之（京大M2），藤川皓太（京大M1），林彰平（京大M1），山本樹（京大M1），有澤周平（京大B4），大西崇之（京大B4），中島孝仁（京大B4），村田有（京大B4），湯川剛（東大M2），西出正俊（東大M1），山辺博之（東大M1），韓東麟（京大D2），関本英弘（京大D2），畑田直行（京大D1），大井泰史（東大D2），とくに博士学生の，大井泰史，韓東麟，関本英弘，畑田直行君の4氏には，検算プロセスにおけるリーダーとして膨大な時間を費やしていただいたことを付記し，感謝する．さらに，住友金属鉱山(株)の高橋純一，浅野聡，高津明郎，工藤万雄，松本智志，竹林優氏，ならびに多くの若手技術者の方々にも，二重チェックとして，別途検算プロセスなどにご支援を頂戴した．このご協力に対しても，深く感謝の意を表す．

また，本書の解答に用いた熱力学データの主な出典は以下の通りである．

ref. 1 O. Kubaschewski and C. B. Alcock, Metallugical Thermochemistry, 5th editon (1979) Pergamon Press, ISBN : 0-08-020897-5.
ref. 2 日本金属学会編，講座・現代の金属学製錬編2，非鉄金属製錬 (1980) 日本金属学会．
ref. 3 日本金属学会編，講座・現代の金属学製錬編4，冶金物理化学 (1982) 日本金属学会．
ref. 4 R. Hultgren, P. D. Desai, D. T. Hawker, G. Gleiser, K. K. Kelley and D. Wagman, Selected Values of Thermodynamic Properties of the Elements and Selected Values of Thermodynamic Properties of Binary Alloys, American Society for Metals, Metals Park, Ohio (1973).
ref. 5 矢澤　彬，江口元徳，湿式製錬と廃水処理 (1975) 共立出版．

本書で必要に応じて用いた状態図は，原則として下記文献から引用した．
T. B. Massalski, J. L. Murray, L. H. Bennett and H. Baker, Binary Alloy Phase Diagrams, American Society for

まえがき

Metals (1986).

　単位については原則 SI 単位としたが，圧力の atm, mmHg あるいは密度の g/cm^3 などは，実プロセスへの解析などの便宜を考えて，あえてそのままとした．

　物質・材料の研究現場，製造現場で活躍される研究者・技術者，それに物質・材料分野に籍を置く大学院生の方々が本書を活用して，次の仕事に関する何らかのヒントを得ていただければ幸いである．ぜひ，熱力学を使いこなして，「既存の物質・材料の飛躍的な発展」および「資源枯渇・環境問題解決のための新プロセス開発」などに役立てていただきたい．

　本書の出版について，矢澤先生の許可とご賛同を得たのは 2010 年 4 月であった．その後，原稿の整理をはじめていた 5 月には，矢澤先生から「思い出の熱力学演習」と題する原稿を頂戴した．編集者らは，まさかこの原稿が矢澤彬先生の絶筆になろうとは想像もしていなかった．なぜなら，矢澤先生は 2010 年 8 月 14 日（享年 85 歳），突然ご逝去されてしまったからである．完成した本書をお見せできなかったのは，誠に残念である．本書を矢澤先生の御仏前に捧げるとともに，心からご冥福をお祈りする．

　2011 年 4 月

編集者 代表　早稲田　嘉夫
大藏　隆彦
森　　芳秋
岡部　　徹
宇田　哲也

目 次

思い出の熱力学演習……………………………………………………………………… i
まえがき…………………………………………………………………………………… iii
目　　次…………………………………………………………………………………… vii
問題内容別一覧…………………………………………………………………………… x
アルファベット順一覧…………………………………………………………………… xii

1　Zn 還元：反応熱計算 ………………………………………………………………… 1
2　Al 還元：反応熱計算 ………………………………………………………………… 3
3　Cu 転炉反応：反応熱計算，ヒートバランス評価 ………………………………… 5
4　Ag の含熱量：温度依存式の導出 …………………………………………………… 9
5　炭化アルミニウムの燃焼：燃焼熱から元化合物の生成熱算出 …………………… 10
6　Pb-Bi 合金の混合：熱量計のデータから混合熱算出 ……………………………… 11
7　Zn の相変化，混合：エントロピー変化算出 ……………………………………… 12
8　H_2O, CO_2 の T-P 状態図：状態図を作成し平衡関係を説明 ……………………… 13
9　Ag の酸化：$\Delta G°$ から平衡関係を説明 ……………………………………………… 15
10　CO-CuO 平衡：$\Delta G°$ から平衡ガス分圧計算 ……………………………………… 16
11　ガスの脱酸，脱窒：$\Delta G°$ から平衡ガス分圧計算 ………………………………… 17
12　CO-CO_2 平衡：$\Delta G°$ 計算 …………………………………………………………… 19
13　$CaCO_3$ の分解：$\Delta G°$ から分解温度算出 …………………………………………… 20
14　Fe-H_2O 平衡：$\Delta G°$ から平衡ガス分圧計算 ……………………………………… 22
15　CO-CO_2/H_2-H_2O 平衡：$\Delta G°$ から平衡ガス分圧計算 …………………………… 23
16　CO-CO_2-FeO 平衡：$\Delta G°$ から平衡ガス分圧計算 ……………………………… 24
17　硫酸銅の結晶水分解：$\Delta G°$ から分圧，量論計算の初歩 ………………………… 26
18　Si の窒化：$\Delta G°$ から平衡ガス分圧計算 …………………………………………… 28
19　Co の酸化：平衡定数 K から $\Delta G°$ の算出 ………………………………………… 29
20　Zn の溶融：蒸気圧データの差から溶融 $\Delta G°$ 算出 ……………………………… 31
21　Cu の酸化：基礎データから $\Delta G°$ 算出 …………………………………………… 32
22　塩化 Mg の加水分解：分解圧，C_p から $\Delta G°$ 算出 ……………………………… 34
23　Fe の CO 還元：量論計算の初歩 …………………………………………………… 36
24　水，Ag_2O, Hg, Pb：蒸気圧と解離温度(Clausius-Clapeyron の式) ……………… 37
25　溶融 Ag への酸素の溶解：Sieverts の法則 ………………………………………… 40
26　FeS からの元素 S の回収：量論計算と熱量バランス計算による評価 …………… 42
27　Zn の蒸発：$\Delta G°$ から沸点の算出 …………………………………………………… 45
28　H_2-O_2 の平衡：量論計算 ……………………………………………………………… 46
29　Pb 合金の蒸気圧と活量：蒸気圧データから蒸発熱，活量算出 ………………… 48
30　Cu-Zn 合金の活量：過剰部分モルギブズエネルギーから蒸気圧，活量算出 …… 51
31　ウスタイト-マグネタイト平衡：$\Delta G°$ から活量算出 …………………………… 53

目　次

32　ヘマタイトの CO 還元：$\Delta G°$ から安定相の導出 ……………………………… 55
33　硫酸鉄の安定性，Ag-Cu-O 平衡：$\Delta G°$ の正負のみで安定相を評価してはいけない例 ……… 57
34　Fe-C 系の C の活量：$\Delta G°$ から活量算出 ……………………………… 59
35　硫化鉄の活量：$\Delta G°$ から活量算出 ……………………………… 60
36　Ca-Mg 合金：蒸気圧データから活量他の諸量を算出 ……………………………… 63
37　Cu-Bi 合金：$\Delta G°$，液相線組成から活量算出 ……………………………… 68
38　Fe-S-O 系：ポテンシャル図作成 ……………………………… 69
39　Zn，Cu，Ni，Co：ポテンシャル図作成 ……………………………… 74
40　Cu，Fe の硫酸化：ポテンシャル図作成 ……………………………… 78
41　Fe-S-O 系：ポテンシャル図の解釈 ……………………………… 83
42　溶鉄-スラグの平衡実験：相律の解釈 ……………………………… 85
43　Na の融解：蒸気圧と体積変化(Clausius-Clapeyron の式) ……………………………… 87
44　グラファイトとダイアモンド：$\Delta G°$ と相平衡 ……………………………… 89
45　CO_2 の解離：量論計算の初歩 ……………………………… 91
46　アンモニアの生成：量論計算の初歩 ……………………………… 92
47　SO_2-O_2 平衡：量論計算の初歩 ……………………………… 94
48　CO-N_2：量論計算の初歩 ……………………………… 95
49　CO-O_2 平衡：量論計算の初歩 ……………………………… 97
50　CO-H_2O-Co 平衡：量論計算の初歩 ……………………………… 100
51　溶鉄-水素平衡：量論計算の初歩 ……………………………… 102
52　溶鋼の脱炭，脱水素：蒸気圧から除去速度の推定 ……………………………… 105
53　Fe-Mn：理想溶液の標準状態の変換 ……………………………… 106
54　Bi：非理想溶液の標準状態の変換 ……………………………… 107
55　SiO_2 の溶鉄への溶解：溶解熱と標準生成ギブズエネルギーデータから $\Delta G°$ 算出 ……… 108
56　溶鋼の脱酸：問 55 の $\Delta G°$ から脱酸量算出 ……………………………… 109
57　溶銅中の活量係数：相互作用母係数から助係数算出 ……………………………… 110
58　銑鉄中の S：相互作用係数から活量係数算出 ……………………………… 112
59　水溶液の平均イオン活量：平均イオン活量の定義 ……………………………… 113
60　HCl 溶液の pH：電池の起電力から pH 算出 ……………………………… 115
61　Cu イオンの安定性：標準電極電位から活量，安定性評価 ……………………………… 116
62　水溶液系の溶解度：平均活量係数と溶解度積から溶解度算出 ……………………………… 118
63　$BaSO_4$ の解離：溶解度と活量係数から解離の $\Delta G°$ 算出 ……………………………… 120
64　Fe イオンの酸化還元：電極電位とイオン比率の関係の導出 ……………………………… 121
65　電池の起電力：起電力と水素圧の関係から水素の活量係数算出 ……………………………… 122
66　アンモニア水溶液：pH とフリーアンモニアの安定性 ……………………………… 123
67　水溶液のモル容積：モル容積から部分モル容積算出 ……………………………… 124
68　ZnO の硫酸化：$\Delta G°$ から硫酸化傾向を評価 ……………………………… 125
69　Zn-Cd：起電力データから熱力学的諸量を算出 ……………………………… 127
70　Bi-Cu の蒸気圧：蒸発量から各成分の蒸気圧算出 ……………………………… 132
71　Li 還元：乾式還元挙動を $\Delta G°$ から推定 ……………………………… 134
72　塩化 Si の還元：量論計算の初歩 ……………………………… 135

目　次

73	塩化 Al の不均化反応：量論計算による反応率算出	137
74	Pb 溶鉱炉：還元反応の熱力学的解析	140
75	Pb の softening：不純物の除去限界算出	145
76	Zn の蒸留：$\Delta G°$ から残留 Zn 算出	148
77	真空溶解での酸化：$\Delta G°$ から酸化条件算出	149
78	Fe とシリカの平衡：$\Delta G°$ から酸化反応推定	152
79	溶銅の真空精製：不純物の蒸気圧比較	154
80	銅，鉛溶鉱炉の比較：$\Delta G°$ から SO_2 分圧を比較	156
81	銅のマット溶錬：Fe，Zn，Pb の分配	158
82	銅溶錬におけるマグネタイト：生成消失の因子解析	161
83	銅転炉造銅期：Pb の挙動解析	164
84	Cu-S-O 系：溶銅相のポテンシャル図（転炉工程）	168
85	ZnS の酸化による直接製錬：化学ポテンシャル図作成，量論計算による評価	171
86	ZnO の CO 還元：量論計算による Zn 分圧算出	180
87	ZnO の C 還元：量論計算による Zn 分圧算出	183
88	Zn-Cd の蒸留：沸点データから蒸留挙動解析	186
89	Ni 乾式製錬：還元，硫化，転炉反応	188
90	フェロアロイ製錬：還元しやすさの解析	198
91	硫酸 Ni の加圧水素還元：還元 pH の算出	201
92	硫化物の硫酸浸出：溶解度積から pH-溶解度図作成	203
93	Cu-Ni 電解：電極電位から析出限界の算出	205
94	Zn の電解採取：電極電位，水素過電圧から電析挙動説明	206
95	Cu アンミン錯体：pH による Cu アンミン錯体濃度の算出	208
96	硫化鉄の硫酸浸出：E-pH 図作成	212
97	Zn の浄液工程：E-pH 図作成，浄液工程の解析	219
98	複雑鉱の硫酸浸出：E-pH 図作成，選択浸出の解析	224
99	高温での浸出：高温での E-pH 図作成，浸出反応解析	228
100	銅の電解精製：E-pH 図による電解の解析	232
101	Na-Hg の活量：蒸気圧データから活量計算	233
102	Cu-Sn 合金への水素の溶解：溶解度データから $\Delta G°$ 算出	234
103	硫化鉄の分解：$\Delta G°$ から分解 S_2 圧算出	236
104	Cu-S-O 系：ポテンシャル図作成	238
105	Ti の塩化反応：$\Delta G°$ から平衡関係を考察	241
106	溶鉄中の酸素：相互作用助係数から酸素溶解量を算出	242
107	$MgCl_2$ の水素還元：量論計算の初歩	244
108	溶銅からの鉄の酸化除去：$\Delta G°$ から平衡の考察	245
109	Pb からの脱銅：$\Delta G°$ から平衡の考察	246
110	Sn の乾式還元：$\Delta G°$ から製錬プロセスの考察	248
111	ZnS の還元揮発：量論計算による生成物量算出	250
112	ZnS の CO 還元：量論計算による生成物量算出	252

問題内容別一覧

問題を乾式製錬と湿式製錬の二分野に分類し，その後問題の目的別に分け，さらに対象系・プロセス別とした．後半は実プロセスに関する問題が主体となっている．

計算・論述目的	対象系・プロセス	問題番号	計算・論述目的	対象系・プロセス	問題番号
乾式製錬			熱力学的諸量	Zn-Cd 合金（起電力）	69
反応熱	Zn 還元	1	沸点	Zn の蒸発	27
反応熱	Al 還元	2	蒸留挙動	Zn-Cd の蒸留	88
反応熱，熱量バランス	Cu 転炉反応	3	蒸留挙動	Zn の蒸留	76
含熱量の温度依存式	Ag	4	反応平衡	Ag の酸化	9
燃焼熱，生成熱	Al_4C_3 の燃焼	5	平衡安定相	Fe_2O_3 の CO 還元	32
混合熱	Pb-Bi 合金の混合	6	平衡安定相	Ti の塩化反応	105
$\Delta G°$	Co の酸化	19	平衡安定相	$Fe_2(SO_4)_3$, Cu-Ag 合金	33
$\Delta G°$	Cu の酸化	21	平衡ガス分圧	CO-CuO 平衡	10
$\Delta G°$	SiO_2 の Fe への溶解	55	平衡ガス分圧	$CO-CO_2$ 平衡	12
$\Delta G°$，平衡安定相	グラファイトとダイアモンド	44	平衡ガス分圧	$CO-CO_2$-FeO 平衡	16
溶融 $\Delta G°$	Zn の溶融	20	平衡ガス分圧	H_2-O_2 平衡	28
標準状態変換 $\Delta G°$	Fe-Mn 合金	53	平衡ガス分圧	$CO-CO_2/H_2-H_2O$ 平衡	15
標準状態変換 $\Delta G°$	Cu-Bi 合金	54	平衡ガス分圧	CO_2 の解離	45
平衡定数，$\Delta H°$，$\Delta G°$	Cu-Sn 合金への H_2 の溶解	102	平衡ガス分圧	$Fe-H_2O$ 平衡	14
活量	Cu-Bi 合金	37	平衡ガス分圧	ガスの脱酸，脱窒(Cu, Mg, Ti)	11
活量	Fe-C 系	34	平衡ガス分圧	Si の窒化	18
活量，活量係数	Na-Hg 合金	101	反応量	$CuSO_4$ の結晶水分解	17
活量，平衡安定相	Ca-Mg 合金	36	反応量	$AlCl_3$ の不均化反応	73
活量，活量係数，蒸発熱	Pb-Cu 合金	29	反応量	$CO-H_2O$-Co 平衡	50
活量，平衡ガス分圧	FeS	35	反応量	SO_2-O_2 平衡	47
活量，平衡ガス分圧	$FeO-Fe_3O_4$ 平衡	31	反応量	$CO-N_2$	48
活量係数	Fe 中の S	58	反応量	$CO-O_2$ 平衡	49
相互作用助係数，活量係数	Cu 中の S	57	反応量	NH_3 の生成	46
溶解量	Fe 中の O	106	反応量	Fe の CO 還元	23
溶解量	Ag 中の O	25	反応量	Fe の脱酸	56
蒸気圧	Cu の真空精製	79	反応量	Fe-H 平衡	51
蒸気圧，活量	Bi-Cu の蒸気圧	70	反応量	$MgCl_2$ の H_2 還元	107
蒸気圧，活量	Cu-Zn 合金	30	反応量	$SiCl_4$ の還元	72
蒸気圧，解離熱，分解温度	H_2O, Ag_2O, Hg, Pb	24	反応量	ZnO の CO 還元	86
分解温度	$CaCO_3$ の分解	13	反応量	ZnO の C 還元	87
融点，融解熱	Na の融解	43	反応量	ZnS の還元揮発	111
T-P 状態図	H_2O, CO_2	8	反応量	ZnS の CO 還元	112
エントロピー	Zn の相変化，混合	7	反応量，熱量バランス	FeS からの元素 S の回収	26

問題内容別一覧

計算・論述目的	対象系・プロセス	問題番号	計算・論述目的	対象系・プロセス	問題番号
ポテンシャル図	Fe-S-O 系	38	酸化反応	真空溶解での酸化	77
ポテンシャル図，相律	Fe-S-O 系	41	**湿式製錬**		
ポテンシャル図	Zn, Cu, Ni, Co-S-O 系	39	$\Delta G°$	$MgCl_2$ の加水分解	22
ポテンシャル図	Cu-S-O 系	84	$\Delta G°$	$BaSO_4$ の解離	63
ポテンシャル図	Cu-S-O 系	104	pH	HCl 溶液の pH	60
ポテンシャル図，硫酸化反応	Cu, Fe の硫酸塩化	40	pH-溶解度	硫化物の硫酸浸出	92
ポテンシャル図，反応量	ZnS の直接製錬	85	溶解度	水, NaCl, $NaNO_3$ 溶液中の AgCl	62
除去速度	Fe の脱炭，脱水素	52	活量係数	$H_2|HCl|HgCl|Hg$ 電池	65
相律の解釈，平衡実験条件	Fe-スラグの平衡実験	42	イオン濃度	Cu アンミン錯体	95
平衡安定相	FeS_2 の分解	103	平均イオン活量	$AgNO_3$, $NiSO_4$, $ZnCl_2$ 溶液	59
硫酸化反応	ZnO, $ZnO \cdot Fe_2O_3$ の硫酸塩化	68	イオン安定性	NH_3 水溶液	66
還元反応，スラグロス	Pb 溶鉱炉	74	イオン安定性，平衡定数	Cu イオン	61
溶鉱炉ガス分圧	Cu, Pb 溶鉱炉の比較	80	部分モル容積	NaCl 水溶液のモル容積	67
酸化・還元反応	Cu 溶錬におけるマグネタイト	82	電極電位	Fe イオンの酸化還元	64
不純物分配	Cu のマット溶錬	81	電位-pH 図，浸出反応	FeS, FeS_2 の硫酸浸出	96
Pb の挙動	Cu 転炉造銅期	83	電位-pH 図，選択浸出反応	複雑鉱の硫酸浸出	98
平衡定数，活量，除去限界	Cu からの Fe の酸化除去	108	電位-pH 図，浄液反応	Zn の浄液工程	97
平衡定数，活量，除去限界	Pb からの脱 Cu	109	高温電位-pH 図，浸出反応	Cd, Co, Cu, Fe, Ni, $Zn-H_2O$ 系	99
除去限界	Pb の softening	75	硫酸浸出反応	ZnO, $ZnO \cdot Fe_2O_3$ の硫酸塩化	68
平衡定数，活量，還元反応	Sn の乾式還元	110	電解精製反応	Cu の電解精製	100
酸化・還元・硫化反応	Ni 乾式製錬	89	電析挙動	Zn の電解採取	94
還元反応	フェロアロイ製錬	90	金属析出限界	Cu-Ni 電解	93
還元反応	Li 還元	71	還元反応の pH	$NiSO_4$ の加圧水素還元	91
酸化反応	Fe と SiO_2 の平衡	78			

アルファベット順一覧

「問題内容別一覧」を対象系・プロセスを中心にアルファベット順に並べ変えた.

対象系・プロセス	計算・論述目的	問題番号	対象系・プロセス	計算・論述目的	問題番号
乾式製錬			Cuのマット溶錬	不純物分配	81
Ag	含熱量の温度依存式	4	Cu中のS	相互作用助係数, 活量係数	57
Agの酸化	反応平衡	9	Fe-C系	活量	34
Ag中のO	溶解量	25	Fe-H$_2$O平衡	平衡ガス分圧	14
Al$_4$C$_3$の燃焼	燃焼熱, 生成熱	5	Fe-H平衡	反応量	51
AlCl$_3$の不均化反応	反応量	73	Fe-Mn合金	標準状態変換 $\Delta G°$	53
Al還元	反応熱	2	Fe-S-O系	ポテンシャル図	38
Bi-Cuの蒸気圧	蒸気圧, 活量	70	Fe-S-O系	ポテンシャル図, 相律	41
Ca-Mg合金	活量, 平衡安定相	36	Fe$_2$(SO$_4$)$_3$, Cu-Ag合金	平衡安定相	33
CaCO$_3$の分解	分解温度	13	Fe$_2$O$_3$のCO還元	平衡安定相	32
CO-CO$_2$/H$_2$-H$_2$O平衡	平衡ガス分圧	15	FeO-Fe$_3$O$_4$平衡	活量, 平衡ガス分圧	31
CO-CO$_2$-FeO平衡	平衡ガス分圧	16	FeS	活量, 平衡ガス分圧	35
CO-CO$_2$平衡	平衡ガス分圧	12	FeS$_2$の分解	平衡安定相	103
CO-CuO平衡	平衡ガス分圧	10	FeSからの元素Sの回収	反応量, 熱量バランス	26
CO-H$_2$O-Co平衡	反応量	50	Fe-スラグの平衡実験	相律の解釈, 平衡実験条件	42
CO-O$_2$平衡	反応量	49	Fe中のS	活量係数	58
CO$_2$の解離	平衡ガス分圧	45	FeとSiO$_2$の平衡	酸化反応	78
CO-N$_2$	反応量	48	Fe中のO	溶解量	106
Coの酸化	$\Delta G°$	19	FeのCO還元	反応量	23
Cu, Feの硫酸塩化	ポテンシャル図, 硫酸化反応	40	Feの脱酸	反応量	56
Cu, Pb溶鉱炉の比較	溶鉱炉ガス分圧	80	Feの脱炭, 脱水素	除去速度	52
Cu-Bi合金	標準状態変換 $\Delta G°$	54	Ferroalloy（フェロアロイ）製錬	還元反応	90
Cu-Bi合金	活量	37			
Cu-Sn合金へのH$_2$の溶解	平衡定数, $\Delta H°$, $\Delta G°$	102	H$_2$-O$_2$平衡	平衡ガス分圧	28
Cu-Zn合金	蒸気圧, 活量	30	H$_2$O, Ag$_2$O, Hg, Pb	蒸気圧, 解離熱, 分解温度	24
Cu-S-O系	ポテンシャル図	84	H$_2$O, CO$_2$	T-P状態図	8
Cu-S-O系	ポテンシャル図	104	Li還元	還元反応	71
CuSO$_4$の結晶水分解	反応量	17	MgCl$_2$のH$_2$還元	反応量	107
CuからのFeの酸化除去	平衡定数, 活量, 除去限界	108	Naの融解	融点, 融解熱	43
Cu溶錬におけるマグネタイト	酸化・還元反応	82	Na-Hg合金	活量, 活量係数	101
Cu転炉造銅期	Pbの挙動	83	NH$_3$の生成	反応量	46
Cu転炉反応	反応熱, 熱量バランス	3	Ni乾式製錬	酸化・還元・硫化反応	89
Cuの酸化	$\Delta G°$	21	Pb-Bi合金の混合	混合熱	6
Cuの真空精製	蒸気圧	79	Pb-Cu合金	活量, 活量係数, 蒸発熱	29

アルファベット順一覧

対象系・プロセス	計算・論述目的	問題番号	対象系・プロセス	計算・論述目的	問題番号
Pb からの脱 Cu	平衡定数, 活量, 除去限界	109	グラファイトとダイアモンド	$\Delta G°$, 平衡安定相	44
Pb の softening	除去限界	75	真空溶解での酸化	酸化反応	77
Pb 溶鉱炉	還元反応, スラグロス	74	**湿式製錬**		
$SiCl_4$ の還元	反応量	72	$AgNO_3$, $NiSO_4$, $ZnCl_2$ 溶液	平均イオン活量	59
SiO_2 の Fe への溶解	$\Delta G°$	55	$BaSO_4$ の解離	$\Delta G°$	63
Si の窒化	平衡ガス分圧	18	Cd, Co, Cu, Fe, Ni, Zn-H_2O 系	高温電位-pH 図, 浸出反応	99
Sn の乾式還元	平衡定数, 活量, 還元反応	110	Cu-Ni 電解	金属析出限界	93
SO_2-O_2 平衡	反応量	47	Cu アンミン錯体	イオン濃度	95
Ti の塩化反応	平衡安定相	105	Cu イオン	イオン安定性, 平衡定数	61
Zn, Cu, Ni, Co-S-O 系	ポテンシャル図	39	Cu の電解精製	電解精製反応	100
Zn-Cd の蒸留	蒸留挙動	88	FeS, FeS_2 の硫酸浸出	電位-pH 図, 浸出反応	96
Zn-Cd 合金（起電力）	熱力学的諸量	69	Fe イオンの酸化還元	電極電位	64
ZnO の CO 還元	反応量	86	H_2|HCl|HgCl|Hg 電池	活量係数	65
ZnO の C 還元	反応量	87	H_2O, NaCl, $NaNO_3$ 溶液中の AgCl	溶解度	62
ZnO, ZnO・Fe_2O_3 の硫酸塩化	硫酸化反応	68			
ZnS の CO 還元	反応量	112	HCl 溶液の pH	pH	60
ZnS の還元揮発	反応量	111	$MgCl_2$ の加水分解	$\Delta G°$	22
ZnS の直接製錬	ポテンシャル図, 反応量	85	NaCl 水溶液のモル容積	部分モル容積	67
Zn 還元	反応熱	1	NH_3 水溶液	イオン安定性	66
Zn の蒸発	沸点	27	$NiSO_4$ の加圧水素還元	還元反応の pH	91
Zn の蒸留	蒸留挙動	76	ZnO, ZnO・Fe_2O_3 の硫酸塩化	硫酸浸出反応	68
Zn の相変化, 混合	エントロピー	7	Zn の浄液工程	電位-pH 図, 浄液反応	97
Zn の溶融	溶融 $\Delta G°$	20	Zn の電解採取	電析挙動	94
ガスの脱酸, 脱窒 (Cu, Mg, Ti)	平衡ガス分圧	11	複雑鉱の硫酸浸出	電位-pH 図, 選択浸出反応	98
			硫化物の硫酸浸出	pH-溶解度	92

1

Zn 還元：反応熱計算

（ⅰ） 次の反応について 298 K（25℃）における反応熱を求めよ．
　　（a） $ZnO(s)+C(s)=Zn(s)+CO(g)$
　　（b） $ZnO(s)+CO(g)=Zn(s)+CO_2(g)$

（ⅱ） また，1500 K（1227℃）で $Zn(s)$ が $Zn(g)$ である場合について計算せよ．ただし，亜鉛の沸点は 1181 K，蒸発熱は 115311 J/mol とする．

計算に使用するデータ

表 1

	$\Delta H°_{298}$ (kJ/mol)	C_p (J/mol K)
$ZnO(s)$	−348.1	$48.99+5.10\times10^{-3}T-9.12\times10^5 T^{-2}$
$CO(g)$	−110.5	$28.41+4.10\times10^{-3}T-0.46\times10^5 T^{-2}$
$CO_2(g)$	−393.5	$44.14+9.04\times10^{-3}T-8.54\times10^5 T^{-2}$
$C(s)$	0	$17.15+4.27\times10^{-3}T-8.79\times10^5 T^{-2}$
$Zn(s)$	0	$22.38+10.04\times10^{-3}T$
$Zn(l)$	—	31.38
$Zn(g)$	130.4	20.92

Zn の融点 693 K，$\Delta H_m = 7384.8$ (J/mol)

[解]

（ⅰ） 298 K の場合

$$\Delta H°_{298}(a)=-110.5-(-348.1)=237.6 \text{ (kJ/mol)}$$
$$\Delta H°_{298}(b)=-393.5-(-348.1)-(-110.5)=65.1 \text{ (kJ/mol)}$$

（ⅱ） 1500 K の場合

（a） $ZnO(s)+C(s)=Zn(g)+CO(g)$

$$\Delta H°_{1500}(ZnO)=\Delta H°_{298}+\int_{298}^{1500} C_p\, dT$$

$$=-348100+\int_{298}^{1500}(48.99+5.10\times10^{-3}T-9.12\times10^5 T^{-2})dT$$

$$=-348100+\left[48.99T+\frac{5.10\times10^{-3}T^2}{2}+9.12\times10^5 T^{-1}\right]_{298}^{1500}$$

$$=-286155 \text{ (J/mol)}$$

$$\Delta H°_{1500}(C)=\Delta H°_{298}+\int_{298}^{1500}(17.15+4.27\times10^{-3}T-8.79\times10^5 T^{-2})dT$$

$$=0+\left[17.15T+\frac{4.27\times10^{-3}T^2}{2}+8.79\times10^5 T^{-1}\right]_{298}^{1500}$$

$$=22865 \text{ (J/mol)}$$

$$\Delta H°_{1500}(Zn)=\Delta H°_{298}+\int_{298}^{693}(22.38+10.04\times10^{-3}T)dT+\Delta H_m+\int_{693}^{1181}31.38\, dT$$

$$+\Delta H_v + \int_{1181}^{1500} 20.92 \mathrm{d}T$$

$$= 0 + \left[22.38T + \frac{10.04 \times 10^{-3}T^2}{2}\right]_{298}^{693} + 7384.8 + [31.38T]_{693}^{1181} + 115311 + [20.92T]_{1181}^{1500}$$

$$= 155488 \text{ (J/mol)}$$

$$\Delta H_{1500}^\circ(\mathrm{CO}) = \Delta H_{298}^\circ + \int_{298}^{1500}(28.41 + 4.10 \times 10^{-3}T - 0.46 \times 10^5 T^{-2})\mathrm{d}T$$

$$= -110500 + \left[28.41T + \frac{4.10 \times 10^{-3}T^2}{2} + 0.46 \times 10^5 T^{-1}\right]_{298}^{1500}$$

$$= -72044 \text{ (J/mol)}$$

$$\Delta H_{1500}^\circ(\mathrm{a}) = 155488 + (-72044) - (-286155) - 22865$$

$$= 346734 \text{ (J/mol)}$$

（b） $\mathrm{ZnO(s) + CO(g) = Zn(g) + CO_2(g)}$

$$\Delta H_{1500}^\circ(\mathrm{CO_2}) = \Delta H_{298}^\circ + \int_{298}^{1500}(44.14 + 9.04 \times 10^{-3}T - 8.54 \times 10^5 T^{-2})\mathrm{d}T$$

$$= -393500 + \left[44.14T + \frac{9.04 \times 10^{-3}T^2}{2} + 8.54 \times 10^5 T^{-1}\right]_{298}^{1500}$$

$$= -332972 \text{ (J/mol)}$$

$$\Delta H_{1500}^\circ(\mathrm{b}) = 155488 + (-332972) - (-286155) - (-72044)$$

$$= 180715 \text{ (J/mol)}$$

2

Al 還元：反応熱計算

次の反応について反応熱を温度の関数として示せ．

$$2\text{Al(l)} + \frac{3}{2}\text{O}_2(\text{g}) = \text{Al}_2\text{O}_3(\text{s})$$

計算にあたっては Al(l) の $H_T - H_{298}$ 関数式が未知であるとして，次のデータより算出して用いよ．

表 1

Al の融点	932（K）
Al の融解熱	10750（J/mol）
溶融 Al の比熱	29.29（J/mol K）

$H_T - H_{298}$ 関数式

$$\text{Al(s)}: 20.67T + 6.19 \times 10^{-3}T^2 - 6715 \quad (\text{J/mol}) \tag{1}$$

$$\text{O}_2: 29.96T + 2.09 \times 10^{-3}T^2 + 1.67 \times 10^5 T^{-1} - 9678 \quad (\text{J/mol}) \tag{2}$$

$$\text{Al}_2\text{O}_3(\text{s}): 114.77T + 6.40 \times 10^{-3}T^2 + 35.43 \times 10^5 T^{-1} - 46673 \quad (\text{J/mol}) \tag{3}$$

計算に使用するデータ

表 2

	ΔH°_{298} （kJ/mol）
Al(l)	329.3
Al$_2$O$_3$(s)	-1677.3
O$_2$(g)	0

解

Al(l) の $H_T - H_{298}$ 関数式が未知なので次のようにおく．

$$H_T - H_{298} = 29.29T + d \quad (d: 定数)$$

Al の溶融点 932 K での含熱量変化を計算すると，

$$\text{Al(s)}: H_T - H_{298} = 17926 \quad (\text{J/mol}) \tag{4}$$

$$\text{Al(l)}: H_T - H_{298} = 27298 + d \quad (\text{J/mol}) \tag{5}$$

（5）式と（4）式の差が Al の融解熱に相等するので，

$$(27298 + d) - 17926 = 10750$$

$$\therefore \quad d = 1378 \quad (\text{J/mol})$$

したがって，

$$\text{Al(l)}: H_T - H_{298} = 29.29T + 1378 \quad (\text{J/mol}) \tag{6}$$

次に（2），（3），（6）式より，$2\text{Al(l)} + \frac{3}{2}\text{O}_2(\text{g}) = \text{Al}_2\text{O}_3(\text{s})$ の反応熱を温度の関数として表すと，

$$\Delta H_T - \Delta H_{298} = 11.25T + 3.27 \times 10^{-3}T^2 + 32.93 \times 10^5 T^{-1} - 34912 \quad (\text{J/mol})$$

この反応の 298 K における反応熱は，

$$\Delta H°_{298} = \Delta H°_{298}(\text{Al}_2\text{O}_3(\text{s})) - 2 \times \Delta H°_{298}(\text{Al}(\text{l})) - \frac{3}{2}\Delta H°_{298}(\text{O}_2(\text{g}))$$

$$= -1677.3 \times 10^3 - 2 \times 329.3 \times 10^3 - \frac{3}{2} \times 0$$

$$= -2.3359 \times 10^6 \quad (\text{J/mol})$$

したがって，

$$\Delta H_T = 11.25T + 3.27 \times 10^{-3}T^2 + 32.93 \times 10^5 T^{-1} - 2.3708 \times 10^6 \quad (\text{J/mol}) \qquad (7)$$

[コメント] アルミニウムの溶鉱炉還元について

アルミニウムは非常に還元しにくい金属であり，炭素で還元する場合，温度 2000 ℃ 程度まで上昇するとして計算しても，CO_2 が有意義な分圧で生成するような熱力学条件では金属まで還元できない．よって，炭素の CO_2 への燃焼で溶鉱炉へ熱を付与することはできない．また，Al(l)/Al$_2$O$_3$(s)/C(s) 平衡時の CO 分圧は相当に低く，例えば 1800 K においても，その分圧は，1.5×10^{-3} atm，2000 K でも 3.0×10^{-2} atm であり，C の CO への燃焼によって熱を付与することも困難である．よって，アルミニウムの溶鉱炉還元は熱バランスの観点でも困難を抱えている．

3

Cu 転炉反応：反応熱計算，ヒートバランス評価

転炉造銅期において白鈹（硫化銅）は次式に従って金属銅に吹製される．

$$Cu_2S(l) + O_2(g) = 2Cu(l) + SO_2(g) \tag{1}$$

（ⅰ）この反応の $\Delta H°$ を温度の関数として示せ．

（ⅱ）1473 K（1200 ℃）の挿入物（具体的には，Cu_2S）中に 298 K（25 ℃）の空気（$N_2 : O_2 = 79 : 21$ mol%）を必要な量吹き込んだ場合，Cu_2S の温度はどうなるか．ただし，この場合，最終到達温度 T での反応熱のうち約 33 % は輻射などにより損失するものとする．

（ⅲ）25 % O_2 を含む酸素富化空気を必要な量用いた場合，浴温に及ぼす影響について述べよ．

（ⅳ）473 K（200 ℃）に予熱した空気を用いた場合はどうか．

計算に使用するデータ

表 1

	$\Delta H°_{298}$ (J/mol)	C_p (J/mol K)	相変化の $\Delta H°$ (J/mol)
$Cu_2S(\alpha)$	-79496	81.59 （298～376 K）	$\Delta H° = 3849$ at 376 K
$Cu_2S(\beta)$	—	97.28 （376～623 K）	$\Delta H° = 837$ at 623 K
$Cu_2S(\gamma)$	—	84.94 （623～1403 K）	$\Delta H°_m = 10878$ at 1403 K
$Cu_2S(l)$	—	89.66 （1403 K～）	
$O_2(g)$	0	$29.96 + 4.184 \times 10^{-3}T - 1.674 \times 10^5 T^{-2}$	
$Cu(s)$	0	$22.64 + 6.276 \times 10^{-3}T$ （298～1356 K）	$\Delta H°_m = 12970$ at 1356 K
$Cu(l)$	—	31.38 （1356 K～）	
$SO_2(g)$	-296813	$43.43 + 10.63 \times 10^{-3}T - 5.94 \times 10^5 T^{-2}$	
$N_2(g)$	0	$27.87 + 4.268 \times 10^{-3}T$	

解

一般に物質のエンタルピー H_T は次式で求められる．

$$H°_T - H°_{298} = \sum \int_{298}^{T} C_p dT + \sum \Delta H°_{Trans}$$

（ⅰ）298 K におけるこの反応の $\Delta H°_{298}$ は

$$\Delta H°_{298} = 2H°_{298,Cu} + H°_{298,SO_2} - H°_{298,Cu_2S} - H°_{298,O_2}$$
$$= 2\Delta H°_{298,Cu} + \Delta H°_{298,SO_2} - \Delta H°_{298,Cu_2S} - \Delta H°_{298,O_2}$$
$$= -217317 \text{ (J/mol)}$$

次に各々の物質のエンタルピーを求める．

[Cu_2S]

（a）$298 < T < 376$ K のとき

$$H°_{T,Cu_2S(\alpha)} - H°_{298,Cu_2S(\alpha)} = \int_{298}^{T} 81.59 dT = 81.59T - 24314 \text{ (J/mol)}$$

（b）$376 < T < 623$ K のとき

$$H°_{T,Cu_2S(\beta)} - H°_{298,Cu_2S(\alpha)} = \int_{298}^{376} 81.59 dT + \int_{376}^{T} 97.28 dT + 3849 = 97.28T - 26364 \text{ (J/mol)}$$

（c） $623 < T < 1403$ K のとき

$$H°_{T,Cu_2S(\gamma)} - H°_{298,Cu_2S(\alpha)} = \int_{298}^{376} 81.59 dT + \int_{376}^{623} 97.28 dT + \int_{623}^{T} 84.94 dT + 3849 + 837$$

$$= 84.94T - 17839 \text{ (J/mol)}$$

（d） 1403 K $< T$ のとき

$$H°_{T,Cu_2S(l)} - H°_{298,Cu_2S(\alpha)} = \int_{298}^{376} 81.59 dT + \int_{376}^{623} 97.28 dT + \int_{623}^{1403} 84.94 dT + \int_{1403}^{T} 89.66 dT$$

$$+ 3849 + 837 + 10878$$

$$= 89.66T - 13584 \text{ (J/mol)}$$

[O_2]

$$H°_{T,O_2(g)} - H°_{298,O_2(g)} = \int_{298}^{T} (29.96 + 4.184 \times 10^{-3}T - 1.674 \times 10^{5}T^{-2}) dT$$

$$= [29.96T + 2.092 \times 10^{-3}T^2 + 1.674 \times 10^{5}T^{-1}]_{298}^{T}$$

$$= 2.092 \times 10^{-3}T^2 + 29.96T + 1.674 \times 10^{5}T^{-1} - 9676 \text{ (J/mol)}$$

[Cu]

（a） $298 < T < 1356$ K のとき

$$H°_{T,Cu(s)} - H°_{298,Cu(s)} = \int_{298}^{T} (22.64 + 6.276 \times 10^{-3}T) dT$$

$$= 3.138 \times 10^{-2}T^2 + 22.64 T - 7025$$

（b） 1356 K $< T$ のとき

$$H°_{T,Cu(l)} - H°_{298,Cu(s)} = \int_{298}^{1356} (22.64 + 6.276 \times 10^{-3}T) dT + \int_{1356}^{T} 31.38 dT + 12970$$

$$= [22.64T + 3.138 \times 10^{-3}T^2]_{298}^{1356} + 12970 + [31.38T]_{1356}^{T}$$

$$= 31.38T - 137 \text{ (J/mol)}$$

[SO_2]

$$H°_{T,SO_2(g)} - H°_{298,SO_2(s)} = \int_{298}^{T} (43.43 + 10.63 \times 10^{-3}T - 5.94 \times 10^{5}T^{-2}) dT$$

$$= [43.43T + 5.315 \times 10^{-3}T^2 + 5.94 \times 10^{5}T^{-1}]_{298}^{T} - 15407$$

$$= 5.315 \times 10^{-3}T^2 + 43.43T + 5.94 \times 10^{5}T^{-1} - 15407 \text{ (J/mol)}$$

したがって，（1）の反応の $\Delta H°_T$ は

$$\Delta H°_T = 2H°_{T,Cu} + H°_{T,SO_2} - H°_{T,Cu_2S} - H°_{T,O_2}$$

$$= \begin{cases} 6.598 \times 10^{-3}T^2 - 22.84T + 4.266 \times 10^{5}T^{-1} - 212786 & (298 < T < 376 \text{ K}) \\ 6.598 \times 10^{-3}T^2 - 38.53T + 4.266 \times 10^{5}T^{-1} - 210735 & (376 < T < 623 \text{ K}) \\ 6.598 \times 10^{-3}T^2 - 26.19T + 4.266 \times 10^{5}T^{-1} - 219260 & (623 < T < 1356 \text{ K}) \\ 3.223 \times 10^{-3}T^2 - 8.71T + 4.266 \times 10^{5}T^{-1} - 205483 & (1356 < T < 1403 \text{ K}) \\ 3.223 \times 10^{-3}T^2 - 13.43T + 4.266 \times 10^{5}T^{-1} - 209739 & (1403 \text{ K} < T) \quad \text{(J/mol)} \end{cases} \quad (2)$$

（ii） 298 K（25℃）の空気中の O_2(g) 1 mol と 1473 K の Cu_2S(l) 1 mol が，T(K) に昇温（降温）して，断熱的に反応して金属銅が生成されたとする．このとき，反応前後での系全体のエンタルピー変化 $\Delta H_{total} = 0$ である．これを，

A） 反応物および N_2(g) が温度 T に変化する過程でのエンタルピー変化 ΔH_A

B） 温度 T での反応のエンタルピー変化 ΔH_B

に分割して考えると，

3 Cu転炉反応：反応熱計算，ヒートバランス評価

$$\Delta H_{\text{total}} = \Delta H_A + \Delta H_B$$

以下それぞれを計算する．

$$\Delta H_A = H°_{T,\text{Cu}_2\text{S}} - H°_{1473,\text{Cu}_2\text{S}} + H°_{T,\text{O}_2} - H°_{298,\text{O}_2} + \frac{79}{21}(H°_{T,\text{N}_2} - H°_{298,\text{N}_2})$$

$$H°_{T,\text{Cu}_2\text{S}} - H°_{1473,\text{Cu}_2\text{S}(l)} = H°_{T,\text{Cu}_2\text{S}} - H°_{298,\text{Cu}_2\text{S}(\alpha)} - H°_{1473,\text{Cu}_2\text{S}(l)} + H°_{298,\text{Cu}_2\text{S}(\alpha)}$$

（i）より，

$$H°_{1473,\text{Cu}_2\text{S}(l)} - H°_{298,\text{Cu}_2\text{S}(\alpha)} = 118485 \ (\text{J/mol})$$

したがって，

$$H°_{T,\text{Cu}_2\text{S}} - H°_{1473,\text{Cu}_2\text{S}} = \begin{cases} 81.59T - 142799 & (298 < T < 376 \ \text{K}) \\ 97.28T - 144849 & (376 < T < 623 \ \text{K}) \\ 84.94T - 136324 & (623 < T < 1403 \ \text{K}) \\ 89.66T - 132069 & (1403 \ \text{K} < T) \end{cases}$$

また，

$$H°_{T,\text{O}_2} - H°_{298,\text{O}_2} = 29.96T + 2.092 \times 10^{-3}T^2 + 1.674 \times 10^5 T^{-1} - 9676 \ (\text{J/mol})$$

$$H°_{T,\text{N}_2} - H°_{298,\text{N}_2} = 27.87T + 2.134 \times 10^{-3}T^2 - 8495 \ (\text{J/mol})$$

である．したがって，

$$\Delta H_A = \begin{cases} 1.012 \times 10^{-2}T^2 + 216.4T + 1.674 \times 10^5 T^{-1} - 184432 & (298 < T < 376 \ \text{K}) \\ 1.012 \times 10^{-2}T^2 + 232.1T + 1.674 \times 10^5 T^{-1} - 186482 & (376 < T < 623 \ \text{K}) \\ 1.012 \times 10^{-2}T^2 + 219.7T + 1.674 \times 10^5 T^{-1} - 177957 & (623 < T < 1403 \ \text{K}) \\ 1.012 \times 10^{-2}T^2 + 224.5T + 1.674 \times 10^5 T^{-1} - 173701 & (1403 \ \text{K} < T) \ (\text{J/mol}) \end{cases}$$

また，題意から33％の熱が輻射で散逸するので，

$$\Delta H_B = \Delta H°_T \times 0.67$$

以上より，

$$\Delta H_{\text{total}} = \begin{cases} 1.648 \times 10^{-2}T^2 + 201.1T + 4.532 \times 10^5 T^{-1} - 326998 & (298 < T < 376 \ \text{K}) \\ 1.648 \times 10^{-2}T^2 + 206.3T + 4.532 \times 10^5 T^{-1} - 327675 & (376 < T < 623 \ \text{K}) \\ 1.648 \times 10^{-2}T^2 + 202.2T + 4.532 \times 10^5 T^{-1} - 324861 & (623 < T < 1356 \ \text{K}) \\ 1.228 \times 10^{-2}T^2 + 213.9T + 4.532 \times 10^5 T^{-1} - 315631 & (1356 < T < 1403 \ \text{K}) \\ 1.228 \times 10^{-2}T^2 + 215.5T + 4.532 \times 10^5 T^{-1} - 314226 & (1403 \ \text{K} < T) \ (\text{J/mol}) \end{cases}$$

$\Delta H_{\text{total}} = 0$ となる温度 T を求めると，1367 K となり，浴温は題意の転炉温度1473 K より低下する．

(iii) 25％O_2を含む酸素富化空気を必要な量用いた場合

$$\Delta H_B = \Delta H°_T \times 0.67$$

は，同様である．
ΔH_Aに関しては，

$$\Delta H_A = H°_{T,\text{Cu}_2\text{S}} - H°_{1473,\text{Cu}_2\text{S}} + H°_{T,\text{O}_2} - H°_{298,\text{O}_2} + \frac{75}{25}(H°_{T,\text{N}_2} - H°_{298,\text{N}_2})$$

よって，

$$\Delta H_{\text{total}} = \begin{cases} 1.486 \times 10^{-2}T^2 + 179.9T + 4.532 \times 10^5 T^{-1} - 320526 & (298 < T < 376 \ \text{K}) \\ 1.486 \times 10^{-2}T^2 + 185.0T + 4.532 \times 10^5 T^{-1} - 321202 & (376 < T < 623 \ \text{K}) \\ 1.486 \times 10^{-2}T^2 + 181.0T + 4.532 \times 10^5 T^{-1} - 318389 & (623 < T < 1356 \ \text{K}) \\ 1.065 \times 10^{-2}T^2 + 192.7T + 4.532 \times 10^5 T^{-1} - 309159 & (1356 < T < 1403 \ \text{K}) \\ 1.065 \times 10^{-2}T^2 + 194.2T + 4.532 \times 10^5 T^{-1} - 307754 & (1403 \ \text{K} < T) \ (\text{J/mol}) \end{cases}$$

$\Delta H_{total}=0$ となる温度 T を求めると，1465 K となり，浴温は題意の転炉温度 1473 K とほぼ同じである．

(iv) 473 K（200 ℃）に予熱した空気を用いた場合はどうか．21 % O_2(g)を使ったとする．
$$\Delta H_B = \Delta H_T^\circ \times 0.67$$
は，同様である．

ΔH_A に関しては，
$$\Delta H_A = H_{T,Cu_2S}^\circ - H_{1473,Cu_2S}^\circ + H_{T,O_2}^\circ - \Delta H_{473,O_2}^\circ + \frac{79}{21}(H_{T,N_2}^\circ - H_{473,N_2}^\circ)$$

$$H_{473,O_2}^\circ - H_{298,O_2}^\circ = 5317 \ (J)$$

$$\frac{79}{21}(H_{473,N_2}^\circ - H_{298,N_2}^\circ) = 19431 \ (J)$$

であることを利用し，

$$\Delta H_{total} = \begin{cases} 1.648\times 10^{-2}T^2 + 201.1T + 4.532\times 10^5 T^{-1} - 351746 & (298 < T < 376 \text{ K}) \\ 1.648\times 10^{-2}T^2 + 206.3T + 4.532\times 10^5 T^{-1} - 352423 & (376 < T < 623 \text{ K}) \\ 1.648\times 10^{-2}T^2 + 202.2T + 4.532\times 10^5 T^{-1} - 349610 & (623 < T < 1356 \text{ K}) \\ 1.228\times 10^{-2}T^2 + 213.9T + 4.532\times 10^5 T^{-1} - 340379 & (1356 < T < 1403 \text{ K}) \\ 1.228\times 10^{-2}T^2 + 215.5T + 4.532\times 10^5 T^{-1} - 338975 & (1403 \text{ K} < T) \end{cases} \ (J/mol)$$

を得る．$\Delta H_{total}=0$ となる温度 T を求めると，1465 K となり，浴温は題意の転炉温度 1473 K とほぼ同じである．また，これは，酸素 25 % 富化空気を使った場合と同じであり，両者は同じ効果があることが分かる．

［コメント1］ (ii)の浴温が低下し熱不足になるのは，33 % というヒートロスが大きすぎるためであり，通常のロスとしては 10〜20 % 程度と思われる．仮に 15 % として(ii)を解くと，浴温は 1512 K と上昇する．実際の転炉操業では，アノードスクラップなどを冷材として投入し，浴温を調整している．

［コメント2］ 解答に当たっては，反応物質が温度 T に達してから反応するとの仮定で計算を行った．本来熱力学的には，どのような温度で反応熱を計算しても，その温度に至るエンタルピー変化，また，その温度から温度 T へ至るエンタルピー変化を考えると，求まる温度 T は同じになり，通常反応熱は 298 K 基準で計算することが多い．この問題では輻射熱が温度 T での反応熱の 33 % という条件があるので，上記の方法によった（問 26 コメント参照）．

4

Ag の含熱量：温度依存式の導出

銀の熱力学的性質について研究し，次の値を得た．

$$C_p(298\text{ K})=25.52\ (\text{J/mol K})$$
$$H^\circ_{600}-H^\circ_{298}=7837\ (\text{J/mol})$$
$$H^\circ_{1000}-H^\circ_{298}=19188\ (\text{J/mol})$$

$H^\circ_T-H^\circ_{298}$ 関数として，$aT+\dfrac{b}{2}T^2+cT^{-1}+d$ の形の式を導け．

$$H^\circ_T-H^\circ_{298}=aT+\frac{b}{2}T^2+cT^{-1}+d \tag{1}$$

より

$$C_p=a+bT-cT^{-2} \tag{2}$$

（1）式および与えられた条件より

$$H^\circ_{600}-H^\circ_{298}=600a+1.80\times10^5 b+1.67\times10^{-3}c+d=7837 \tag{3}$$
$$H^\circ_{1000}-H^\circ_{298}=1000a+5.00\times10^5 b+1.00\times10^{-3}c+d=19188 \tag{4}$$

さらに，

$$H^\circ_{298}-H^\circ_{298}=298a+4.44\times10^4 b+3.36\times10^{-3}c+d=0 \tag{5}$$

また，（2）式と与えられた条件より

$$C_p(298\text{ K})=a+298b-1.13\times10^{-5}c=25.52 \tag{6}$$

これより，（3），（4），（5），（6）式を連立方程式として解いて，a, b, c, d を求めればよい．これを解くと，

$$a=21.2,$$
$$b=8.64\times10^{-3},$$
$$c=-1.54\times10^5,$$
$$d=-6.19\times10^3$$

したがって，

$$H^\circ_T-H^\circ_{298}=21.2T+4.32\times10^{-3}T^2-1.54\times10^5 T^{-1}-6.19\times10^3\ (\text{J/mol}) \tag{7}$$

5 炭化アルミニウムの燃焼：燃焼熱から元化合物の生成熱算出

ボンベ熱量計^(注)中で過剰の酸素を用いて炭化アルミニウム（Al_4C_3）を燃焼させたとき，（1）式の反応の内部エネルギー変化として，次の値を得た．

$$Al_4C_3(s) + 6O_2(g) = 2Al_2O_3(s) + 3CO_2(g)$$
$$\Delta U(298\,K) = -4366.72\,(kJ) \qquad (1)$$

このとき，298 K（25 ℃）における $\Delta H_{(1)}$ を求めよ．また，この条件下での純粋な C(s) 1 mol および Al(s) 2 mol の燃焼熱 ΔH_{298} をそれぞれ -393.5 kJ，-1671.9 kJ とすると，$Al_4C_3(s)$ の生成熱はいくらになるか．

解

298 K におけるエンタルピー変化 ΔH は次式で表される．すなわち，

$$\Delta H = \Delta U + \Delta(PV)$$

$\Delta(PV) = \Delta nRT$ であるから，

$$\Delta H = \Delta U + \Delta nRT$$

$\Delta U_{(1)} = -4366.72$ (kJ)，$\Delta n = 3 - 6 = -3$ (mol) であるから，上式に代入して，

$$\Delta H_{(1)} = -4366.72 + (-3) \times 8.314 \times 10^{-3} \times 298 = -4374.15\,(kJ)$$

問題より，

$$C(s) + O_2(g) = CO_2(g) : \Delta H_{298} = -393.5\,(kJ) \qquad (2)$$

$$2Al(s) + \frac{3}{2}O_2(g) = Al_2O_3(s) : \Delta H_{298} = -1671.9\,(kJ) \qquad (3)$$

［3×（2）式 ＋2×（3）式 －（1）式］の操作は以下の反応を与える．

$$3C(s) + 4Al(s) = Al_4C_3(s)$$

したがって，$Al_4C_3(s)$ の生成熱は，

$$\Delta H_{298} = -393.5 \times 3 - 1671.9 \times 2 + 4374.15 = -150.2\,(kJ)$$

（注） 広川吉之助ら編，金属の化学的測定法 I（1976）日本金属学会，p.15 参照．

Pb-Bi 合金の混合：熱量計のデータから混合熱算出

断熱式高温熱量計中で，693 K（420 ℃）において溶融鉛 10.79 g と溶融ビスマス 3.49 g を混合したところ，容器の温度は 0.440 K 上昇した．次に同じ条件で容器の内部ヒータに 0.191 A，1.37 V の電流を 180 秒通じたところ，0.405 K 上昇した．合金 1 mol 当たりの混合熱を求めよ．

断熱式熱量計とは，試料容器と断熱容器の温度差が零となるように断熱容器の温度を制御させ，試料容器中に発生した熱は外部へ逃げないようにしたものである．したがって，W を熱量計の温度を 1 K 上げるために必要な熱量とし，熱量計内で反応により発生あるいは吸収された熱 ΔQ，または外部から熱量計に与えられた電気エネルギー L と，熱量計の温度変化 $\Delta \theta_C$ の関係は次式で与えられる．

$$\Delta Q = L \Delta t = W \Delta \theta_C$$
$$0.191 \times 1.37 \times 180 = W \times 0.405$$
$$\therefore \quad W = 116.3 \ (\text{J/deg})$$

したがって，0.440 K の温度上昇は $116.3 \times 0.440 = 51.2$ (J) の熱量に相当する．

$$\text{Pb } 10.79 \text{ g は } \frac{10.79}{207.19} \text{ mol}$$

$$\text{Bi } 3.49 \text{ g は } \frac{3.49}{208.98} \text{ mol}$$

したがって，合金 1 mol 当たりの混合熱は，

$$51.2 \times \frac{1}{\dfrac{10.79}{207.19} + \dfrac{3.49}{208.98}} = 744 \ (\text{J/mol})$$

[コメント] Pb-Bi 合金は多くの熱量データがあるので熱量計の検定によく用いられる．

7

Znの相変化，混合：エントロピー変化算出

亜鉛について次のデータが得られている．

　　融解潜熱　7385 J/mol（at 692.5 K）
　　蒸発潜熱　115311 J/mol（at 1180 K）
　　モル比熱　固体 $C_p(\mathrm{s})=22.38+10.04\times10^{-3}T$　（J/mol K）
　　　　　　　液体 $C_p(\mathrm{l})=31.38$　（J/mol K）
　　　　　　　気体 $C_p(\mathrm{g})=20.79$　（J/mol K）

（i）373 K（100 ℃）の亜鉛1 molを1273 K（1000 ℃）に加熱したときのエントロピー変化を求めよ．ただし，亜鉛の沸点以上での分圧は1 atmとせよ．

（ii）373 K（100 ℃）の亜鉛0.2 molを873 K（600 ℃）の溶融亜鉛0.8 molと断熱的に混合したときのエントロピー変化を求めよ．

解

（i）求めるエントロピー変化を ΔS とすると，

$$\Delta S = \int_{373}^{692.5}\frac{C_p(\mathrm{s})}{T}\mathrm{d}T + \frac{\Delta H_\mathrm{m}}{T_\mathrm{m}} + \int_{692.5}^{1180}\frac{C_p(\mathrm{l})}{T}\mathrm{d}T + \frac{\Delta H_\mathrm{v}}{T_\mathrm{v}} + \int_{1180}^{1273}\frac{C_p(\mathrm{g})}{T}\mathrm{d}T$$

$$= \int_{373}^{692.5}\frac{22.38+10.04\times10^{-3}T}{T}\mathrm{d}T + \frac{7385}{692.5} + \int_{692.5}^{1180}\frac{31.38}{T}\mathrm{d}T + \frac{115311}{1180} + \int_{1180}^{1273}\frac{20.79}{T}\mathrm{d}T$$

$$= 143.74\ (\mathrm{J/mol\ K})$$

（ii）断熱変化であるから外部との熱の出入りがないので，混合後の温度を T(K) とすれば，次の式が成り立つ．

$$\Delta H = \left\{\int_{373}^{692.5}C_p(\mathrm{s})\mathrm{d}T + \Delta H_\mathrm{m} + \int_{692.5}^{T}C_p(\mathrm{l})\mathrm{d}T\right\}\times 0.2 + \left\{\int_{873}^{T}C_p(\mathrm{l})\mathrm{d}T\right\}\times 0.8$$

$$= \left\{\int_{373}^{692.5}(22.38+10.04\times10^{-3}T)\mathrm{d}T + 7385 + \int_{692.5}^{T}31.38\mathrm{d}T\right\}\times 0.2 + \left\{\int_{873}^{T}31.38\mathrm{d}T\right\}\times 0.8 = 0$$

$$T = 786\ (\mathrm{K})$$

よってエントロピー変化は，

$$\Delta S = \left\{\int_{373}^{692.5}\frac{22.38+10.04\times10^{-3}T}{T}\mathrm{d}T + \frac{7385}{692.5} + \int_{692.5}^{786}\frac{31.38}{T}\mathrm{d}T\right\}\times 0.2 + \left\{\int_{873}^{786}\frac{31.38}{T}\mathrm{d}T\right\}\times 0.8$$

$$= 0.46\ (\mathrm{J/mol\ K})$$

H₂O，CO₂ の T-P 状態図：状態図を作成し平衡関係を説明

次の数値より H₂O と CO₂ に関する状態図を略記せよ．そして平衡関係を説明せよ．

（a） 臨界点
　　　H₂O　　647 K（374 ℃）　218 atm
　　　CO₂　　304 K（31 ℃）　　73 atm
（b） 三重点
　　　H₂O　　273.16 K（0.01 ℃）　6.0×10⁻³ atm
　　　CO₂　　216 K（−57 ℃）　　　5.3 atm
（c） 三重点において
　　　H₂O：液体は固体より密である
　　　CO₂：固体は液体より密である

一成分系における相律は，相の数 p，自由度 f とすると次式で与えられる．

$$f = 3 - p \tag{1}$$

したがって，三相共存する場合は $f=0$ となり，温度と圧力は一義的に定まる．この点が三重点である．また，二相共存の場合は $f=1$ となり，温度あるいは圧力のどちらかを定めれば他方が決まり，状態図上では曲線として示される．

さらに，二相共存の場合には Clausius-Clapeyron の式を適用する．

$$\frac{dP}{dT} = \frac{\Delta H}{T \Delta V} \tag{2}$$

ここで，ΔH は平衡状態図における変態熱，ΔV は体積変化である．

（2）式が成立し，式の右辺の ΔH は昇華熱，融解熱，気化熱より評価でき，$\Delta H > 0$ であるから ΔV が状態図の曲線の傾きを左右する．V_g を気体の体積，V_s，V_l をそれぞれ固体，液体の体積とすると，$V_g \gg V_s, V_l$ より昇華，蒸気圧曲線の傾きは，

$$\frac{dP}{dT} > 0$$

ところが融解曲線については（c）より，

　　H₂O の場合，三重点で $V_s > V_l$ より

$$\frac{dP}{dT} < 0 \ \ (\text{at triple point})$$

　　CO₂ の場合，三重点で $V_l > V_s$ より

$$\frac{dP}{dT} > 0 \ \ (\text{at triple point})$$

なお，臨界点とは液体と気体の区別がなくなる点である．以上を参考にして H₂O（図1）と CO₂（図2）に関する状態図の略図を示す（詳細は参考文献を参照）．

8 H_2O, CO_2 の T-P 状態図：状態図を作成し平衡関係を説明

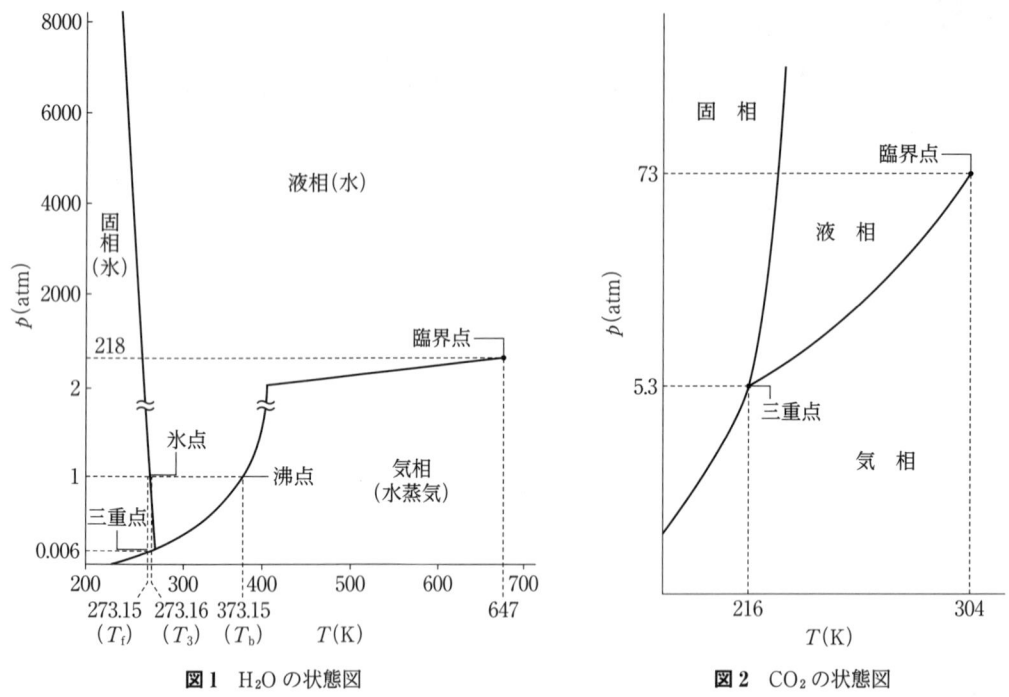

図1　H_2O の状態図

図2　CO_2 の状態図

(**参考文献**)　千原秀昭，中村亘男訳，アトキンス物理化学（2005）東京化学同人．

9 Ag の酸化：$\Delta G°$ から平衡関係を説明

Ag は一般に高温に加熱しても酸化しない．その理由を平衡計算から説明せよ．また Ag が酸化可能な条件を計算結果から示せ．

解

Ag の酸化反応は
$$4Ag+O_2=2Ag_2O : \Delta G°=-56240+121.26T \tag{1}$$

また
$$\Delta G=\Delta G°+RT\ln K$$

であるから，Ag の酸化反応では
$$\Delta G=-56240+121.26T+RT\ln\frac{a_{Ag_2O}^2}{a_{Ag}^4 p_{O_2}}$$
$$=-56240+121.26T-8.314T\ln p_{O_2} \tag{2}$$

今，空気中での酸化を考えると 1 atm 下で $p_{O_2}=0.21$ (atm) であるから，(2)式の ΔG は
$$\Delta G=-56240+121.26T+8.314T\ln 0.21 \tag{3}$$

となる．熱力学的に $\Delta G>0$ では反応は起こらないので，(3)式より $\Delta G>0$ の温度範囲を求めると，
$$T>419 \text{ (K)} \text{ (146 ℃)}$$

となり，Ag は 146 ℃以上では酸化しないことになる．

次に(2)式より，平衡状態における $\log p_{O_2}$ と $\dfrac{1}{T}$ の関係式を求めると，
$$\log p_{O_2}=6.334-\frac{2938}{T} \tag{4}$$

(4)式より，各温度での $\log p_{O_2}$ を求めると，

表 1

$1000/T$ (K^{-1})	1.5	2.0	2.5	3.0	3.5
T (K)	667	500	400	333	286
$\log p_{O_2}$ (atm)	1.93	0.458	−1.01	−2.48	−3.95

この関係を図示すると図 1 のようになり，Ag は図中の直線より右上，つまり各温度での平衡酸素ポテンシャルより高い酸素ポテンシャルの雰囲気では酸化されることが分かる．

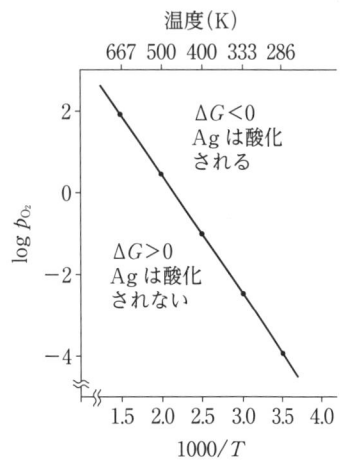

図 1 酸素分圧と温度の関係

10 CO-CuO 平衡：$\Delta G°$ から平衡ガス分圧計算

CO ガスの分析法として，573 K（300 ℃）程度で CuO により酸化して CO_2 に変え，吸収剤に吸収させる場合がある．酸化後の CO_2 ガスが 0.05 atm の場合，平衡論的に残るべき CO ガスはどの程度になるか．また CO_2 吸収剤を通過したガスを CuO 上に再循環させることがある．この効能を定性的に説明せよ．

計算に使用するデータ（ref. 2 より）

$$C(s)+O_2(g)=CO_2(g)： \quad \Delta G°=-394380-1.13T \qquad (1)$$
$$2C(s)+O_2(g)=2CO(g)： \quad \Delta G°=-223920-175.56T \qquad (2)$$
$$2Cu(s)+O_2(g)=2CuO(s)： \Delta G°=-311700+180.34T \qquad (3)$$

 解

$\left[(1)式-\dfrac{1}{2}\times(2)式-\dfrac{1}{2}\times(3)式\right]$ の操作により以下の反応式が得られる．

$$CuO(s)+CO(g)=Cu(s)+CO_2(g)$$

したがって，この反応に伴う自由エネルギー変化は

$$\Delta G_T°=-126570-3.52T$$

で与えられる．$T=573$ K での平衡定数 K_{573} は

$$\Delta G_T°=-RT\ln K_T$$

より

$$K_{573}=\exp\left(-\dfrac{\Delta G_{573}°}{573R}\right)=5.277\times10^{11}$$

となる．また，上の反応式を考えて，

$$K_{573}=\dfrac{a_{Cu}\,p_{CO_2}}{a_{CuO}\,p_{CO}}\cong\dfrac{p_{CO_2}}{p_{CO}}=5.277\times10^{11}$$

ここで，$a_{Cu}\cong1$，$a_{CuO}\cong1$ であると仮定した．

$$p_{CO_2}=0.05\,(\text{atm})\text{ であるから}，p_{CO}=9.48\times10^{-14}\,(\text{atm})$$

平衡にまで達したとすれば，残る CO ガスは $p_{CO}\cong10^{-13}$（atm）であり，分析精度としては十分であるが，比較的低温での固体/気体反応であり平衡に達しないことが考えられる．この場合，ガスを循環させることにより平衡に近づけることができる．

11

ガスの脱酸，脱窒：$\Delta G°$ から平衡ガス分圧計算

中性ガスの純化洗浄ではしばしば加熱金属中にガスを通じる．

（ⅰ）少量の酸素除去のため，よく加熱銅線を用いる．573 K（300℃），773 K（500℃），1073 K（800℃）で平衡論的に残るべき酸素量を求めよ．

（ⅱ）実際上 773 K で用いることが多いが，その理由を説明せよ．

（ⅲ）アルゴンの洗浄で N_2 をも除きたいときは，Mg, Ti などを用いる．Mg について 800 K（527℃）における O_2, N_2 の除去限界を求めよ．

ただし，
$$3Mg(s) + N_2(g) = Mg_3N_2(\alpha) : \Delta G°_{800} = -299600 \text{ (J)}$$
であり，CuO, Cu_2O, MgO については，ref.2 を参考にせよ．

解

この種の問題では，安定生成相が何であるか常に注意が必要なので，必ず状態図を確認する．

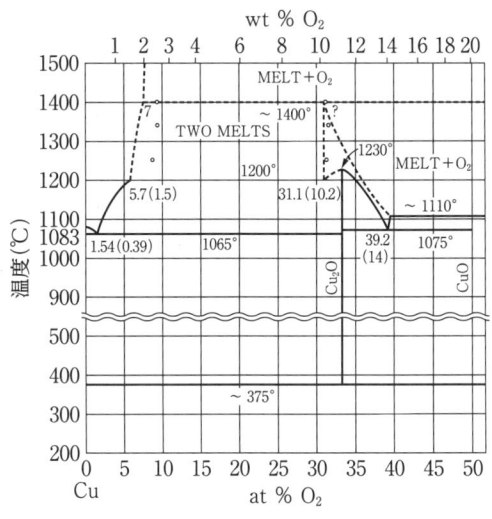

図1 Cu-O 系状態図

（ⅰ）M. Hansen の状態図（Constitution of Binary Alloys (1958) p.605）によれば，Cu_2O が安定なのは 648 K（375℃）以上である．したがって，573 K においては次式の反応を考える．

$$Cu(s) + \frac{1}{2}O_2(g) = CuO(s)$$

$\Delta G° = -155850 + 90.17T$ (J)（ref.2 より）

∴ $\Delta G°_{573} = -104183$ (J)

$$K = \exp\left(-\frac{\Delta G°}{RT}\right) = \frac{1}{P_{O_2}^{1/2}} \text{ より}$$

$$P_{O_2} = 1.01 \times 10^{-19} \text{ (atm)}$$

773 K, 1073 K については以下の反応を考え，同様に計算すると，

$$2\text{Cu(s)} + \frac{1}{2}\text{O}_2(\text{g}) = \text{Cu}_2\text{O(s)}:$$

$$\Delta G° = -167400 + 72.4T \text{ (J)} \text{ (ref. 2 より)}$$

よって，

$$773 \text{ K では } P_{O_2} = 8.70 \times 10^{-16} \text{ (atm)}$$
$$1073 \text{ K では } P_{O_2} = 1.84 \times 10^{-9} \text{ (atm)}$$

(ⅱ) 低温ほど酸素除去限界も低くなるが，反応速度が遅くなり，実際的ではない．

経験的には，773 K 程度で十分な反応速度が得られることが知られている．ただし，十分な脱酸が達成されないこともあるので，酸素分析を実施して確認することが望ましい．

(ⅲ)
（a） N_2 除去

Mg は 800 K において：$P_{N_2} = K^{-1} = 1/\exp(299600/RT) = 2.74 \times 10^{-20}$ (atm)

（b） O_2 除去

Mg $\quad 2\text{Mg(s)} + \text{O}_2(\text{g}) = 2\text{MgO(s)}:$

$\Delta G° = -1202070 + 215.39T$ (J) (ref. 2 より)

∴ 800 K において：$P_{O_2} = K^{-1} = 1/\exp(-\Delta G°/RT) = 5.77 \times 10^{-68}$ (atm)

Mg は融点が低いこと，さらに Ti でも十分低い酸素濃度が容易に得られることから Ti が用いられることが多い．

[コメント] Hansen の Cu-O 系状態図について

$\text{CuO} + \text{Cu} = \text{Cu}_2\text{O}$ の反応の $\Delta G°$ から三相共存温度を求めると 648 K (375 ℃) とはならず，この点について Hansen の状態図は必ずしも正しいとはいえない．しかし，この状態図を正しいとするなら上記のような解答となる．

12

CO-CO₂ 平衡：$\Delta G°$ 計算

Boudouard 反応 $2CO = CO_2 + C$ の 973 K（700 ℃）におけるギブズエネルギー変化がガス組成によりどのように変化するか，ガス組成を横軸にとり図示せよ．ただし，気相は $p_{CO_2} + p_{CO} = 1$ atm とする．

解

対象とする反応について，
$\Delta G° = -170460 + 174.43T$ (J)（ref. 2 より）と与えられるので，
973 K では，

$$\Delta G = \Delta G° + RT \ln \frac{p_{CO_2} \cdot a_c}{p_{CO}^2}$$

$$= -739.61 + 8089.52 \ln \frac{p_{CO_2} \cdot a_c}{p_{CO}^2} \quad (J)$$

C が純粋な固体であれば $a_c = 1$ であるから

$$\Delta G = -739.61 + 8089.52 \ln \frac{p_{CO_2}}{p_{CO}^2} \quad (J)$$

この式より，以下の表1と図1を得る．

表 1

p_{CO_2} (atm)	p_{CO} (atm)	ΔG_{973} (J)
0.1	0.9	−17662
0.2	0.8	−10149
0.3	0.7	−4709
0.4	0.6	113
0.5	0.5	4868
0.6	0.4	9953
0.7	0.3	15854
0.8	0.2	23494
0.9	0.1	35662

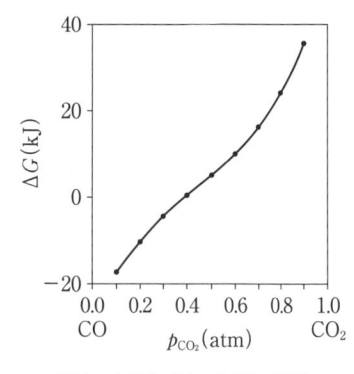

図1 ΔG と CO_2 分圧の関係

13

CaCO₃の分解：$\Delta G°$ から分解温度算出

(i) 次のデータを用い，$p_{CO_2}=1$ atm での $CaCO_3$ の分解温度を求めよ．
$$CaCO_3(s) = CaO(s) + CO_2(g):$$
$$\Delta G° = 177820 - 6.36T \log T + 9.017 \times 10^{-3} T^2 - 0.0858 \times 10^5 T^{-1} - 144.68T \quad (J)$$

(ii) 温度と平衡 CO_2 分圧の関係を図示せよ．

(iii) 大気中で加熱するとき，1153 K（880 ℃）以下では分解は起こらないか，考察せよ．

(iv) 低温で分解させる手段があれば述べ，理由を説明せよ．

(v) 共存する CO_2 分圧とギブズエネルギー変化 ΔG（$\Delta G°$ との違いに留意せよ）の関係を，1073 K（800 ℃）で図示せよ．

解

(i) $CaCO_3(s) = CaO(s) + CO_2(g)$ …(1)

(1)式の平衡定数 K を $a_{CaCO_3}=1$，$a_{CaO}=1$ の場合で考える．

$$K = \frac{a_{CaO} \cdot p_{CO_2}}{a_{CaCO_3}} = p_{CO_2} \quad (2)$$

また，平衡状態では $\Delta G° = -RT \ln K$ より

$$p_{CO_2} = \exp\left(-\frac{\Delta G°}{RT}\right) \quad (3)$$

平衡する CO_2 分圧が 1 atm になる温度は，

$$1.0 = \exp\left(-\frac{\Delta G°}{RT}\right) \quad \therefore \quad \Delta G° = 0$$

よって，与えられた $\Delta G°$ の式より $\Delta G° = 0$ となる温度を求めると $T = 1157$ K（884 ℃）となる．

(ii) $\Delta G° = -RT \ln K = -RT \ln p_{CO_2}$ であるから，表1をもとにして p_{CO_2} と T の関係を図1に示す．

表1

T (K)	573	673	773	873	973	1073	1173
$10^3/T$ (K^{-1})	1.75	1.49	1.29	1.15	1.03	0.932	0.853
$\Delta G°$ (J)	87812	72417	57160	42047	27083	12270	−2388
$\ln p_{CO_2}$ (atm)	−18.43	−12.94	−8.89	−5.79	−3.348	−1.375	0.245
p_{CO_2} (atm)	9.9×10^{-9}	2.3×10^{-6}	1.37×10^{-4}	3.05×10^{-2}	3.52×10^{-2}	0.253	1.278

図1より $\ln p_{CO_2}$ vs $1/T$ はほぼ直線関係になり，表1より最小自乗法を用いると，次式が得られる．

$$\ln p_{CO_2} = -20.930 \times 10^3 \frac{1}{T} + 18.144 \quad (4)$$

[コメント] 図1は分解反応の $\Delta G°$ が T の一次式で十分に近似できることを示している．一般に $\Delta G°$ は $a+bT$ の形で表すことができるが，ハロゲン化物や硫酸塩では直線性が悪い場合が多く，$a+bT \log T + cT$ や $a+bT \log T + cT^2 + dT^{-1} + eT$ の形の式を用いる．

13 $CaCO_3$ の分解：$\Delta G°$ から分解温度算出

（iii） 大気中の p_{CO_2} は $3×10^{-4}$ atm 程度であり，熱力学的には平衡 CO_2 分圧を $p_{CO_2}^e$ とすると，（1）式の反応の ΔG は次式で与えられる．

$$\Delta G = \Delta G° + RT \ln K$$
$$= -RT \ln p_{CO_2}^e + RT \ln p_{CO_2}$$
$$= RT \ln\left(\frac{p_{CO_2}}{p_{CO_2}^e}\right)$$

したがって $\Delta G < 0$ となり，分解反応が進行するためには

$$p_{CO_2} < p_{CO_2}^e$$

となることが必要であり，$p_{CO_2}^e$ は（4）式で与えられるから $p_{CO_2} = 3×10^{-4}$ atm のとき，

$$\ln(3×10^{-4}) < -20.930×10^3\frac{1}{T} + 18.144$$
$$T > 797.2 \text{ (K)}$$

したがって，797.2 K 以上の温度では分解反応が起こり得る．

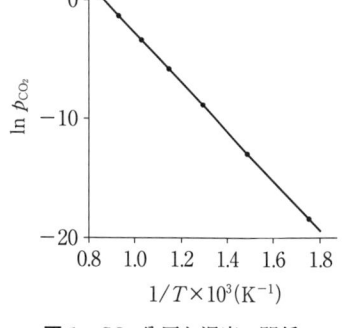

図1 CO_2 分圧と温度の関係

[コメント] 実際には $CaCO_3$ をとりまくガス膜中の p_{CO_2} がすぐに平衡 p_{CO_2} に等しくなってしまい，分解はストップする．分解が進行するためには $CaCO_3$ 表面から CO_2 ガスが速やかに拡散することが必要である．

一般に流動層などの強制通風下での反応は平衡圧と反応速度は表2のような関係にある．

表2

平衡圧（atm）	反応速度
0.1	速い
0.01	ゆっくり
0.001	非常にゆっくり
0.0001	ほとんど進行せず

（iv） 分解を起こすためには $p_{CO_2} < p_{CO_2}^e$ より，$CaCO_3$ をとりまく p_{CO_2} を $p_{CO_2}^e$ より小さくすればよいから

① 平衡 p_{CO_2} を上げる

$K = \dfrac{a_{CaO} \cdot p_{CO_2}}{a_{CaCO_3}}$ より a_{CaO} を下げれば平衡 p_{CO_2} は上がる（シリカなどを加える）．

② まわりの p_{CO_2} を平衡 p_{CO_2} より低く保つ（不活性気体の強制気流中もしくは減圧容器中など）

（v） 1073 K における $\Delta G°$ は 12270 J であるから

$$\Delta G = \Delta G° + RT \ln p_{CO_2} = 12270 + RT \ln p_{CO_2}$$

$R = 8.314$，$T = 1073$ K を代入すると

$$\Delta G = 8921 \ln p_{CO_2} + 12270 = 20541 \log p_{CO_2} + 12270 \text{ (J)}$$

これを図2に示す．

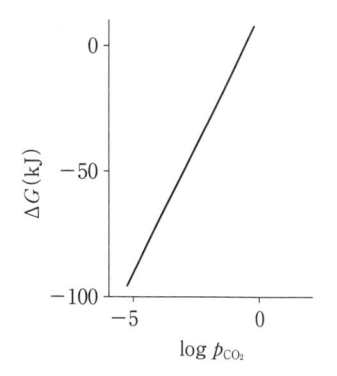

図2 ΔG と CO_2 分圧の関係

14

Fe-H₂O 平衡：$\Delta G°$ から平衡ガス分圧計算

1000 K（727 ℃）に加熱した過剰の純鉄上に 1 kg の水蒸気を通じたとき生じる水素の最大容積を標準状態において示せ．

解

純鉄と水蒸気による次の反応を考える．

$$\text{Fe(s)} + \text{H}_2\text{O(g)} = \text{FeO(s)} + \text{H}_2\text{(g)} : \Delta G° = -17990 + 9.92T \quad \text{(ref. 2 より)} \tag{1}$$

（1）式より $\Delta G°_{1000}$ を求めると

$$\Delta G°_{1000} = -8070 \text{ (J)} \tag{2}$$

一方，（1）式の平衡定数 K は

$$K = \exp\left(-\frac{\Delta G°}{RT}\right) = \frac{a_{\text{FeO}} \cdot p_{\text{H}_2}}{a_{\text{Fe}} \cdot p_{\text{H}_2\text{O}}} \tag{3}$$

ここで，$a_{\text{FeO}} = 1$，$a_{\text{Fe}} = 1$ とし，（2），（3）式より 1000 K での平衡定数 K を求めると

$$K = \frac{p_{\text{H}_2}}{p_{\text{H}_2\text{O}}} = 2.640 \tag{4}$$

今，H_2，H_2O それぞれのモル数を n_{H_2}，$n_{\text{H}_2\text{O}}$ とすると，（4）式は次のようになる．

$$K = \frac{p_{\text{H}_2}}{p_{\text{H}_2\text{O}}} = \frac{n_{\text{H}_2}}{n_{\text{H}_2\text{O}}} = 2.640 \tag{5}$$

一方，はじめの水蒸気は 1 kg であるので

$$n_{\text{H}_2} + n_{\text{H}_2\text{O}} = \frac{1000}{18} = 55.56 \text{ (mol)} \tag{6}$$

（5），（6）式より

$$n_{\text{H}_2} = 40.29 \text{ (mol)}$$

したがって，標準状態で生じる水素ガスは

$$40.29 \times 22.4 \times 10^{-3} = 0.9025 \text{ (m}^3\text{)}$$

15

CO-CO_2/H_2-H_2O 平衡：$\Delta G°$ から平衡ガス分圧計算

1873 K（1600 ℃），全圧 1 atm の 20 %CO_2，80 %CO の混合ガスと同じ酸素ポテンシャルをもつ全圧 1 atm の H_2-H_2O 混合ガスの組成を求めよ．

計算に使用するデータ

$$2CO(g) + O_2(g) = 2CO_2(g) : \Delta G_1° = -564840 + 173.30T \text{ (J)} \tag{1}$$

$$2H_2(g) + O_2(g) = 2H_2O(g) : \Delta G_2° = -492880 + 109.62T \text{ (J)} \tag{2}$$

解

(1)式の平衡定数 K_1 は，1873 K で以下のようになる．

$$K_1 = \frac{p_{CO_2}^2}{p_{CO}^2 \cdot p_{O_2}} = \exp\left(-\frac{\Delta G_1°}{RT}\right)$$

$$= \exp\left(-\frac{-564840 + 173.3 \times 1873}{8.314 \times 1873}\right) = 5.016 \times 10^6$$

したがって，

$$p_{O_2} = \left(\frac{p_{CO_2}}{p_{CO}}\right)^2 \cdot \frac{1}{K_1} = \left(\frac{0.2}{0.8}\right)^2 \cdot \frac{1}{5.016 \times 10^6} = 1.246 \times 10^{-8} \text{ (atm)}$$

(2)式の平衡定数 K_2 は，1873 K で次式で与えられる．

$$K_2 = \frac{p_{H_2O}^2}{p_{H_2}^2 \cdot p_{O_2}} = \exp\left(-\frac{\Delta G_2°}{RT}\right)$$

$$= \exp\left(-\frac{-492880 + 109.62 \times 1873}{8.314 \times 1873}\right) = 1.047 \times 10^8$$

ゆえに，

$$p_{H_2O} = p_{H_2} \cdot (p_{O_2} \cdot K_2)^{1/2} = \sqrt{1.047 \times 10^8 \times 1.246 \times 10^{-8}} \cdot p_{H_2}$$

$$= 1.142 \cdot p_{H_2} \text{ (atm)}$$

$p_{H_2O} + p_{H_2} = 1$ atm であるので，上の関係より

$$p_{H_2} = 0.4669 \text{ (atm)}$$

$$p_{H_2O} = 0.5331 \text{ (atm)}$$

すなわち，H_2-H_2O 混合ガスの組成は

$$H_2 : 46.7 \%, \quad H_2O : 53.3 \%$$

16

CO-CO₂-FeO 平衡：$\Delta G°$ から平衡ガス分圧計算

CO-CO₂ 混合ガスについて次の問に答えよ．

(ⅰ) 1000 K（727 ℃），全圧 1 atm で固体炭素と平衡する CO, CO₂ ガスの組成を求めよ．$p_{CO}+p_{CO_2}=1$ atm とする．

(ⅱ) 全圧 1 atm で CO 15 %，CO₂ 85 % の混合ガスが固体炭素と平衡する温度を求めよ．

(ⅲ) 1500 K（1227 ℃）で CO 10 %，CO₂ 90 % の混合ガスが呈する酸素分圧を求めよ．

(ⅳ) 1000 K（727 ℃）で鉄–ウスタイト（FeO）と平衡する CO-CO₂ ガスの組成を求めよ．

ただし，以下のデータを用いよ（ref. 2 より）．

$$C(s)+O_2(g)=CO_2(g): \Delta G°=-394380-1.13T \text{ (J)} \tag{1}$$

$$2C(s)+O_2(g)=2CO(g): \Delta G°=-223920-175.56T \text{ (J)} \tag{2}$$

解

(ⅰ) $C(s)+CO_2(g)=2CO(g)$ (3)

(2)−(1)より(3)式の $\Delta G°$ は

$$\Delta G°_3=170460-174.43T \text{ (J)}$$

ここで

$$K_3=\frac{p_{CO}^2}{a_C \cdot p_{CO_2}}=\exp\left(-\frac{\Delta G°_1}{RT}\right) \tag{4}$$

$T=1000$ K，$a_C=1$ より上式は

$$\frac{p_{CO}^2}{p_{CO_2}}=\exp\left(-\frac{170460-174.43\times 1000}{8.314\times 1000}\right)=1.612 \tag{5}$$

(5)式および $p_{CO}+p_{CO_2}=1$ (atm) より

$$\begin{cases} p_{CO}=0.698 \text{ (atm)} \quad \text{CO 69.8 \%} \\ p_{CO_2}=0.302 \text{ (atm)} \quad \text{CO}_2 \text{ 30.2 \%} \end{cases}$$

(ⅱ) (4)式に $a_C=1$, $p_{CO_2}=0.85$ (atm), $p_{CO}=0.15$ (atm) を代入すると，

$$K_3=\frac{(0.15)^2}{1\times 0.85}=\exp\left(-\frac{170460-174.43T}{8.314\times T}\right)$$

$$\therefore \quad T=833 \text{ K}$$

(ⅲ) $2CO(g)+O_2(g)=2CO_2(g): \Delta G°=-564840+173.30T \text{ (J)}$ (ref. 2 より) (6)

$$K_6=\frac{p_{CO_2}^2}{p_{CO}^2 \cdot p_{O_2}}=\exp\left(-\frac{\Delta G°_6}{RT}\right)$$

上式に $T=1500$ K, $p_{CO}=0.1$ (atm), $p_{CO_2}=0.9$ (atm) を代入すると，

$$\frac{(0.9)^2}{(0.1)^2\times p_{O_2}}=\exp\left(-\frac{-564840+173.30\times 1500}{8.314\times 1500}\right)$$

$$\therefore \quad p_{O_2}=1.954\times 10^{-9} \text{ (atm)}$$

(ⅳ)　$FeO(s)+CO(g)=Fe(s)+CO_2(g)$: $\Delta G°=-17990+21.92T$ (J) (ref.2 より)　　　(7)

$$K_7=\frac{a_{Fe} \cdot p_{CO_2}}{a_{FeO} \cdot p_{CO}}=\exp\left(-\frac{\Delta G_7°}{RT}\right)$$

上式に $a_{Fe}=1$, $a_{FeO}=1$, $T=1000$ K を代入すると,

$$\frac{p_{CO_2}}{p_{CO}}=\exp\left(-\frac{-17990+21.92\times1000}{8.314\times1000}\right)$$
$$=0.623$$

ここで $p_{CO}+p_{CO_2}=1$ (atm) とすれば,

$$\begin{cases}p_{CO}=0.616 \text{ (atm)} & \text{CO } 61.6\% \\ p_{CO_2}=0.384 \text{ (atm)} & \text{CO}_2\ 38.4\%\end{cases}$$

17

硫酸銅の結晶水分解：$\Delta G°$ から分圧，量論計算の初歩

（ⅰ）50 l の真空容器中に，$CuSO_4 \cdot 5H_2O$ 0.01 mol をおいたと仮定する．次の水蒸気圧の数値から 323 K（50 ℃）において到達すべき状態について説明せよ．（ⅱ）この容器内で $CuSO_4 \cdot 3H_2O$ が安定に存在するには $CuSO_4 \cdot 5H_2O$ が何 mol 必要か．

$CuSO_4 \cdot 3H_2O$ と $CuSO_4 \cdot 5H_2O$ が共存するとき 5.53×10^{-2} atm

$CuSO_4 \cdot H_2O$ と $CuSO_4 \cdot 3H_2O$ が共存するとき 4.34×10^{-2} atm

$CuSO_4$ と $CuSO_4 \cdot H_2O$ が共存するとき 5.92×10^{-3} atm

解

323 K における平衡蒸気圧の値より，水蒸気圧を P atm とすると次のようになる．

$5.53 \times 10^{-2} \leq P$　　　　　　$CuSO_4 \cdot 5H_2O$ が安定

$4.34 \times 10^{-2} \leq P \leq 5.53 \times 10^{-2}$　　$CuSO_4 \cdot 3H_2O$ が安定

$5.92 \times 10^{-3} \leq P \leq 4.34 \times 10^{-2}$　　$CuSO_4 \cdot H_2O$ が安定

$P \leq 5.92 \times 10^{-3}$　　　　　　$CuSO_4$ が安定

（ⅰ）323 K において到達すべき状態

以下に示すように，$CuSO_4 \cdot 5H_2O$ 0.01 mol が（a）3 水塩に，（b）1 水塩に，（c）無水塩に解離した場合について水蒸気圧 P の値を求める．

（a）　$CuSO_4 \cdot 5H_2O = CuSO_4 \cdot 3H_2O + 2H_2O$

$$P = \frac{nRT}{V} = \frac{0.02 \times 0.0821 \times 323}{50}$$

$$= 1.06 \times 10^{-2} \text{ (atm)}$$

（b）　$CuSO_4 \cdot 5H_2O = CuSO_4 \cdot H_2O + 4H_2O$

$$P = \frac{nRT}{V} = \frac{0.04 \times 0.0821 \times 323}{50}$$

$$= 2.12 \times 10^{-2} \text{ (atm)}$$

（c）　$CuSO_4 \cdot 5H_2O = CuSO_4 + 5H_2O$

$$P = \frac{nRT}{V} = \frac{0.05 \times 0.0821 \times 323}{50}$$

$$= 2.65 \times 10^{-2} \text{ (atm)}$$

以上，（a）～（c）により，問の条件で安定に存在するのは $CuSO_4 \cdot H_2O$ の状態である．

（ⅱ）この容器内で $CuSO_4 \cdot 3H_2O$ が安定に存在するために必要な $CuSO_4 \cdot 5H_2O$ のモル数を求める．

$CuSO_4 \cdot 3H_2O$ が安定に存在するためには，水蒸気圧 P atm の値が

$$4.34 \times 10^{-2} \leq P \leq 5.53 \times 10^{-2}$$

の間にあればよい．

$$CuSO_4 \cdot 5H_2O = CuSO_4 \cdot 3H_2O + 2H_2O$$

$CuSO_4 \cdot 5H_2O$ のモル数を x とすると，解離後の水蒸気圧は，
$$P = \frac{2x \times 0.0821 \times 323}{50} = 1.059x$$
$$4.34 \times 10^{-2} \leqq 1.059x \leqq 5.53 \times 10^{-2}$$
$$4.10 \times 10^{-2} \leqq x \leqq 5.22 \times 10^{-2}$$
$CuSO_4 \cdot 5H_2O$ のモル数がこの間にあればよい．

[コメント]　量論（化学量論とも言う）-平衡計算の組み合わせ計算の簡単な一例である．

18

Siの窒化：$\Delta G°$から平衡ガス分圧計算

次の反応について，データより Si_3N_4 が，（ⅰ）1573 K（1300 ℃）および（ⅱ）1773 K（1500 ℃）に加熱されたときの平衡窒素圧を求めよ．ただし，純粋な Si と Si_3N_4 は平衡するとして解答せよ．
計算に使用するデータ

$$3Si(s) + 2N_2(g) = Si_3N_4(s) : \Delta G° = -740568 - 24.1 T \log T + 402.9 T \ (J) \tag{1}$$

$$Si(s) = Si(l) : \Delta G° = 50208 - 30.04 T \ (J) \tag{2}$$

解

Si の融点は 1683 K（1410 ℃）である．
（ⅰ） 1573 K（1300 ℃）において

$$3Si(s) + 2N_2(g) = Si_3N_4(s) :$$
$$\Delta G°_{(1),1573} = -227992 \ (J)$$

（1）式の平衡定数を K とすると

$$K = \frac{a_{Si_3N_4}}{a_{Si}^3 \cdot p_{N_2}^2} = \frac{1}{p_{N_2}^2} \quad (\because a_{Si_3N_4} = 1, \ a_{Si} = 1)$$

$T = 1573$ K で $\Delta G° = -RT \ln K$ より $K = \exp\left(-\dfrac{\Delta G°}{RT}\right)$

$$K_{1573} = \exp\left(-\frac{-227992}{8.314 \times 1573}\right)$$

$$\therefore \ K_{1573} = 3.73 \times 10^7$$

したがって，

$$p_{N_2} = 1.64 \times 10^{-4} \ (atm)$$

（ⅱ） 1773 K（1500 ℃）において，反応は（1）−（2）×3 より

$$3Si(l) + 2N_2(g) = Si_3N_4(s) :$$
$$\Delta G°_{(3)} = -891192 - 24.1 T \log T + 493.02 T \ (J) \tag{3}$$

$$\therefore \ \Delta G°_{(3),1773} = -155883 \ (J)$$

$$K_{1773} = \exp\left(-\frac{-155883}{8.314 \times 1773}\right) = 39144$$

平衡窒素圧は Si(l) および Si_3N_4(s) の相互溶解度が無視される程度に小さいことを考慮すれば，以下のとおり算出できる．

$$K_{1773} = \frac{1}{p_{N_2}^2} = 39144 \ \text{より} \quad (\because a_{Si_3N_4} = 1, \ a_{Si} = 1)$$

$$p_{N_2} = 5.05 \times 10^{-3} \ (atm)$$

19

Co の酸化：平衡定数 K から $\Delta G°$ の算出

次式について表1のような平衡データが得られている．

$$CoO(s) + CO(g) = Co(s) + CO_2(g)$$

表1

T (K)	923	973	1023	1073
K	88.3	66.5	51.5	40.8

（ i ） $\Delta H°$ および 1000 K（727 ℃）における K を図的に求めよ．
（ ii ） $\Delta G°$ を $A + BT$ の形で示せ．
（iii） CO と CO_2 に関する $\Delta G°$ のデータを用いて，CoO の生成の $\Delta G°$ を求めよ．
（iv） 98 % CO_2，2 % CO 雰囲気では，973 K（700 ℃）および 1073 K（800 ℃）でコバルトは酸化されるだろうか．

解

（ i ） $\log K$ と $\dfrac{1}{T}$ の関係を求める．

表2

T (K)	923	973	1023	1073
$\dfrac{1000}{T}$	1.083	1.028	0.978	0.932
$\log K$	1.946	1.823	1.712	1.611

表2の関係を図示すると図1のような直線関係が得られる．この関係を最小自乗法で整理すると

$$\log K = -0.458 + 2.219 \times 10^3 \cdot \frac{1}{T} \tag{1}$$

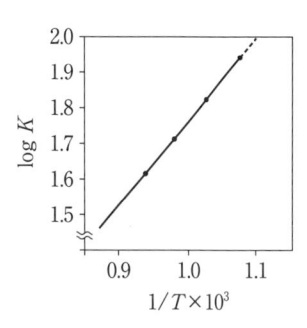

図1 平衡定数と温度の関係

（1）式より 1000 K での平衡定数 K_{1000} は

$$K_{1000} = 57.68$$

また，van't Hoff の式は

$$\left(\frac{d \ln K}{dT}\right)_p = \frac{\Delta H°}{RT^2} \tag{2}$$

（2）式より

$$\Delta H° = RT^2 \left(\frac{d \ln K}{dT}\right)_p = -2.303 R \left(\frac{d \log K}{d\left(\frac{1}{T}\right)}\right)_p \tag{3}$$

（1），（3）式より

$$\Delta H° = -42488 \text{ (J/mol)}$$

19 Coの酸化：平衡定数 K から $\Delta G°$ の算出

(ii) $\Delta G° = -RT \ln K = -2.303 RT \log K$ \hfill (4)

(4)式に(1)式を代入すると

$$\Delta G° = -42488 + 8.769T \text{ (J/mol)} \tag{5}$$

(iii) ref.2 より

$$2CO(g) + O_2(g) = 2CO_2(g) : \Delta G° = -564840 + 173.30T \text{ (J/mol)} \tag{6}$$

(5), (6)式より CoO 生成の $\Delta G°$ は

$$Co(s) + \frac{1}{2}O_2(g) = CoO(s) : \Delta G° = -239932 + 77.881T \text{ (J/mol)}$$

(iv) $CoO(s) + CO(g) = Co(s) + CO_2(g)$

この反応の 973 K および 1073 K での $\Delta G°$ は，(5)式より

$$\Delta G°_{973} = -33956 \text{ (J)}$$
$$\Delta G°_{1073} = -33079 \text{ (J)}$$

また，$\dfrac{p_{CO_2}}{p_{CO}} = 49$，および $a_{CoO} = 1$, $a_{Co} = 1$ と考えて，この反応の各温度での ΔG を求めると

$$\Delta G_{973} = -33956 + RT \ln \frac{p_{CO_2}}{p_{CO}} = -2473 \text{ (J)}$$

$$\Delta G_{1073} = -33079 + RT \ln \frac{p_{CO_2}}{p_{CO}} = 1640 \text{ (J)}$$

したがって，973 K では $\Delta G < 0$ であり，反応は右へ進むが，1073 K では $\Delta G > 0$ であり反応は右へ進まない．つまり 1073 K では Co は酸化されることになる．

20

Zn の溶融：蒸気圧データの差から溶融 $\Delta G°$ 算出

673 K（400 ℃）において固体亜鉛が呈する蒸気圧は，8.71×10^{-5} atm で，過冷した溶体亜鉛が呈する蒸気圧は 9.02×10^{-5} atm である．673 K における亜鉛の溶融のギブズエネルギー変化を求めよ．

解

固相，液相，気相の Zn の化学ポテンシャルを各々，μ_{Zn}^s，μ_{Zn}^l，μ_{Zn}^g とする．

固相と平衡する気相について以下のことがいえる．

$$\mu_{Zn}^s = \mu_{Zn}^g = \mu_{Zn}^{g,0} + RT \ln p_1$$

また，液相と平衡する気相について同様に以下のことがいえる．

$$\mu_{Zn}^l = \mu_{Zn}^g = \mu_{Zn}^{g,0} + RT \ln p_2$$

したがって，673 K における Zn の溶解に伴うギブズエネルギー変化 ΔG は次式のようになる．

$$\Delta G = \mu_{Zn}^l - \mu_{Zn}^s = RT \ln \frac{p_2}{p_1}$$

$p_1 = 8.71 \times 10^{-5}$ atm, $p_2 = 9.02 \times 10^{-5}$ atm であるから

$$\Delta G = 8.314 \times 673 \times \ln \frac{9.02 \times 10^{-5}}{8.71 \times 10^{-5}} = 196 \text{ (J/mol)}$$

21

Cu の酸化：基礎データから $\Delta G°$ 算出

次の反応の $\Delta G_T°$ を表す式を，以下のデータから求めよ．

$$2\text{Cu(l)} + \frac{1}{2}\text{O}_2(\text{g}) = \text{Cu}_2\text{O(s)} \quad (1)$$

Cu(s) $H_T - H_{298} = 22.64T + 3.14 \times 10^{-3}T^2 - 7029$ (J/mol)

         $S°_{298} = 33.30$ (J/mol K)

Cu(l) $H_T - H_{298} = 31.38T - 83.68$ (J/mol)

         $\Delta H_\text{f} = 13054$ (J/mol) (at m.p.)

O$_2$(g) $H_T - H_{298} = 29.96T + 2.09 \times 10^{-3}T^2 + 1.67 \times 10^5 T^{-1} - 9678$ (J/mol)

         $S°_{298} = 205.02$ (J/mol K)

Cu$_2$O(s) $H_T - H_{298} = 62.34T + 11.92 \times 10^{-3}T^2 - 19648$ (J/mol)

         $S°_{298} = 100.83$ (J/mol K)

$$2\text{Cu(s)} + \frac{1}{2}\text{O}_2(\text{g}) = \text{Cu}_2\text{O(s)}$$

$$\Delta H°_{298} = -169034 \text{ (J/mol)}$$

ここで，m.p. は融点（melting point）である．

解

$\Delta G_T° = \Delta H_T° - T \cdot \Delta S_T°$ を用いる．

初めに $\Delta H_{298}°$ を求める．（1）式の $\Delta H_T° - \Delta H_{298}°$ は次のようになる．

$$\Delta H_T° - \Delta H_{298}° = (H_T - H_{298})_{\text{Cu}_2\text{O(s)}} - 2 \times (H_T - H_{298})_{\text{Cu(l)}} - \frac{1}{2}(H_T - H_{298})_{\text{O}_2(\text{g})}$$

$$= -15.40T + 10.88 \times 10^{-3}T^2 - 0.84 \times 10^5 T^{-1} - 14642 \text{ (J/mol)}$$

ここで，$\Delta H_{298}°$ は

$$\Delta H_{298}° = H°_{298,\text{Cu}_2\text{O(s)}} = -169034 \text{ (J/mol)}$$

$$\therefore \Delta H_T° = -15.40T - 10.88 \times 10^{-3}T^2 - 0.84 \times 10^5 T^{-1} - 183676 \text{ (J/mol)}$$

次に，$\Delta S_T°$ を求める．Cu の融点は 1356 K (1083℃) である（ref.1 より）．

$H_T - H_{298}$ を微分すると比熱の値は以下のとおりである．

     Cu(s) : $C_\text{p} = 22.64 + 6.28 \times 10^{-3}T$ (J/mol K)

     Cu(l) : $C_\text{p} = 31.38$ (J/mol K)

     O$_2$(g) : $C_\text{p} = 29.96 + 4.18 \times 10^{-3}T - 1.67 \times 10^5 T^{-2}$ (J/mol K)

     Cu$_2$O(s) : $C_\text{p} = 62.34 + 23.84 \times 10^{-3}T$ (J/mol K)

$$S°_{T,\text{Cu(l)}} = S°_{298,\text{Cu(s)}} + \int_{298}^{1356} \frac{C_\text{p},\text{Cu(s)}}{T} dT + \frac{\Delta H_\text{f}}{1356} + \int_{1356}^{T} \frac{C_\text{p},\text{Cu(l)}}{T} dT$$

$$= 33.30 + [22.64 \ln T + 6.28 \times 10^{-3}T]_{298}^{1356} + \frac{13054}{1356} + [31.38 \ln T]_{1356}^{T}$$

$$= 31.38 \ln T - 142.45 \text{ (J/mol K)}$$

21 Cuの酸化：基礎データから $\Delta G°$ 算出

$$S°_{T,O_2(g)} = S°_{298,O_2(g)} + \int_{298}^{T} \frac{C_p,O_2(g)}{T} dT$$

$$= 205.02 + \left[29.96 \ln T + 4.18 \times 10^{-3} T + \frac{1.67 \times 10^5}{2} T^{-2}\right]_{298}^{T}$$

$$= 29.96 \ln T + 4.18 \times 10^{-3} T + 0.84 \times 10^5 T^{-2} + 32.15 \ (J/mol\ K)$$

$$S°_{T,Cu_2O(s)} = S°_{298,Cu_2O(s)} + \int_{298}^{T} \frac{C_p,Cu_2O(s)}{T} dT$$

$$S°_{T,Cu(l)} = S°_{298,Cu(s)} + \int_{298}^{1356} \frac{C_p,Cu(s)}{T} dT + \frac{\Delta H_f}{1356} + \int_{1356}^{T} \frac{C_p,Cu(l)}{T} dT$$

$$= 33.30 + [22.64 \ln T + 6.28 \times 10^{-3} T]_{298}^{1356} + \frac{13054}{1356} + [31.38 \ln T]_{1356}^{T}$$

$$= 31.38 \ln T - 142.45 \ (J/mol\ K)\ (ただし\ T > 1356\ K)$$

$$S°_{T,O_2(l)} = S°_{298,O_2(g)} + \int_{298}^{T} \frac{C_p,O_2(g)}{T} dT$$

$$= 205.02 + \left[29.96 \ln T + 4.18 \times 10^{-3} T + \frac{1.67 \times 10^5}{2} T^{-2}\right]_{298}^{T}$$

$$= 29.96 \ln T + 4.18 \times 10^{-3} T + 0.84 \times 10^5 T^{-2} + 32.15 \ (J/mol\ K)$$

$$S°_{T,Cu_2O(s)} = S°_{298,Cu_2O(s)} + \int_{298}^{T} \frac{C_p,Cu_2O(s)}{T} dT$$

$$= 100.83 + [62.34 \ln T + 23.84 \times 10^{-3} T]_{298}^{T}$$

$$= 62.34 \ln T + 23.84 \times 10^{-3} T - 261.43 \ (J/mol\ K)$$

$$\Delta S°_T = S°_{T,Cu_2O(s)} - 2 \times S°_{T,Cu(l)} - \frac{1}{2} S°_{T,O_2(g)}$$

$$= -15.40 \ln T + 21.75 \times 10^{-3} T - 0.42 \times 10^5 T^{-2} + 7.40 \ (J/mol\ K)$$

$$\therefore\ \Delta G°_T = \Delta H°_T - T \cdot \Delta S°_T$$

$$= 15.40 T \ln T - 10.87 \times 10^{-3} T^2 - 22.8 T - 0.42 \times 10^5 T^{-1} - 183676 \ (J/mol)$$

22

塩化 Mg の加水分解：分解圧, C_p から $\Delta G°$ 算出

$MgCl_2 \cdot H_2O$ を加熱脱水するとき，次式のような加水分解が起こり，HCl の蒸気圧 p_{HCl} について表1に示すデータがある．

$$MgCl_2 \cdot H_2O(s) = Mg(OH)Cl(s) + HCl(g)$$

表1

T (K)	483.2	503.2	523.2	543.2
p_{HCl} (atm)	0.066	0.13	0.26	0.47

また，$\Delta C_p = -6.90 - 17.32 \times 10^{-3} T$ (J/mol K) という式は得られているが，Mg(OH)Cl の生成熱，エントロピーのデータはない．このとき，

（ⅰ）シグマ関数の定義を用いて $\Delta G°$ の式を作れ．
（ⅱ）298 K（25℃）および 600 K（327℃）における加水分解反応の $\Delta H_T°$ を求めよ．
（ⅲ）503.2 K（230.2℃）および 523.2 K（250.2℃）において 0.2 atm の HCl が存在するとき，加水分解反応は抑制され得るか．600 K（327℃）ではどのくらいの圧力が必要か答えよ．

解

（ⅰ）まず，ΔC_p の値より $\Delta H_T°$ を T の関数として表すと，

$$\Delta H_T° = \Delta H_0° + \int_0^T \Delta C_p dT$$
$$= \Delta H_0° - 6.90T - 8.66 \times 10^{-3} T^2 \quad (J/mol) \tag{1}$$

次に，van't Hoff の式 $\left(\dfrac{d \ln K}{dT}\right)_p = \dfrac{\Delta H}{RT^2}$ より

$$\left(\frac{d \ln K}{dT}\right)_p = \frac{1}{R}\left(\frac{\Delta H_0°}{T^2} - \frac{6.90}{T} - 8.66 \times 10^{-3}\right)$$

両辺を積分して

$$R \ln K = -\frac{\Delta H_0°}{T} - 6.90 \ln T - 8.66 \times 10^{-3} T + I \quad (I：積分定数)$$

これを整理して

$$\frac{\Delta H_0°}{T} - I = -R \ln K - 6.90 \ln T - 8.66 \times 10^{-3} T \tag{2}$$

（2）式の左辺はシグマ（Σ）関数と呼ばれるもので，$\dfrac{1}{T}$ の一次関数であるから，K に実験値を代入して直線近似を行い，$\Delta H_0°$，I を求めることができる．

加水分解反応 $MgCl_2 \cdot H_2O(s) = Mg(OH)Cl(s) + HCl(g)$ において

$$K = \frac{a_{Mg(OH)Cl} \cdot p_{HCl}}{a_{MgCl_2 \cdot H_2O}}$$

であるが，固相が純粋で相互に溶解度をもたないとすれば，$a_{Mg(OH)Cl} = 1$，$a_{MgCl_2 \cdot H_2O} = 1$ とおけるので，$K = p_{HCl}$ とおける．

そこで，与えられたデータにより Σ 関数 $=\dfrac{\Delta H_0^\circ}{T}-I$ を求めると，表2のようになる．

表2

$\dfrac{1}{T}$ (K^{-1})	2.070×10^{-3}	1.987×10^{-3}	1.911×10^{-3}	1.841×10^{-3}
p_{HCl} (atm)	0.066	0.13	0.26	0.47
$\dfrac{\Delta H_0^\circ}{T}-I$ (J/mol K)	-24.23	-30.33	-36.54	-41.88

これを最小自乗法で整理すると次の結果が得られる．
$$\Delta H_0^\circ = 77490 \text{ (J/mol)}, \quad I = -184.53$$
この値と(2)式により
$$\begin{aligned}\Delta G_T^\circ &= -RT\ln K \\ &= \Delta H_0^\circ + 6.90\ln T + 8.66\times10^{-3}T^2 - 184.53T \\ &= 77490 + 6.90\,T\ln T + 8.66\times10^{-3}T^2 - 184.53T \text{ (J/mol)}\end{aligned}$$

(ii) (i)で求めた ΔH_0 を(1)式に代入して ΔH_T° を求めると，
$$\Delta H_T^\circ = 77490 - 6.90T - 8.66\times10^{-3}T^2 \text{ (J/mol)}$$
この式に $T=298$ K，600 K を代入して，ΔH_{298}°，ΔH_{600}° を求めると次のようになる．
$$\Delta H_{298}^\circ = 7.466\times10^4 \text{ (J/mol)}$$
$$\Delta H_{600}^\circ = 7.023\times10^4 \text{ (J/mol)}$$

[**コメント**] ΔH_T° は温度によってあまり変わらないというが，これは比較的大きく変化する一例である．

(iii) $\Delta G = \Delta G^\circ + RT\ln K$ の関係と(i)で求めた ΔG_T° より，$p_{HCl}=0.2$ (atm)のとき
$$\Delta G_{503.2} = 1694 \text{ (J/mol)}$$
$$\Delta G_{523.2} = -1087 \text{ (J/mol)}$$
したがって 523.2 K では加水分解が起こり，503.2 K では加水分解は抑制される．

以上のように $MgCl_2\cdot H_2O$ の脱水は加水分解を起こしやすく，困難である．そのためこの脱水に以下の方法が用いられる．

(手順1) $MgCl_2\cdot H_2O + NH_4Cl = MgCl_2\cdot NH_4Cl + aq$

(手順2) ホットプレートで乾燥後，真空中で加熱すると，473 K (200 ℃) で H_2O が完全になくなり，673～773 K (400～500 ℃) で NH_4Cl が揮発する．

(手順3) 得られた $MgCl_2$ に 1073 K (800 ℃) で HCl ガスを通じると純粋な無水 $MgCl_2$ が得られる．

23

Fe の CO 還元：量論計算の初歩

溶鉱炉のある部分で1173 K（900 ℃）で FeO＋CO＝Fe＋CO$_2$ の反応が起こっている．この部分に到達したガスが 5 ％CO$_2$，38 ％CO を含んでいたとすると，ガスと鉱石（FeO）は反応して平衡に達しているとして，この部分で鉄 55.85 kg を還元するのに要する炉下部での燃焼炭素量を求めよ．

与えられた反応の $\Delta G°$ は ref. 2 より

$$C(s)+\frac{1}{2}O_2(g)=CO(g): \quad \Delta G°=-111960-87.78T \;(J)$$

$$C(s)+O_2(g)=CO_2(g): \quad \Delta G°=-394380-1.13T \;(J)$$

$$Fe(s)+\frac{1}{2}O_2(g)=FeO(s): \quad \Delta G°=-264430+64.73T \;(J)$$

したがって

$$FeO(s)+CO(g)=Fe(s)+CO_2(g): \Delta G°_{(1)}=-17990+21.92T \;(J) \tag{1}$$

解

鉄 55.85 kg は Fe 1 kmol にあたる．

今，ガス x kmol が到達したとすると CO$_2$ は $0.05\,x$ kmol，CO は $0.38\,x$ kmol 含まれている．このガスによって Fe 1 kmol を還元すると反応後は

$$CO_2 : 0.05x+1 \;(kmol) \quad CO : 0.38x-1 \;(kmol)$$

となる．ここで，1173 K で平衡に達しているから，平衡定数を K とすると

$$\Delta G°_{(1),1173}=-RT\ln K \tag{2}$$

また

$$K=\frac{a_{Fe}p_{CO_2}}{a_{FeO}p_{CO}} \tag{3}$$

（2），（3）式より $\Delta G°_{(1),1173}=7722\;(J)$ であるから $a_{Fe}=a_{FeO}=1$ として

$$\frac{p_{CO_2}}{p_{CO}}=\exp\left(-\frac{\Delta G°_{(1),1173}}{RT}\right)=0.453$$

したがって

$$\frac{0.05x+1}{0.38x-1}=0.453 \quad \therefore \quad x=11.9\;(kmol)$$

ゆえに求める炭素の量は，

$$(11.9\times0.05+11.9\times0.38)\times12=61.4\;(kg)$$

24

水, Ag_2O, Hg, Pb：蒸気圧と解離温度（Clausius-Clapeyron の式）

蒸発に関し次の諸問題を解け．

（ⅰ） 1 atm 下での水の沸点を 373 K（100 ℃），水の蒸発熱を 2260 J/g とするとき，353 K（80 ℃）における水蒸気圧を求めよ．

（ⅱ） Ag_2O の解離圧は 450 K（177 ℃），460 K（187 ℃）でそれぞれ 0.639 atm（486 mmHg），0.887 atm（674 mmHg）である．Ag_2O の解離熱，および解離圧が 1 atm になる温度（分解温度）を求めよ．

（ⅲ） 水銀の沸点は 630 K（357 ℃）であり，573 K（300 ℃）で 0.326 atm（248 mmHg）の蒸気圧を呈する．0.1 atm に減圧した場合の沸騰温度を求めよ．

（ⅳ） 鉛に関し，次の蒸気圧測定値から蒸発熱および沸点を求めよ．

表 1

T (K)	1000	1088	1200	1229	1400
P (atm)	1.671×10^{-5}	1.000×10^{-4}	6.605×10^{-4}	1.000×10^{-3}	8.974×10^{-3}

解

いずれの問も Clausius-Clapeyron の式を使用する．

$$\frac{dP}{dT} = \frac{\Delta H}{T \Delta V} \tag{1}$$

気-液平衡では，$\Delta V = V_{gas} - V_{liq} = V_{gas}$ としてよいから，$PV_{gas} = RT$ を用いると(1)式は次のようになる．

$$\frac{dP}{dT} = \frac{\Delta H}{RT^2} \cdot P$$

$$\left(\frac{1}{P}\right)\frac{dP}{dT} = \frac{d(\ln P)}{dT} = \frac{\Delta H}{RT^2}$$

$$\ln P = -\frac{\Delta H}{RT} + C \quad (C \text{ は定数})$$

（ⅰ） 水蒸気圧は 373 K（100 ℃）では 1 atm になる．蒸発熱 2260 J/g = 40680 J/mol が 353〜373 K の温度範囲で一定とすると，

$$\ln \frac{P_1}{P_2} = \frac{\Delta H}{R}\left(\frac{1}{T_2} - \frac{1}{T_1}\right) \tag{2}$$

であり，

$$\ln \frac{1}{P} = \frac{40680}{8.314}\left(\frac{1}{353} - \frac{1}{373}\right)$$

$$\therefore \quad P = 0.4756 \text{ (atm)}$$

（ⅱ） まず，Ag_2O の解離熱を求める．450 K，460 K 各温度での解離圧が与えられているので，(2)式より

$$\ln \frac{0.639}{0.887} = \frac{\Delta H}{8.314}\left(\frac{1}{460} - \frac{1}{450}\right) \quad \therefore \quad \Delta H = 56440 \text{ (J/mol)}$$

次に，解離圧が 1 atm になる温度は，同じく（2）式より

$$\ln\frac{1}{0.887}=\frac{56440}{8.314}\left(\frac{1}{460}-\frac{1}{T}\right) \quad \therefore \quad T=463.8 \text{ (K)}$$

(iii) まず，蒸発熱を求める．沸点では $P=1$ atm であるから，(2)式より

$$\ln\frac{1}{0.326}=\frac{\Delta H}{8.314}\left(\frac{1}{573}-\frac{1}{630}\right) \quad \therefore \quad \Delta H=59020 \text{ (J/mol)}$$

次に，0.1 atm で沸騰状態となる温度は，（2）式より

$$\ln\frac{0.1}{1}=\frac{59020}{8.314}\left(\frac{1}{630}-\frac{1}{T}\right) \quad \therefore \quad T=523.1 \text{ (K)}$$

(iv) （2）式より，$\ln P=-\frac{\Delta H}{R}\left(\frac{1}{T}\right)+C$ であるから，$\ln P$ と $\frac{1}{T}$ の関係について求める．

表 2

T (K)	$\frac{10^4}{T}$ (K^{-1})	$\ln P$
1000	10.00	-11.00
1088	9.191	-9.210
1200	8.333	-7.323
1229	8.137	-6.908
1400	7.143	-4.713

この表 2 の関係を図示したものが図 1 である．これより，この関係を最小自乗法で整理すると

$$\ln P=-2.199\times 10^4\frac{1}{T}+10.99 \qquad (3)$$

したがって

$$-\frac{\Delta H}{R}=-2.199\times 10^4 \quad \therefore \quad \Delta H=182800 \text{ (J/mol)}$$

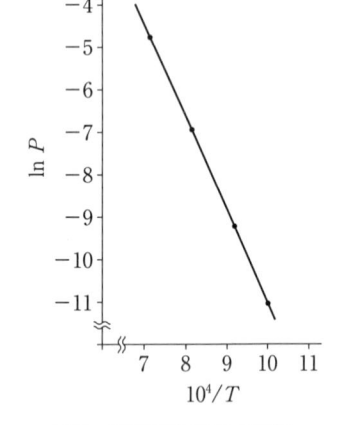

図 1 蒸気圧と温度の関係

また，沸点では $P=1$ atm であるから，（3）式より

$$T=2001 \text{ (K) } (1728\text{°C})$$

(注) $\ln\frac{P_1}{P_2}=\frac{\Delta H_v}{R}\left(\frac{1}{T_2}-\frac{1}{T_1}\right)$ より，データは最小 2 点あれば，ΔH_v も沸点も求められるが，データが多いときはグラフによるほうが正確である．ただしこの問題ではグラフの直線性がよいため，2 点で求めた値でもほぼ同一の値となる．

また，$\Delta H°_{298}$ を求める場合，第 3 法則処理がよく用いられる．この結果を表 3 に示す．

これより，$\Delta H°_{298}$ の平均値は $\Delta H°_{298}=195000$ J/mol となる．この値と，ref. 4 のデータ集より $H°_T-H°_{298}$ を用いて $\Delta H°_T$ の値を 2001 K（沸点）で求めると

$$\Delta H°_T=195000+36650-54140=177500 \text{ (J/mol)}$$

第 3 法則処理とは，

$$\Delta H°_T=\Delta H°_{298}+(H°_T-H°_{298})_g-(H°_T-H°_{298})_l$$

Pb(l)→Pb(g) より，

$$\Delta G=\Delta G°_T+RT\ln p_{Pb}$$

24 水, Ag₂O, Hg, Pb：蒸気圧と解離温度（Clausius-Clapeyron の式）

表3

T (K)	$\left(\dfrac{G_T°-H_{298}°}{T}\right)_l$ （文献より）	$\left(\dfrac{G_T°-H_{298}°}{T}\right)_g$ （文献より）	$\ln P$ （表1参照）	$\Delta H_{298}°$ (J/mol)
1000	−82.34	−185.9	−11.00	195000
1088	−84.48	−187.1	−9.210	195000
1200	−87.03	−188.6	−7.323	194900
1229	−87.62	−189.0	−6.908	195200
1400	−91.00	−191.1	−4.713	195000

ここで，g はガス相，l は液相を意味する．

平衡下では，
$$\Delta G_T° = -RT \ln p_{Pb}$$

また，
$$\Delta G_T° = \Delta H_T° - T\Delta S_T°$$
$$= \Delta H_{298}° + \int_{298}^{T} \Delta C_p° dT - T\left(\Delta S_{298}° + \int_{298}^{T} \dfrac{\Delta C_p°}{T} dT\right)$$

よって，
$$\dfrac{\Delta G_T° - \Delta H_{298}°}{T} = \dfrac{1}{T}\int_{298}^{T} \Delta C_p° dT - \left(\Delta S_{298}° + \int_{298}^{T} \dfrac{\Delta C_p°}{T} dT\right)$$

上記の右辺の関数を $-f$ とすると，
$$\Delta G_T° = \Delta H_{298}° - Tf$$

よって，
$$\Delta H_{298}° = \Delta G_T° + Tf = Tf - RT \ln p_{Pb}$$
$$= T\left[\left(\dfrac{G_T°-H_{298}°}{T}\right)_l - \left(\dfrac{G_T°-H_{298}°}{T}\right)_g\right] - RT \ln p_{Pb}$$

25

溶融 Ag への酸素の溶解：Sieverts の法則

1353 K（1080 ℃）にて 100 g の溶融銀に対する酸素の溶解度は次の如くである．

表 1

p_{O_2} (atm)	0.168	0.642	1.00	1.583
溶解酸素量 V_{O_2} (cm³/100 g Ag)	81.5	156.9	193.6	247.8

（ⅰ） Sieverts の法則に従うかどうか示せ．
（ⅱ） この温度の 1 気圧の空気中で，100 g の Ag に溶解する酸素量を求めよ．
（ⅲ） この場合，酸素 1 atm は空気何気圧に相当するか．また，Sieverts の係数は温度や溶融金属により変わるか．

解

（ⅰ） Sieverts の法則とは，溶融金属中の二原子分子気体の平衡溶解度が，その気体の圧力の平方根に比例するというものである．したがって当問題の場合，測定された酸素圧の平方根と，溶融銀中の酸素溶解量をプロットする．

図 1 より，酸素溶解量 V_{O_2} は，Sieverts の法則に従っているのが分かる．

すなわち

$$V_{O_2} = K\sqrt{p_{O_2}}$$
$$K = 196.31 \ (\text{cm}^3/100 \text{ g Ag} \cdot \text{atm}^{1/2})$$

（ⅱ） 平衡状態にある 100 g の溶融銀中の酸素量は，以下のようになる．

$$196.31 \times \sqrt{0.209} = 89.75 \ (\text{cm}^3)$$

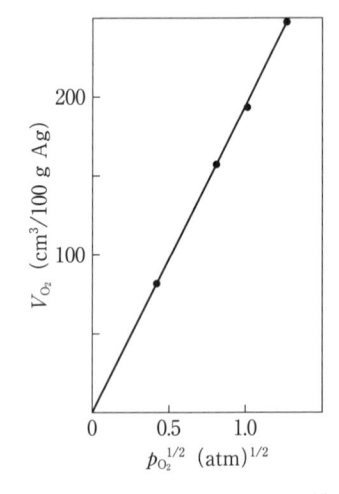

図 1 酸素溶解量と酸素分圧の関係

（ⅲ） Ag 中の酸素の溶解量は，酸素分圧の平方根に比例するから，1 気圧の酸素圧下で得られる酸素の溶解量を得るための空気圧は，空気中の 20.9 ％ が酸素であることを考えて，

$$\frac{1}{0.209} = 4.785 \ (\text{atm})$$

で与えられる．

Sieverts の法則は，二原子分子気体と溶融金属中に単原子として溶けた気体原子との平衡関係より求まる．すなわち，当問題においては，

$$\frac{1}{2}O_2(g) = \underline{O} \ (\text{in melt})$$

について

25 溶融 Ag への酸素の溶解：Sieverts の法則

$$\Delta G° = -RT \ln \frac{a_{\underline{O}}}{\sqrt{p_{O_2}}} \quad (\text{J/mol})$$

$$\frac{a_{\underline{O}}}{\sqrt{p_{O_2}}} = \exp\left(-\frac{\Delta G°}{RT}\right)$$

の関係が成立する．

溶けた酸素は少量であるので，この酸素の活量は Henry の法則に従うと仮定し，

$$a_{\underline{O}} \cong [\%\underline{O}]$$

したがって

$$\frac{[\%\underline{O}]}{\sqrt{p_{O_2}}} = \exp\left(-\frac{\Delta G°}{RT}\right)$$

ここで，Sieverts の係数は $\exp\left(-\frac{\Delta G°}{RT}\right)$ に相当することが分かる．結果として，当然のことながらこの係数は温度により，また溶け込む金属により変わる．

例として，水素ガスの溶解度を考えると，温度が高くなると溶解度が大きくなる溶融金属は，Ni，Te，Co，Cr，Cu，Al，Ag，Mo，W などであり，小さくなる金属は，Ti，V，Zr，Nb，La，Ce，Ta などである．

［**コメント**］ [%$\underline{O}$] は，理想気体を仮定することにより，V_{O_2} から計算可能である．

26

FeSからの元素Sの回収：
量論計算と熱量バランス計算による評価

FeSから酸化鉄と元素イオウを得るために次の反応が考えられる．

$$3FeS(s) + 2SO_2(g) = Fe_3O_4(s) + \frac{5}{2}S_2(g)$$

この反応について1173 K（900 ℃）における $\Delta G°$ を計算し，実用性について論ぜよ．
ただし，与式の $\Delta G°$ は次のように与えられる（ref.2より）．

$$\Delta G° = 95280 - 22.92T \text{ (J/mol)}$$

解

1173 K での $\Delta G°$ は

$$\Delta G°_{1173} = 68395 \text{ (J/mol)}$$

また

$$K = \frac{a_{Fe_3O_4} \cdot p_{S_2}^{5/2}}{a_{FeS}^3 \cdot p_{SO_2}^2} = \exp\left(-\frac{\Delta G°}{RT}\right)$$

ここで，$a_{Fe_3O_4} = a_{FeS} = 1$ とし，1173 K では

$$K = \frac{p_{S_2}^{5/2}}{p_{SO_2}^2} = 9.00 \times 10^{-4}$$

これから，各 p_{SO_2} における p_{S_2} が表1のように計算できる．

表1

p_{SO_2}	0.01	0.1	0.2	0.5	1.0
p_{S_2}	1.52×10^{-3}	9.59×10^{-3}	1.67×10^{-2}	3.47×10^{-2}	6.05×10^{-2}

$p_{SO_2} = 0.1$ 程度の実用的なところで1％程度の S_2 が得られる．

次に，量論計算を行ってみる．導入ガスとして次の4種類の混合ガス，O_2 100 ％；O_2 60 ％，SO_2 40 ％；O_2 40 ％，SO_2 60 ％；SO_2 100 ％ を考える．
ここで，反応物のモル数を $n_i°$（i は物質名）とする．

反応物 FeS：$n°_{FeS}$ (mol)
　　　　O_2：$n°_{O_2}$ (mol)
　　　　SO_2：$n°_{SO_2}$ (mol)

生成物のモル数は n_i として

生成物 Fe_3O_4：$n_{Fe_3O_4}$ (mol)
　　　　SO_2：n_{SO_2} (mol)
　　　　S_2：n_{S_2} (mol)

物量バランス
　　　　Fe：$n°_{FeS} = 3n_{Fe_3O_4}$

S : $n^\circ_{FeS} + n^\circ_{SO_2} = n_{SO_2} + 2n_{S_2}$

O : $2n^\circ_{O_2} + 2n^\circ_{SO_2} = 4n_{Fe_3O_4} + 2n_{SO_2}$

平衡定数

$$K = 9.0 \times 10^{-4} = \frac{p_{S_2}^{5/2}}{p_{SO_2}^2} = \frac{(n_{S_2}/n_t)^{5/2}}{(n_{SO_2}/n_t)^2} = \frac{n_{S_2}^{5/2}}{(n_{SO_2} \cdot n_t^{1/2})}$$

$n_t = n_{SO_2} + n_{S_2}$

導入ガスをトータル1 mol として上式を解くと表2の結果が得られる．

表2

		(1)	(2)	(3)	(4)
導入ガス	O_2 (mol)	1.0	0.6	0.4	0
	SO_2 (mol)	0	0.4	0.6	1.0
反応するFeS (mol)		0.646	0.414	0.299	0.071
排出ガス	S_2 (mol)	0.0351	0.0444	0.0491	0.0585
	SO_2 (mol)	0.572	0.724	0.801	0.953

ついで熱量バランスについて考える．573 K（300℃）の純SO_2ガスを循環する場合を想定し（(4)のケース），FeS 1000 kg 当たりの熱量バランスを298 K 基準で考える．

表3

反応物	FeS	1000 kg	11.383 kmol	298 K
	SO_2	3590 m³	160.3 kmol	573 K
生成物	Fe_3O_4	876 kg	3.794 kmol	1173 K
	SO_2	3420 m³	152.8 kmol	1173 K
	S_2	210 m³	9.379 kmol	1173 K

[**使用するデータ**]

SO_2 : $C_p = 43.43 + 10.63 \times 10^{-3} T - 5.94 \times 10^5 T^{-2}$ （J/mol）（ref. 1 より）

Fe_3O_4 : $C_p = 91.55 + 201.67 \times 10^{-3} T$ （J/mol）（298-900 K）（ref. 1 より）

$C_p = 200.83$ （J/mol）（900-1800 K）（ref. 1 より）

S_2 : $C_p = 36.5 + 0.67 \times 10^{-3} T - 3.8 \times 10^5 T^{-2}$ （J/mol）（ref. 3 より）

$3FeS(s) + 2SO_2(g) = Fe_3O_4 + \frac{5}{2} S_2(g)$

$\Delta H^\circ_{298} = 99.77$ （kJ/mol）（ref. 3 より）

以上のデータを用い，熱量バランスを考える．

表3のようにSO_2に対して反応するFeSは少なく，SO_2の排ガス量が多く，かつガスが持ち去る熱が多

表4

		kJ/mol	MJ（FeS 1000 kg 当たり）
入熱	SO_2 :	$H_{573} - H_{298} = 12.260$	1965
出熱	SO_2 :	$H_{1173} - H_{298} = 43.355$	6625
	Fe_3O_4 :	$H_{1173} - H_{298} = 182.66$	693
	S_2 :	$H_{1173} - H_{298} = 31.418$	295
	反応熱：	99.77 （kJ/Fe_3O_4 mol）	379
		出熱合計	7992 J + ヒートロス

くなること，かなりの吸熱反応であることから多量のエネルギーを外部から加える必要がある．

以前の実験では，熱量バランスがとれず，またマグネタイト中にSが残って鉄源として利用できないということで失敗している．

したがって，製錬プロセスとしては，効率のよいFeSの酸化，熱量バランスをとること，排ガス量の低減などを考慮しない限りプロセスとして成立しないことになる．計算結果はFeSに1 atm SO_2 を平衡させれば（必ずしも1 atm SO_2 を"導入"ではない），かなりの S_2 ガスが得られることを示すから，過剰量のFeSに O_2 を導入し平衡に到らしめれば目的を達することになる．ただし，これでは熱過剰となるから，通常，製錬プロセスは O_2 を富化した空気で熱量バランスのとれるガスを導入するが，N_2 により SO_2 分圧は下がり，したがって S_2 回収には不向きである．空気中の N_2 を H_2O に代えて H_2O-O_2 ガスで酸化してやると，生成する H_2，H_2S などが SO_2 の一部還元剤として働くため，元素イオウ回収という見地からは興味あるが，多量の水蒸気関与には実用上の難点がある．そこで純 O_2 を導入し，平衡に達した後の排出 SO_2 の一部をリサイクルし熱量バランスのとれる程度に O_2 と混合して SO_2-O_2 ガスを導入すれば，というのが表2にあたる．いうまでもなく（1）〜（4）のいずれも排ガス中の S_2 は4〜6％程度で一定であるが，この S_2 を凝縮回収後の SO_2 ガスをリサイクルすると，それがまた S_2 をかつぎ出すから元素イオウの収率は結局リサイクル量を多くして SO_2-O_2 ガスで酸化することにより向上する（表の結果を一見しただけで O_2 混入は不適というような間違った結論は出さないこと）．ただし，SO_2 リサイクル量が多すぎると熱不足になるから，適切な O_2/SO_2 比を保つか，電力が安ければ電熱加熱で補いながら SO_2 リサイクル量を増すことになる．

海外では元素イオウの回収への興味が高く種々試みられている．オートクンプでは自溶炉を用いてパイライトから元素イオウを回収した実績がある．ボツワナ，ヒダルゴでも試みられたが，いずれもケロシンやその他の還元剤を用いている．

いずれにしても気相に N_2 などが存在すると平衡 S_2 圧が下がるほか，熱量バランス上 SO_2 をリサイクルすることもできなくなるからFeS酸化用としては O_2 利用が前提となる．電力代が10円/kWh以下なら採算がとれる可能性がある．この発想を銅製錬に応用したのが SO_2 リサイクル法である．ガスを循環して使う，高温から低温へもってきて得をするという2点は新プロセスを考える上で重要な発想である．

製錬熱力学としては $\Delta G°$ の演算だけでは不十分で，熱と物のバランスを同時に考え，ついでに副産イオウ問題や製錬コストなども理解してもらえれば幸いである．

［入熱と出熱の考え方］

ヒートバランスの計算では，反応温度に関わらず反応のエンタルピー変化は慣例的に298 Kで考える．これは，どの温度で反応を考えようとも始状態と終状態が同じであれば，最終的な答えは同じであること，298 Kでのデータの記載が充実していることによる．このため，反応物質が298 Kよりも高い温度であると"入熱"があるとし，反応温度が298 Kよりも高いとすると，生成物に対して"出熱"があるなどとする．

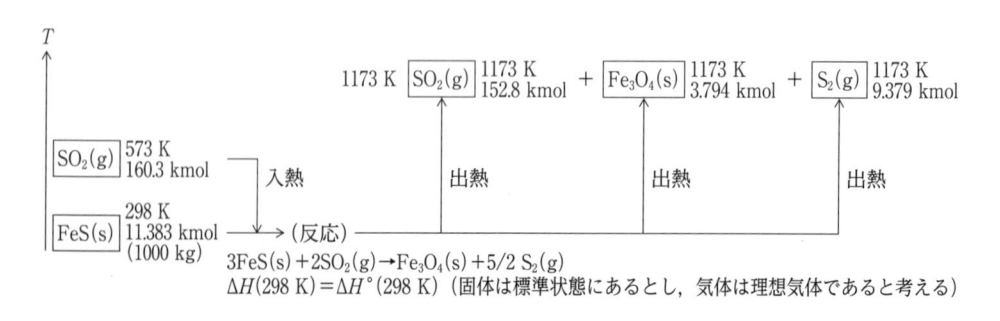

$SO_2(g)$ 573 K 160.3 kmol，$FeS(s)$ 298 K 11.383 kmol (1000 kg) →入熱→（反応）

1173 K $SO_2(g)$ 1173 K 152.8 kmol + $Fe_3O_4(s)$ 1173 K 3.794 kmol + $S_2(g)$ 1173 K 9.379 kmol

出熱 出熱 出熱

$3FeS(s) + 2SO_2(g) \rightarrow Fe_3O_4(s) + 5/2\, S_2(g)$

$\Delta H(298\,K) = \Delta H°(298\,K)$（固体は標準状態にあるとし，気体は理想気体であると考える）

27

Zn の蒸発：$\Delta G°$ から沸点の算出

亜鉛融体の蒸気圧について次式が与えられる．
$$Zn(l) = Zn(g) : \Delta G° = 127280 + 24.39 T \log T - 182.76 T \quad (J/mol)$$

（ⅰ）1 atm 下での沸点を求めよ．
（ⅱ）1073 K（800 ℃）でちょうど沸騰状態に達したとする．どのような場合か．
（ⅲ）1273 K（1000 ℃）に至ってやっと沸騰を呈したとする．どのような場合か．

解

（ⅰ）与えられた式の反応が平衡状態にあるとすると，
$$\Delta G° = -RT \ln \frac{p_{Zn}}{a_{Zn(l)}} = 127280 + 24.39 \log T - 182.76 T \tag{1}$$

Zn(l) が純粋な状態であれば，$a_{Zn(l)} = 1$ とおくことができ，沸点においては $p_{Zn} = 1$ なので（1）式より $\Delta G° = 0$ となる．

したがって，下の式を T について解けばよい．
$$127280 + 24.39 T \log T - 182.76 T = 0$$
$$\therefore \quad T = 1180.3 \; (K)$$

（ⅱ）（1）式で $T = 1073$ K，$a_{Zn(l)} = 1$ とすれば，
$$p_{Zn} = 0.31 \; (atm)$$
となり，全圧が 0.31 気圧であったことが分かる．

（ⅲ）（1）式で $T = 1273$ K，$a_{Zn(l)} = 1$ とすれば，
$$p_{Zn} = 2.33 \; (atm)$$
となり，全圧が 2.33 気圧であったことが分かる．

（**注**）（ⅲ）において Zn が合金をつくるなどして a_{Zn} が 1 以下になった場合，$p_{Zn} = 1$ atm でも 1273 K で沸騰する．そのとき，
$$\frac{p_{Zn(g)}}{a_{Zn(l)}} = 2.33, \quad p_{Zn(g)} = 1 \text{ とすると，} \quad a_{Zn(l)} = 0.43$$
である．

28

H_2-O_2 の平衡:量論計算

1気圧に保った容器中で,$H_2 + \frac{1}{2}O_2 = H_2O$ の反応が完全に進行したとする.導入する H_2,O_2 のモル分率を横軸にとり,これを種々変化(i~iii)させた場合,反応後呈すべき各成分の分圧を縦軸に描け.

解

導入した H_2,O_2 ガスのモル分率を $N_{H_2}^\circ$,$N_{O_2}^\circ$ とし,
$$N_{H_2}^\circ + N_{O_2}^\circ = 1 \tag{1}$$
反応が完全に進行した後の H_2,O_2,H_2O のモル分率をそれぞれ N_{H_2},N_{O_2},N_{H_2O} とする(なお反応は 373 K(100℃)以上で起こるとする).
$$H_2(g) + \frac{1}{2}O_2(g) = H_2O(g) \tag{2}$$
の反応について

(i) $N_{H_2}^\circ > 2N_{O_2}^\circ$ のとき,反応後に $H_2(g)$ が残る.これは,(1)式より $N_{H_2}^\circ > 0.67$ のときに相当する.
$$N_{H_2} = N_{H_2}^\circ - 2N_{O_2}^\circ, \quad N_{O_2} = 0, \quad N_{H_2O} = 2N_{O_2}^\circ$$
したがって,全圧は 1 atm より
$$p_{H_2} = \frac{N_{H_2}}{N_{H_2} + N_{H_2O}} = \frac{N_{H_2}^\circ - 2N_{O_2}^\circ}{N_{H_2}^\circ} = \frac{3N_{H_2}^\circ - 2}{N_{H_2}^\circ} \text{ (atm)}$$
$$p_{H_2O} = \frac{N_{H_2O}}{N_{H_2} + N_{H_2O}} = 1 - p_{H_2} \text{ (atm)}$$
$$p_{O_2} = 0 \text{ (atm)}$$

(ii) $N_{H_2}^\circ = 2N_{O_2}^\circ$ のとき,$N_{H_2}^\circ = 2N_{O_2}^\circ = 0.67$
$$N_{H_2} = N_{O_2} = 0, \quad N_{H_2O} = N_{H_2}^\circ = 2N_{O_2}^\circ$$
∴ $p_{H_2O} = 1$ (atm),$p_{H_2} = p_{O_2} = 0$ (atm)

(iii) $N_{H_2}^\circ < 2N_{O_2}^\circ$ のとき,反応後に $O_2(g)$ が残る.これは,(1)式より $N_{H_2}^\circ < 0.67$ のときに相当する.
$$N_{H_2} = 0, \quad N_{O_2} = N_{O_2}^\circ - \frac{1}{2}N_{H_2}^\circ, \quad N_{H_2O} = N_{H_2}^\circ$$
したがって
$$p_{O_2} = \frac{N_{O_2}}{N_{O_2} + N_{H_2O}} = \frac{N_{O_2}^\circ - \frac{1}{2}N_{H_2}^\circ}{N_{O_2}^\circ + \frac{1}{2}N_{H_2}^\circ} = \frac{2 - 3N_{H_2}^\circ}{2 - N_{H_2}^\circ} \text{ (atm)}$$
$$p_{H_2O} = \frac{N_{H_2O}}{N_{O_2} + N_{H_2O}} = 1 - p_{O_2} \text{ (atm)}$$
$$p_{H_2} = 0 \text{ (atm)}$$

この結果をもとに表1の値を得,これを図示したものが図1である(問49参照).

28 H_2-O_2の平衡：量論計算

表1

$N^\circ_{H_2}$	0	0.1	0.2	0.3	0.4	0.5	0.6	0.67	0.7	0.8	0.9	1.0
p_{H_2}	0	0	0	0	0	0	0	0	0.14	0.5	0.78	1.0
p_{O_2}	1	0.89	0.78	0.65	0.5	0.33	0.14	0	0	0	0	0
p_{H_2O}	0	0.11	0.22	0.35	0.5	0.67	0.86	1	0.86	0.5	0.22	0

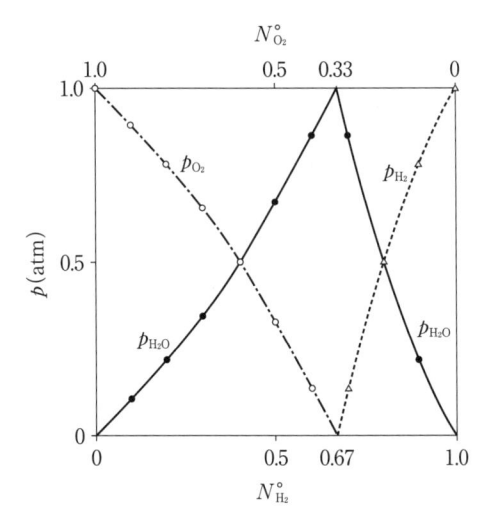

図1 分圧と導入ガス分率の関係

29

Pb 合金の蒸気圧と活量：蒸気圧データから蒸発熱，活量算出

鉛あるいは鉛合金の入ったボートを一定温度に保ち，この上にアルゴンガスを鉛蒸気が飽和するような条件で流し，蒸気圧測定を行った．

（i）まず，1373 K（1100 ℃）に保った純鉛上に 2.5×10^{-3} m³（293 K，1 atm での測定）のアルゴンガスを流したところ，ガスは 0.134 g の鉛を含んでいた．鉛の蒸気圧を計算せよ．

（ii）各温度での鉛の蒸気圧測定結果は次のようである．

表 1

T (K)	1173	1273	1373	1473
p_{Pb} (atm)	3.91×10^{-4}	1.82×10^{-3}	6.16×10^{-3}	1.79×10^{-2}

この数値より鉛の蒸発熱および沸点を求めよ．

（iii）次にモル分率 0.811 の銅を含む鉛合金上に，1373 K で全圧を 1 atm に保ちながら 2.8×10^{-3} m³（298 K，1.013 atm で測定）のアルゴンを流したところ，ガスは 0.095 g の鉛を含んでいた．純鉛を標準として，この合金中の鉛の活量および活量係数を求めよ．

解

（i）293 K，1 atm のアルゴンガス 2.5×10^{-3} m³ のモル数は，$PV=nRT$ より

$$n_{Ar}=\frac{1\times101325\times2.5\times10^{-3}}{8.314\times293}=0.1040 \text{ (mol)}$$

また，Pb 0.134 g のモル数は

$$n_{Pb}=\frac{0.134}{207.19}=6.467\times10^{-4} \text{ (mol)}$$

ここで，全圧 $P_T=1$ atm であるから，Pb の蒸気圧 p_{Pb} は

$$p_{Pb}=\frac{n_{Pb}RT}{V},\quad p_{Ar}=\frac{n_{Ar}RT}{V}$$

より，

$$\frac{p_{Pb}}{n_{Pb}}=\frac{p_{Ar}}{n_{Ar}},\quad p_{Pb}+p_{Ar}=P_T$$

として，

$$p_{Pb}=\frac{n_{Pb}}{n_{Ar}+n_{Pb}}P_T=\frac{6.467\times10^{-4}}{0.1040+6.467\times10^{-4}}=6.180\times10^{-3} \text{ (atm)}$$

（ii）Clausius-Clapeyron の式より

$$\ln p_{Pb}=-\frac{\Delta H}{RT}+C \tag{1}$$

よって $\ln p_{Pb}$ と $1/T$ の関係を求めると，表 2 のようになる．

表2

T (K)	1173	1273	1373	1473
p_{Pb} (atm)	3.91×10^{-4}	1.82×10^{-3}	6.16×10^{-3}	1.79×10^{-2}
$1/T \times 10^4$	8.525	7.855	7.283	6.789
$\ln p_{Pb}$	-7.847	-6.309	-5.090	-4.023

　これを図示すると図1のようになる．また，$\ln p_{Pb}$ と $1/T$ の関係を最小自乗法で整理すると

$$\ln p_{Pb} = -2.198 \times 10^4 \times \frac{1}{T} + 10.91 \tag{2}$$

（1），（2）式より

$$\Delta H = 2.198 \times 10^4 \times 8.314 = 1.827 \times 10^5 \ (J)$$

また，沸点は（2）式の $p_{Pb}=1$ atm のときであると考えると

$$T = \frac{2.198 \times 10^4}{10.91} = 2015 \ K \ (1742 \ ℃)$$

［コメント］　この解法は $\ln p_{Pb} = -\frac{\Delta H}{RT} + C$ の ΔH が温度に依存しないで一定であると仮定して，Clausius-Clapeyron の式を積分した式であるが，実際には ΔH が温度により変化することから，広い温度範囲にこの式を延長するのは正確ではない．このような場合，第3法則処理が適用される．

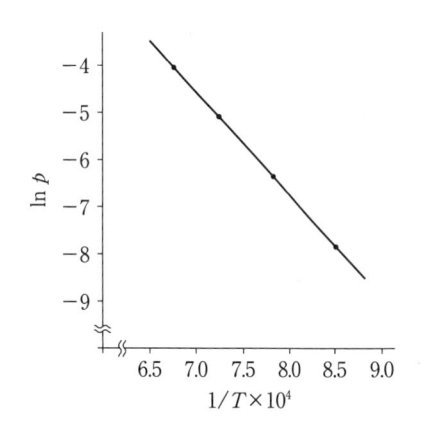

図1　Pb 分圧と温度の関係

（第3法則処理での解法）

$$\Delta H°_{298} = H°_{298}(g) - H°_{298}(l)$$

ここで，（g）はガス相，（l）は液相を示す．

$$\Delta H°_T = \Delta H°_{298} + (H°_T - H°_{298})_g - (H°_T - H°_{298})_l \tag{3}$$

$$\begin{aligned}\Delta G°_T &= \Delta G°_T - \Delta H°_{298} + \Delta H°_{298} \\ &= (G°_T(g) - G°_T(l)) - (H°_{298}(g) - H°_{298}(l)) + \Delta H°_{298} \\ &= (G°_T - H°_{298})_g - (G°_T - H°_{298})_l + \Delta H°_{298}\end{aligned} \tag{4}$$

また，

$$\Delta G°_T = -RT \ln p_{Pb} \tag{5}$$

（4），（5）式より

$$\ln p_{Pb} = \frac{1}{R}\left[\left(\frac{G°_T - H°_{298}}{T}\right)_l - \left(\frac{G°_T - H°_{298}}{T}\right)_g - \frac{\Delta H°_{298}}{T}\right]$$

$$\Delta H°_{298} = T\left[\left(\frac{G°_T - H°_{298}}{T}\right)_l - \left(\frac{G°_T - H°_{298}}{T}\right)_g\right] - RT \ln p_{Pb} \tag{6}$$

ここで，$\frac{G°_T - H°_{298}}{T}$ のデータを Hultgren のデータ集（ref.4）より引用し，与えられた各温度における p_{Pb} から $\Delta H°_{298}$ を求める（表3）．

表 3

T (K)	$\left(\dfrac{G_T^\circ - H_{298}^\circ}{T}\right)_\mathrm{l}$	$\left(\dfrac{G_T^\circ - H_{298}^\circ}{T}\right)_\mathrm{g}$	$\ln p_{\mathrm{Pb}}$	ΔH_{298}° (J)
1173	-86.42	-188.3	-7.847	196032
1273	-88.52	-189.6	-6.309	195448
1373	-90.48	-190.8	-5.090	195842
1473	-92.32	-191.9	-4.023	195949

これらの ΔH_{298}° の平均値を求めると
$$\Delta H_{298}^\circ = 195818 \ (\mathrm{J})$$
この ΔH_{298}° の値と, ref. 4 の $H_T^\circ - H_{298}^\circ$ の値を用いて (3) 式より, ΔH_T° の値を Pb の沸点 (前解答で求めた 2015 K を使用) で求めると
$$\Delta H_{2015}^\circ = 195818 + 36820 - 54600 = 1.780 \times 10^5 \ (\mathrm{J})$$

(iii) 鉛およびアルゴンの 273 K における体積を求める.
$V = V_{\mathrm{Pb}} + V_{\mathrm{Ar}}$ として, Pb を理想気体と考え,
$$V_{\mathrm{Pb}} = \frac{0.095}{207.19} \times 22.414 \times 10^{-3} = 1.0277 \times 10^{-5} \ (\mathrm{m}^3)$$
$\dfrac{PV_{\mathrm{Ar}}}{T} = $ 一定であるから,
$$V_{\mathrm{Ar}} = 2.8 \times 10^{-3} \times \frac{273}{298} \times \frac{1.013}{1} = 2.5984 \times 10^{-3} \ (\mathrm{m}^3)$$
したがって, 全圧 1 atm の下での Pb の分圧 p_{Pb} は
$$p_{\mathrm{Pb}} = \frac{V_{\mathrm{Pb}}}{V_{\mathrm{Ar}} + V_{\mathrm{Pb}}} \times 1 = \frac{1.0277 \times 10^{-5}}{2.5984 \times 10^{-3} + 1.0277 \times 10^{-5}} = 3.9395 \times 10^{-3} \ (\mathrm{atm})$$
また, 純鉛の 1373 K での蒸気圧は, (i) より 6.180×10^{-3} atm であるから Pb の活量は
$$a_{\mathrm{Pb}} = \frac{p_{\mathrm{Pb}}}{p_{\mathrm{Pb}}^\circ} = \frac{3.3935 \times 10^{-3}}{6.180 \times 10^{-3}} = 0.6375$$
また, 活量係数は
$$\gamma_{\mathrm{Pb}} = \frac{a_{\mathrm{Pb}}}{N_{\mathrm{Pb}}} = \frac{0.6375}{1 - 0.811} = 3.373$$
したがって, Pb-Cu 系における活量は正に偏倚している.

30

Cu-Zn 合金の活量：
過剰部分モルギブズエネルギーから蒸気圧，活量算出

溶融銅-亜鉛合金の Zn の過剰部分モルギブズエネルギーが $\Delta G_{Zn}^{ex} = -21548 N_{Cu}^2$ で与えられている．1473 K（1200 ℃）で次の計算を行え．

（ⅰ） Cu：Zn＝60：40（原子率）の合金の Zn 平衡圧を求めよ．ただし，Zn の蒸発の $\Delta G°$ は，
$$\Delta G° = 127277 + 24.393 T \log T - 182.76 T$$
である．

（ⅱ） N_{Cu} が 0 および 1 のときの γ_{Zn} を算出せよ．

（ⅲ） Cu の活量係数を表す式を求めよ．

解

（ⅰ） $Zn(l) = Zn(g)$ のギブズエネルギー変化は次式で与えられる．
$$\Delta G = \Delta G° + RT \ln \frac{p_{Zn}}{a_{Zn}}$$

したがって，Zn の平衡圧は $\Delta G = 0$ より
$$p_{Zn} = a_{Zn} \exp\left(-\frac{\Delta G°}{RT}\right)$$

で与えられる．

Zn の過剰部分モルギブズエネルギーは以下で与えられる．
$$\Delta G_{Zn}^{ex} = -21548 N_{Cu}^2 = RT \ln \gamma_{Zn}$$

ゆえに
$$a_{Zn} = N_{Zn} \cdot \gamma_{Zn}$$
$$= N_{Zn} \exp\left(-\frac{21548 N_{Cu}^2}{RT}\right)$$
$$= 0.4 \exp\left(-\frac{21548 \times 0.6^2}{8.314 \times 1473}\right) = 0.2123$$

したがって
$$p_{Zn} = 0.2123 \exp\left(-\frac{127277 + 24.393 \times 1473 \log 1473 - 182.76 \times 1473}{8.314 \times 1473}\right)$$
$$= 2.105 \text{（atm）}$$

（ⅱ） $\gamma_{Zn} = \exp\left(-\frac{21548 \cdot N_{Cu}^2}{RT}\right)$ より

$N_{Cu} = 0$ のとき，$\gamma_{Zn} = 1$

$N_{Cu} = 1$ のとき，$\gamma_{Zn} = \exp\left(-\frac{21548 \times 1^2}{8.314 \times 1473}\right) = 0.172$

（ⅲ） Gibbs-Duhem の式より，Cu-Zn の二元系において
$$N_{Cu} d(\Delta G_{Cu}^{ex}) + N_{Zn} d(\Delta G_{Zn}^{ex}) = 0$$

30 Cu-Zn 合金の活量：過剰部分モルギブズエネルギーから蒸気圧，活量算出

したがって

$$N_{Cu}\,d(\ln \gamma_{Cu}) + N_{Zn}\,d(\ln \gamma_{Zn}) = 0$$

$$d(\ln \gamma_{Cu}) = -\frac{N_{Zn}}{N_{Cu}} d(\ln \gamma_{Zn})$$

Raoult 則により，$N_{Cu}=1$ のときに $\gamma_{Cu}=1$，すなわち $\ln \gamma_{Cu}=0$．したがって両辺を積分して

$$\begin{aligned}
\ln \gamma_{Cu} &= -\int_{1}^{N_{Cu}} \frac{N_{Zn}}{N_{Cu}} d(\ln \gamma_{Zn}) \\
&= -\int_{1}^{N_{Cu}} \frac{N_{Zn}}{N_{Cu}} d\left(-\frac{21548 \cdot N_{Cu}^2}{RT}\right) = \frac{43096}{RT}\int_{1}^{N_{Cu}} \frac{N_{Zn}}{N_{Cu}} \cdot N_{Cu}\, d(N_{Cu}) \\
&= \frac{43096}{RT}\left[N_{Cu} - \frac{1}{2}N_{Cu}^2\right]_{1}^{N_{Cu}} = \frac{43096}{RT}\left(N_{Cu} - \frac{1}{2}N_{Cu}^2 - \frac{1}{2}\right) \\
&= -\frac{21548}{RT}\left(N_{Cu}-1\right)^2 = -\frac{21548}{RT}N_{Zn}^2
\end{aligned}$$

31

ウスタイト-マグネタイト平衡：$\Delta G°$ から活量算出

1173 K（900 ℃）において，ウスタイト（FeO）-マグネタイト（Fe$_3$O$_4$）が共存平衡するとき，p_{O_2}, a_{Fe}, a_{FeO}, $a_{Fe_3O_4}$, $a_{Fe_2O_3}$ の各活量値を求めよ．ただし，両相共存の場合の次のデータが低温に外挿して使用できるものとする．

表 1

温度 (K)	1373	1473	1573	1673
$-\log a_{FeO}$	0.1249	0.1492	0.1771	0.2109

計算に使用するデータ

$$2Fe(s) + O_2(g) = 2FeO(s) \quad : \Delta G°_{(1)} = -528860 + 129.46T \text{ (J)} \quad (1)$$

$$\frac{3}{2}Fe(s,l) + O_2(g) = \frac{1}{2}Fe_3O_4(s) : \Delta G°_{(2)} = -547830 + 151.17T \text{ (J)} \quad (2)$$

$$\frac{4}{3}Fe(s) + O_2(g) = \frac{2}{3}Fe_2O_3(s) \quad : \Delta G°_{(3)} = -542530 + 167.36T \text{ (J)} \quad (3)$$

解

833 K（560 ℃）において $a_{FeO}=1$ となるので，与えられたデータを低温に外挿する際これも考慮して 1173 K における a_{FeO} を推定する．

図1より 1173 K において

$$-\log a_{FeO} = 0.078$$
$$\therefore \quad a_{FeO} = 0.836$$

また，状態図よりマグネタイトはウスタイトに固溶しないので

$$a_{Fe_3O_4} = 1$$

とおける．

（2）×4－（1）×3 より

$$6FeO(s) + O_2(g) = 2Fe_3O_4(s)$$
$$\Delta G°_{(4)} = -604740 + 216.30T \text{ (J)} \quad (4)$$

$$K = \exp\left(-\frac{\Delta G°_{(4)}}{RT}\right) = \frac{a_{Fe_3O_4}^2}{a_{FeO}^6 \cdot p_{O_2}}$$

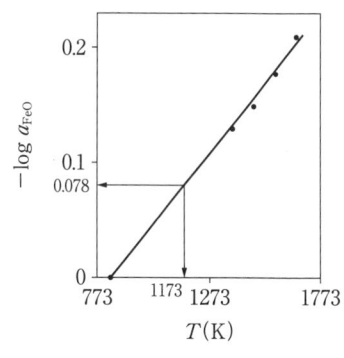

図 1 FeO の活量と温度の関係

より，$T=1173$ における p_{O_2} は

$$\exp\left(-\frac{-604740 + 216.30 \times 1173}{8.314 \times 1173}\right) = \frac{1^2}{(0.836)^6 \cdot p_{O_2}}$$

$$p_{O_2} = 6.84 \times 10^{-16} \text{ (atm)}$$

また（1）式により

$$K = \exp\left(-\frac{\Delta G°_{(1)}}{RT}\right) = \frac{a_{FeO}^2}{a_{Fe}^6 \cdot p_{O_2}}$$

53

$$\exp\left(-\frac{-528860+129.46\times1173}{8.314\times1173}\right)=\frac{(0.836)^2}{a_{\text{Fe}}^2\times6.84\times10^{-16}}$$

∴ $a_{\text{Fe}}=0.129$

(3)式より

$$K=\exp\left(-\frac{\Delta G°_{(3)}}{RT}\right)=\frac{a_{\text{Fe}_2\text{O}_3}^{2/3}}{a_{\text{Fe}}^{4/3}\cdot p_{\text{O}_2}}$$

$$\exp\left(-\frac{-542530+167.36\times1173}{8.314\times1173}\right)=\frac{a_{\text{Fe}_2\text{O}_3}^{2/3}}{(0.129)^{4/3}\times6.84\times10^{-16}}$$

∴ $a_{\text{Fe}_2\text{O}_3}=0.0399$

32 ヘマタイトのCO還元：$\Delta G°$から安定相の導出

Fe_2O_3を1373 K（1100 ℃）で次の組成をもつCO-CO_2ガスの流れと平衡させた．
（i） $CO=15.43\%$　$CO_2=84.57\%$
（ii） $CO=45.0\%$　$CO_2=55.0\%$
（iii）$CO=75.0\%$　$CO_2=25.0\%$

以下の$\Delta G°$のデータを用いて，各ガス組成における安定な固相を示せ．ただし，Fe_3O_4と平衡しているウスタイト相内のFeOの活量は0.75とする．

計算に使用するデータ

$$2Fe(s)+O_2(g)=2FeO(s) \quad :\Delta G°=-528860+129.46T \text{ (J)} \qquad (1)$$

$$\frac{3}{2}Fe(s,l)+O_2(g)=\frac{1}{2}Fe_3O_4(s):\Delta G°=-547830+151.17T \text{ (J)} \qquad (2)$$

$$\frac{4}{3}Fe(s)+O_2(g)=\frac{2}{3}Fe_2O_3(s) \quad :\Delta G°=-542530+167.36T \text{ (J)} \qquad (3)$$

$$2CO(g)+O_2(g)=2CO_2(s) \quad :\Delta G°=-564840+173.30T \text{ (J)} \qquad (4)$$

解

はじめにあったFe_2O_3は，ガス組成の変化によるp_{O_2}の変化に応じてFe，FeO，Fe_3O_4，Fe_2O_3のいずれかの状態，または二相共存の状態で安定となる．

そこでまず各相が共存するp_{O_2}を求める．

（a）Fe-FeO
（1）より　　　　　　　　　　　　　　$\Delta G°_{1373}=-351111 \text{ (J)}$

$$K=\frac{a_{FeO}^2}{a_{Fe}^2 \cdot p_{O_2}}=2.28\times 10^{13}$$

$a_{Fe}=1$, $a_{FeO}=1$より　　　　　　　$p_{O_2}=4.38\times 10^{-14} \text{ (atm)}$

（b）FeO-Fe_3O_4
（2）×4−（1）×3より　　　　　　　$6FeO+O_2=2Fe_3O_4$：
$\Delta G°=-604740+216.30T \text{ (J)}$
$\Delta G°_{1373}=-307760 \text{ (J)}$

$$K=\frac{a_{Fe_3O_4}^2}{a_{FeO}^6 \cdot p_{O_2}}=5.12\times 10^{11}$$

$a_{FeO}=0.75$, $a_{Fe_3O_4}=1$より　　　$p_{O_2}=1.10\times 10^{-11} \text{ (atm)}$

（c）Fe_3O_4-Fe_2O_3
（3）×9−（2）×8より　　　　　　　$4Fe_3O_4+O_2=6Fe_2O_3$：
$\Delta G°=-500130+296.88T \text{ (J)}$
$\Delta G°_{1373}=-92514 \text{ (J)}$

$$K=\frac{a_{Fe_2O_3}^6}{a_{Fe_3O_4}^4 \cdot p_{O_2}}=3.31\times 10^3$$

$a_{Fe_3O_4}=1$, $a_{Fe_2O_3}=1$ より $p_{O_2}=3.02\times10^{-4}$ (atm)

以上の結果より安定な固相と p_{O_2} の関係は

$p_{O_2}\leqq 4.31\times 10^{-14}$ (atm) のとき　　　　　　　　Fe

4.31×10^{-14} (atm) $\leqq p_{O_2}\leqq 1.08\times 10^{-11}$ (atm) のとき　　FeO

1.08×10^{-11} (atm) $\leqq p_{O_2}\leqq 3.01\times 10^{-4}$ (atm) のとき　　Fe_3O_4

$p_{O_2}\geqq 3.01\times 10^{-4}$ (atm) のとき　　　　　　　　Fe_2O_3

次に各ガスの組成での p_{O_2} の関係を求め，どの相が安定であるかを調べる．

（4）より　　　　$2CO+O_2=2CO_2$：$\Delta G°_{1373}=-326899$ (J)

$$K=\frac{p_{CO_2}^2}{p_{CO}^2\cdot p_{O_2}}=2.74\times 10^{12}$$

$$p_{O_2}=3.66\times 10^{-13}\frac{p_{CO_2}^2}{p_{CO}^2} \text{ (atm)}$$

(ⅰ)　CO＝15.43 %，CO_2＝84.57 %

　　　　　　　$p_{O_2}=1.10\times 10^{-11}$ (atm)　　∴　FeO-Fe_3O_4 共存

(ⅱ)　CO＝45.0 %，CO_2＝55.0 %

　　　　　　　$p_{O_2}=5.47\times 10^{-13}$ (atm)　　∴　FeO が安定

(ⅲ)　CO＝75.0 %，CO_2＝25.0 %

　　　　　　　$p_{O_2}=4.07\times 10^{-14}$ (atm)　　∴　Fe が安定

33

硫酸鉄の安定性，Ag-Cu-O 平衡：
$\Delta G°$ の正負のみで安定相を評価してはいけない例

次の(i)，(ii)の反応の $\Delta G°$ は大きな負の値をもっている．

(i) $2Fe(\alpha)+\frac{3}{2}S_2+6O_2 \rightarrow Fe_2(SO_4)_3$：$\Delta G°_{1100}=-1346090$ (J)

$Fe_2(SO_4)_3$ は 1100 K (827 ℃) で安定であるといえるか．このことについて以下の反応の $\Delta G°$ を基にして考えよ．

計算に使用するデータ

$2Fe(s)+\frac{3}{2}O_2(g)=Fe_2O_3(s)$：

$\Delta G°=-813795+251.04T$ (J)　　　　　　$\Delta G°_{1100}=-537651$ (J)　　　　(1)

$\frac{3}{2}S_2(g)+3O_2(g)=3SO_2(g)$：

$\Delta G°=-1086210+220.23T$ (J)　　　　　$\Delta G°_{1100}=-843957$ (J)　　　　(2)

$3SO_2(g)+\frac{3}{2}O_2(g)=3SO_3(g)$：

$\Delta G°=-284715+265.14T$ (J)　　　　　　$\Delta G°_{1100}=6939$ (J)　　　　　(3)

$Fe_2O_3(s)+3SO_3=Fe_2(SO_4)_3(s)$：

$\Delta G°=-609900-102.3T\log T+891.57T$ (J)　　$\Delta G°_{1100}=28579$ (J)　(4)

(ii) $Cu(s)+2Ag(s)+O_2(g) \rightarrow CuO(s)+Ag_2O(s)$：$\Delta G°_{600}=-93500$ (J)

Cu-Ag 合金が 600 K (327 ℃) において空気中で酸化されるとき，Ag_2O の形成についてどのように考えるべきか．

計算に使用するデータ

$2Ag(s)+\frac{1}{2}O_2(g)=Ag_2O(s)$：$\Delta G°=-28120+60.63T$ (J)　　　　　(5)

$Cu(s)+\frac{1}{2}O_2(g)=CuO(s)$：　$\Delta G°=-155850+90.17T$ (J)　　　　　(6)

解

(i) 与えられた反応を(1)，(2)，(3)，(4)の反応に分解して考える．(1)+(2)+(3)+(4)より

$2Fe(s)+\frac{3}{2}S_2(g)+6O_2=Fe_2(SO_4)_3(s)$：

$\Delta G°=-2794620-102.3T\log T+1627.98T$ (J)　　$\Delta G°_{1100}=-1346090$ (J)　(7)

したがって(7)式の反応は，$\Delta G°\leqq 0$ より見かけ上右へ進むことになるが，(3)，(4)式の $\Delta G°\geqq 0$ より反応(4)では Fe_2O_3 から $Fe_2(SO_4)_3$ が生成されず，$Fe_2(SO_4)_3$ は安定ではない．

また(1)，(4)より平衡する p_{O_2} および p_{SO_3} を求めると，それぞれ

$$p_{O_2}=9.52\times 10^{-18} \text{ (atm)}$$
$$p_{SO_3}=2.834 \text{ (atm)}$$

となり，(3)式よりこれと平衡する p_{SO_3} は

$$p_{SO_2}=1.18\times 10^9 \text{ (atm)}$$

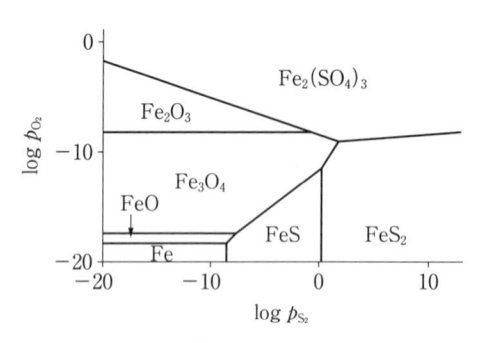

図1 Fe-S-O系ポテンシャル図（$T=1100$ K）

となり，これから考えても通常の条件では$Fe_2(SO_4)_3$は安定に存在しないと考えられる．

次にFe-S-O系のポテンシャル図を考える．$T=1100$ KでFeSO_4の生成を考慮しない場合を考えると，図1となる（$FeSO_4$を考慮する場合，その他詳細は問38参照）．

Feと$Fe_2(SO_4)_3$が共存するようなp_{O_2}，p_{S_2}は存在せず，$Fe_2(SO_4)_3$は安定ではない．

［コメント］　このように一つの反応を考えるときは，単に$\Delta G°$の正，負で判断することなく，さらに基本的な反応に分解して考えたり，ポテンシャル図を頭に描いてみることが大切である．また図1では，ガス状化学種の安定領域は示されていないことに留意せよ．

（ii）（i）と同様，（5），（6）の二つの反応に分けて考える．
それぞれの平衡定数を$K_{(5)}$，$K_{(6)}$で示すと，$\Delta G°=-RT\ln K$より

$$\Delta G°_{(5),600}=8258 \text{ (J)}$$

$$\therefore K_{(5)}=\frac{a_{Ag_2O}}{a_{Ag}^2 \cdot p_{O_2}^{1/2}}=0.191$$

空気中では$p_{O_2}=0.21$（atm）であるから

$$\frac{a_{Ag_2O}}{a_{Ag}^2}=8.75\times 10^{-2} \tag{8}$$

また

$$\Delta G°_{(6),600}=-101748 \text{ (J)}$$

$$\therefore K_{(6)}=\frac{a_{CuO}}{a_{Cu}\cdot p_{O_2}^{1/2}}=7.22\times 10^8$$

$p_{O_2}=0.21$（atm）より

$$\frac{a_{CuO}}{a_{Cu}}=3.31\times 10^8 \tag{9}$$

（8），（9）より600 Kで安定なものはAg，CuOでありAg_2O，Cuは安定ではない．すなわちAg-Cu合金はこの条件ではCuが優先的に酸化されてAgリッチのAg-Cu合金が残ると考えられる．

$$\begin{array}{c} CuO\text{-}Ag_2O \\ \Uparrow \quad \Downarrow \quad \Rightarrow \frac{CuO(Ag_2O)}{Ag(Cu)} \\ Cu\text{-}Ag \end{array}$$

Ag_2Oは$a_{Ag_2O}=8.75\times 10^{-2}$程度までならCuOに固溶して存在でき，Cuは$a_{Cu}=3.02\times 10^{-9}$程度までならAgに固溶して存在できる．

34

Fe-C 系の C の活量：$\Delta G°$ から活量算出

Fe-C 二元系のオーステナイトを 1273 K（1000 ℃）において 1 atm の CO-CO₂ 混合ガスと平衡させたところ，CO_2 が 10.9 %，3.4 %，1.38 % の三種のガスに対し，オーステナイト中の炭素量はそれぞれ，0.13，0.45，0.96 wt% となった．以下の $\Delta G°$ の値を用いて，1273 K におけるオーステナイト中の飽和炭素量を求めよ．

計算に使用するデータ

$$C + CO_2(g) = 2CO(g) : \Delta G° = 170460 - 174.43T \text{ (J)} \tag{1}$$

解

次の反応を考える

$$C + CO_2(g) = 2CO(g)$$

また，この反応の平衡定数 K は

$$K = \frac{p_{CO}^2}{a_C \cdot p_{CO_2}} = \exp\left(-\frac{\Delta G°}{RT}\right) \tag{2}$$

（1）式より

$$\Delta G°_{1273} = -51589 \text{ (J)}$$

したがって

$$K = \frac{p_{CO}^2}{a_C \cdot p_{CO_2}} = 130.9$$

$$\therefore a_C = \frac{1}{130.9} \times \frac{p_{CO}^2}{p_{CO_2}} \tag{3}$$

（3）式および与えられた p_{CO_2}-[%C] の関係から次の結果を得る（表1）．

表1

p_{CO_2}	p_{CO}	[%C]	a_C
0.1090	0.8910	0.13	5.564×10^{-2}
0.0340	0.9660	0.45	2.097×10^{-1}
0.0138	0.9862	0.96	5.384×10^{-1}

上の結果を a_C-[%C] の関係としてプロットすると，図1に示すグラフとなる．

オーステナイト中の飽和炭素量として，$a_C = 1$ のときを考えると，この図より，$a_C = 1$ で [%C] は 1.3〜1.4 % となる．

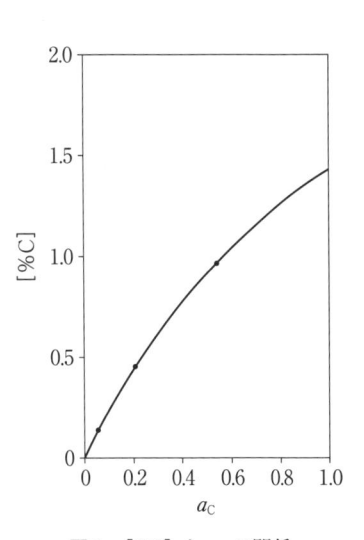

図1 [%C] と a_C の関係

35

硫化鉄の活量：$\Delta G°$ から活量算出

　ピロタイト（Pyrrhotite, $Fe_{(1-x)}S$, $0 \leq x <$ 約 0.2（温度による），古い文献では 'FeS' とも記載される）およびパイライト（Pyrite, FeS_2）について考察する．図1に示す状態図から知られるように，パイライトの方は不定比性が小さく，固溶体範囲が無視できるが，ピロタイトはかなり広い固溶体領域をもつ．下記の熱力学データを用いて，問に答えよ．

$$2Fe(s)+S_2(g)=2FeS(s)：\Delta G°=-311200+118.96T \quad (J) \tag{1}$$

$$2FeS(s)+S_2(g)=2FeS_2(s)：\Delta G°=-307940+284.51T \quad (J) \tag{2}$$

$$S_2(g)=\frac{1}{4}S_8(g)：\Delta G°=-103763+118.37T \quad (J) \tag{3}$$

$$S_2(g)=\frac{1}{3}S_6(g)：\Delta G°=-92676+102.84T \quad (J) \tag{4}$$

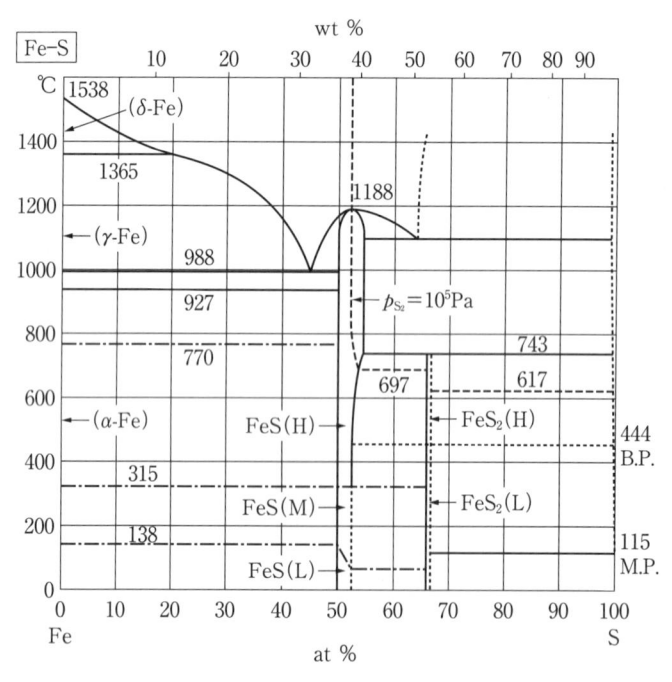

図1　(参考) 長崎誠三・平林　眞　編著，二元合金状態図集（アグネ技術センター，2001）
　硫化鉄鉱として重要な系で，興味ある物性を示す．FeS 相は，六方，NiAs($B8_1$) 型を基本とする不定化合物で，S の過剰組成では Fe の占有位置が空格子点（構造空孔）となる．Fe_7S_8 や Fe_3S_4 の組成で，構造空孔は規則的に配列．FeS 相には二つの磁気変態があり，$T_n \sim 315℃$ 以下（M）では反強磁性，$T_a \sim 138℃$（L）でスピンの向きが変化する．FeS_2 の高温（H）相は立方，pyrite（黄鉄鉱，C2）型，低温相（L）は斜方，マルカサイト（白鉄鉱，C18）型．磁硫鉄鉱（pyrrhotite）は FeS 近傍の鉱物名．図の右上部分（破線内）は S_2 の加圧下．

（ⅰ） 970 K（697 ℃）において，Fe と Fe$_{(1-x)}$S(x=0) が平衡するときの S$_2$ 分圧を答えよ．

（ⅱ） パイライトは，加熱すると，硫黄ガスを放出して分解する．そのため，パイライトが関与した平衡を考える際には，S$_2$ 分圧に気を払うことが肝要である．図1の状態図には，$p_{S_2}=10^5$ Pa の等硫黄分圧線が記載されている．図から 970 K で，Fe$_{(1-x)}$S と FeS$_2$ は，$p_{S_2}=10^5$ Pa の条件で平衡することが分かる．このときの Fe の活量を計算せよ．また，970 K における Fe-FeS$_2$ 系の Fe の活量，S$_2$ の分圧の変化の様子を図に示せ．ただし，ピロタイト中では，両者の活量は組成に対して直線的に変化すると仮定せよ．

（ⅲ） また，気相には，S$_2$ の他に，S$_6$ および S$_8$ 分子が存在することが予想される．970 K におけるこれらの分圧を計算せよ．

解

（ⅰ）（1）式より，次式が成り立つ

$$\Delta G° = -RT \ln \frac{a_{FeS(s)}^2}{a_{Fe(s)}^2 p_{S_2(g)}} \tag{5}$$

970 K において，$\Delta G° = -195809$ (J) であり，$a_{Fe(s)}=1$，$a_{FeS(s)}=1$ であるので，

$$p_{S_2(g)} = \exp\left(\frac{\Delta G°}{RT}\right) = 2.853 \times 10^{-11} \text{ (atm)}$$

（ⅱ）（1），（2）式より，

$$Fe(s) + S_2(g) = FeS_2(s) : \Delta G° = -309570 + 201.74T \text{ (J)} \tag{6}$$

また，

$$\Delta G° = -RT \ln \frac{a_{FeS_2(s)}}{a_{Fe(s)} p_{S_2(g)}}$$

であるから，970 K，$p_{S_2(g)}=10^5$ Pa（≈1 atm）において，

$$a_{Fe} = \exp\left(\frac{\Delta G°}{RT}\right) = 7.366 \times 10^{-7}$$

上の状態図から，Fe(s) と Fe$_{(1-x)}$S(s) が平衡する場合は $x=0$ であり，Fe$_{(1-x)}$S(s) と FeS$_2$(s) が平衡する場合は $x=0.2$ 程度である．Fe-FeS$_2$ 擬二元系を考えると，題意より，活量変化は図2のようになる．

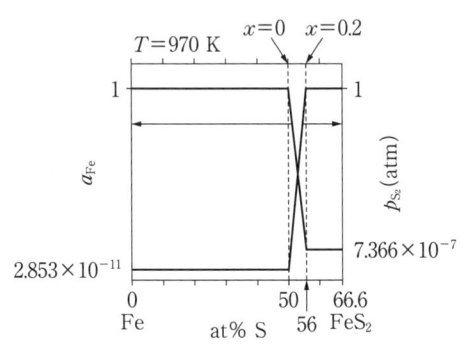

図2 活量変化

(iii) （3），（4）式より，

$$\Delta G° = -RT \ln \frac{p_{S_8(g)}^{1/4}}{p_{S_2(g)}} \tag{7}$$

$$\Delta G° = -RT \ln \frac{p_{S_6(g)}^{1/3}}{p_{S_2(g)}} \tag{8}$$

したがって，970 K，$p_{S_2(g)} = 10^5$ Pa（≈1 atm）において，

$$p_{S_8(g)} = \exp\left(-\frac{4\Delta G°}{RT}\right) = 4.154 \times 10^{-3} \text{ (atm)}$$

$$p_{S_6(g)} = \exp\left(-\frac{3\Delta G°}{RT}\right) = 7.184 \times 10^{-2} \text{ (atm)}$$

[コメント] 低温では S_6，S_8 がさらに増える．S のガス種としては他に S_4，S_5，S_7 などもあり，温度によってどのガス種が支配的であるか考慮する必要がある．

36

Ca-Mg 合金：蒸気圧データから活量他の諸量を算出

図1の状態図に示すCa-Mg系合金につき，蒸気圧を測定し図2の結果を得た．これにより次の諸問題に答えよ．ただし，純Caには固相の相変態が知られているが，簡単のために相変態は無視し，すべてγ相であるとして答えよ．

（i） 純Mgと21 at%Ca合金の測定点が測定範囲のほぼ全域で同一線上にのっている理由を説明せよ．

（ii） もし測定温度範囲を高温に広げた場合，上の二種の測定点が同一線上にのらなくなる条件があれば説明せよ．

（iii） 40，70，84 at%Ca合金の測定点が718 K（445℃）以下では同一線上にのり，718 K以上では二本に分かれている．その理由を説明せよ．

さてその後，種々の熱力学測定の結果，本系の蒸気圧は，図3のようになることが判明した．

（iv） 純Mgを標準とする場合，$CaMg_2$とγ-Caが平衡する場合のMgの活量の値を718 Kにおいて図3から読み取って算出せよ．

（v） 834 K（561℃）における84 at%Ca合金中のMgの活量値を求めよ．

（vi） 834 KにおけるMg-Ca系全域にわたるMgの活量変化の概略を組成に対して図示せよ．ただし，活量値を図3から計算可能な組成では，その値を記せ．

（vii） さらに，1123 K（850℃）におけるMgの活量を，図3に示す各組成において求めよ．

（viii） Caおよび$CaMg_2$の活量変化の模様も組成に対して図示せよ．

（ix） 図1の純Mgの蒸気圧測定線と40 at%Caの蒸気圧を表す測定線との間隔は一般的にいって高温に

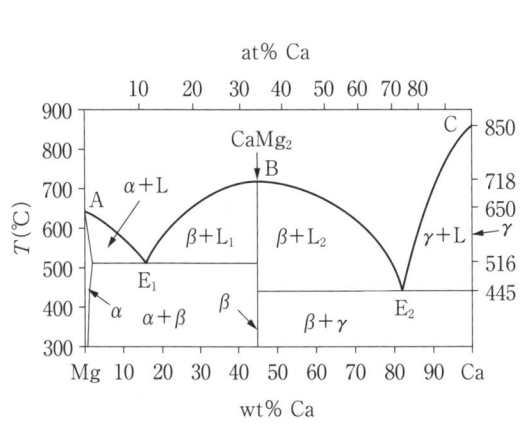

図1 Ca-Mg系状態図

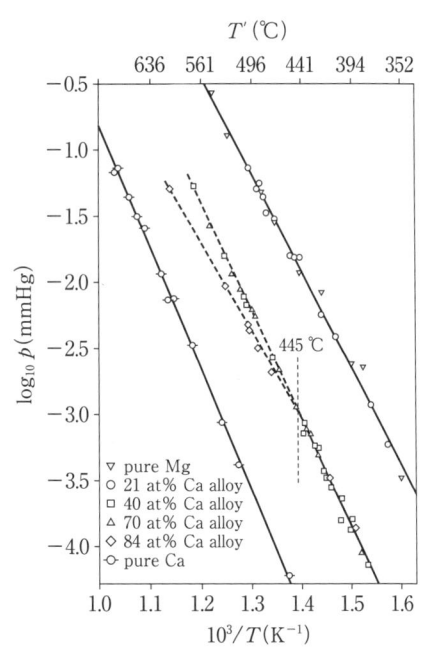

図2 蒸気圧の測定値

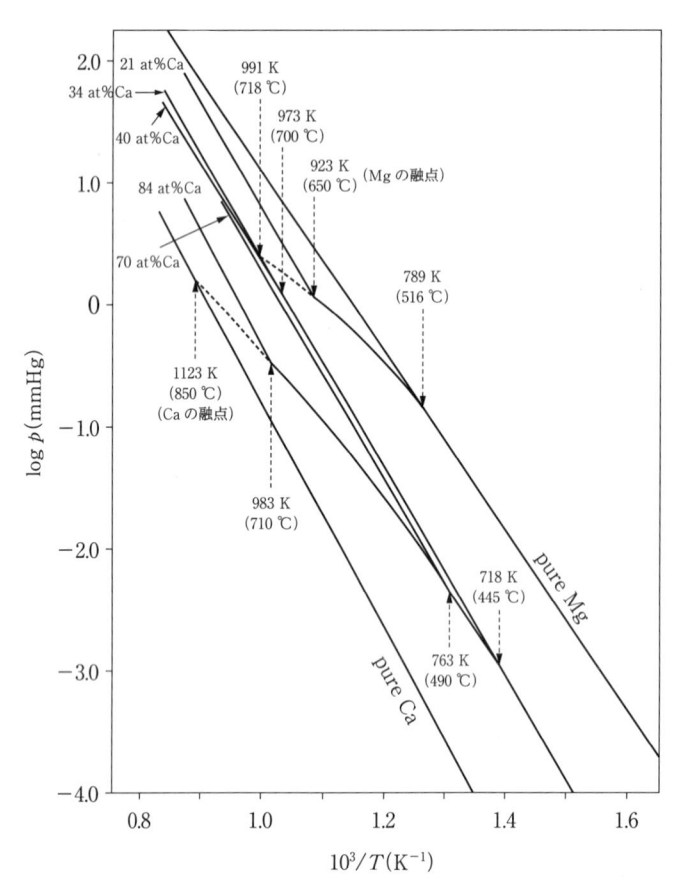

図3 Ca-Mg合金の蒸気圧と温度の関係

なるほど近づくべきか，離れるべきか．

解

本問の解答では，Caの融点を1123 K（850 ℃）として計算を行った．

（i）状態図より，約789 K（516 ℃）以下では21 at%Ca合金はα-MgとCaMg$_2$の二相共存となる．α-Mgの組成は純Mgに近く，$a_{Mg}=1$と考えられ，Caなどの蒸気圧が純Mgに比べ無視しうるほど小さいとすると，$p_{21\,at\%Ca\,alloy} \cong p_{pure\,Mg}$となる．

（ii）状態図より，21 at%Ca合金は789 K（516 ℃）〜930 K（657 ℃）の温度範囲ではCaMg$_2$固相とL_1液相共存となり，また930 K以上では液相単相となる．よって，789 K以上では，純Mgに比してa_{Mg}は小さくなりp_{Mg}も小さくなる．

（iii）718 K（445 ℃）以下では，40，70，84 at%Caともβ相，γ相が共存するので蒸気圧は等しい．718 K以上では，40，70 at%Ca合金は$\beta+L_2$，84 at%Ca合金は$\gamma+L$となるため，蒸気圧は異なる．そのため二本に分かれる．

(iv) $p_{CaMg_2} = a_{Ca} \cdot p°_{Ca} + a_{Mg} \cdot p°_{Mg}$ より

$$a_{Mg} = \frac{p_{CaMg_2} - a_{Ca} \cdot p°_{Ca}}{p°_{Mg}}$$

$CaMg_2$ が δ-Ca と平衡するとき，$a_{Ca} \cong 1$ となる．

また，図3より，718 K における 34 at%Ca 合金の値を読み取ると，

$\log p_{CaMg_2} = -2.95$ ∴ $p_{CaMg_2} = 1.122 \times 10^{-3}$ (mmHg)

$\log p°_{Mg} = -1.85$ ∴ $p°_{Mg} = 1.413 \times 10^{-2}$ (mmHg)

$\log p°_{Ca} = -4.39$ ∴ $p°_{Ca} = 4.074 \times 10^{-5}$ (mmHg)

上式にこれらの値を代入すると，

$$a_{Mg} = \frac{1.122 \times 10^{-3} - 4.074 \times 10^{-5}}{1.413 \times 10^{-2}} = 0.0765$$

(v) (iv)と同様に図3より，834 K における 84 at%Ca 合金の値を読み取ると，

$\log p_{alloy} = -1.676$ ∴ $p_{alloy} = 2.109 \times 10^{-2}$ (mmHg)

$\log p°_{Mg} = -0.392$ ∴ $p°_{Mg} = 4.055 \times 10^{-1}$ (mmHg)

$\log p°_{Ca} = -2.632$ ∴ $p°_{Ca} = 2.333 \times 10^{-3}$ (mmHg)

また，γ-Ca と共存するので $a_{Ca} = 1$ とおける．

$$\therefore a_{Mg} = \frac{2.109 \times 10^{-2} - 2.333 \times 10^{-3}}{4.055 \times 10^{-1}} = 0.046$$

(vi)

(1) α 相および $\alpha + L$ 相共存域　α 相では Ca の増加とともに a_{Mg} は減少し，$\alpha + L$ 相域では一定であるが，いずれもほぼ $a_{Mg} = 1$ と見なせる．

(2) L 相域　a_{Mg} は Ca の増加とともに減少する（必ずしも直線的ではない）．

(3) $\beta + L_1$ 相域　二相共存域では一定の活量値を示す．(iv)と同様にして a_{Mg} を求める．

図3より（21 at%Ca 合金）

$\log p_{alloy} = -0.480$ ∴ $p_{alloy} = 3.311 \times 10^{-1}$ (mmHg)

$\log p°_{Mg} = -0.392$ ∴ $p°_{Mg} = 4.055 \times 10^{-1}$ (mmHg)

$\log p°_{Ca} = -2.632$ ∴ $p°_{Ca} = 2.333 \times 10^{-3}$ (mmHg)

$$\therefore a_{Mg} = \frac{p_{alloy} - a_{Ca} \cdot p°_{Ca}}{p°_{Mg}}$$

ここで $a_{Ca} \ll 1$ であり，また $p°_{Ca}$ も小さいので $a_{Ca} \cdot p°_{Ca}$ を無視できるとすると

$$a_{Mg} = 0.817$$

(4) $\beta + L_2$ 相域　二相共存域では一定の活量値を示す．同様にして a_{Mg} を求める．

図3より（40 at%Ca 合金）

$\log p_{alloy} = -1.325$ ∴ $p_{alloy} = 4.732 \times 10^{-2}$ (mmHg)

ここで a_{Ca} は不明であるが，$p°_{Ca}$ が小さいので $a_{Ca} \cdot p°_{Ca}$ の項を無視すると

$$a_{Mg} = \frac{p_{alloy}}{p°_{Mg}} = 0.117$$

(5) L 相域　a_{Mg} は Ca の増加とともに減少する（必ずしも直線的ではない）．

(6) $\gamma + L$ 相域　(v)より，$a_{Mg} = 0.046$

36 Ca-Mg合金：蒸気圧データから活量他の諸量を算出

（注）このように固相のCaMg$_2$が存在する温度においては，Mgの活量はCaMg$_2$の組成で大きく変化する．

（vii）〜（viii） 図3より1123 K（850 ℃）におけるp_{Mg}°，p_{alloy}を読み取る．

ここで，$p_{alloy} = a_{Mg} \cdot p_{Mg}^\circ + a_{Ca} \cdot p_{Ca}^\circ$において，$p_{Ca}^\circ \ll p_{Mg}^\circ$なので$a_{Ca} \cdot p_{Ca}^\circ$を無視し得るとし，次式により$a_{Mg}$を決定する．

$$a_{Mg} = \frac{p_{alloy}}{p_{Mg}^\circ}$$

Gibbs-Duhemの式より（$N_{Mg} \leq 0.16$でヘンリー則が成り立つとする）

$$\ln \gamma_{Ca} = \int_{N_{Ca}=1}^{N_{Ca}} \frac{\ln \gamma_{Mg}}{N_{Ca}^2} dN_{Mg} - \left[\frac{N_{Mg}}{N_{Ca}} \ln \gamma_{Mg}\right]_{N_{Ca}=1}^{N_{Ca}=N_{Ca}}$$

図5において図上積分を行い，γ_{Ca}を求める（表2）．これより図6を得る．

（ix） 40 at%Ca合金組成でも，高温になれば理想溶液に近づくので，

$$p_{40at\%} = a_{Mg} \cdot p_{Mg}^\circ + a_{Ca} \cdot p_{Ca}^\circ \text{ において } a_{Mg} = \frac{3}{5} \text{ となる．}$$

$a_{Ca} \cdot p_{Ca}^\circ$を無視すれば

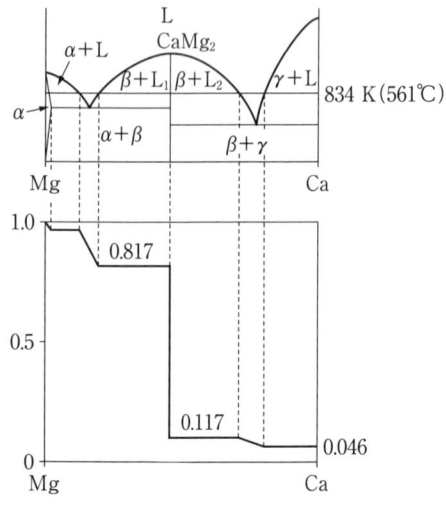

図4 状態図と活量の関係

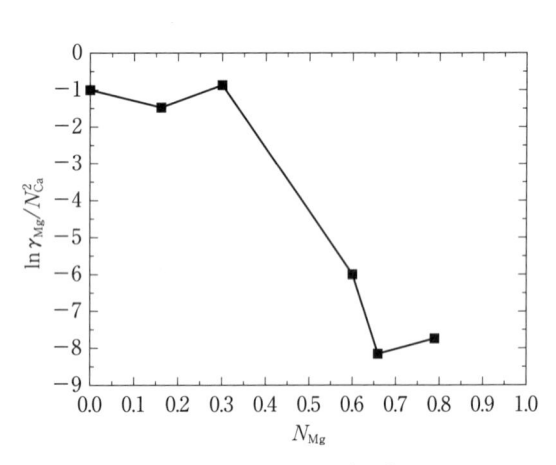

図5 Gibbs-Duhemの式の応用

表1

N_{Mg}	N_{Ca}	$\log P$	P	a_{Mg}	γ_{Mg}	$\dfrac{\ln \gamma_{Mg}}{N_{Ca}^2}$
1.0	0	1.90	79.43	1.0	1.0	—
0.79	0.21	1.65	44.67	0.562	0.711	−7.734
0.66	0.34	1.31	20.42	0.257	0.390	−8.156
0.60	0.40	1.26	18.20	0.229	0.382	−6.015
0.30	0.70	1.19	15.49	0.195	0.650	−0.879
0.16	0.84	0.65	4.467	0.056	0.350	−1.488
0	1.0	—	—	0	0.351	−1.047

表 2

N_{Ca}	$\int \dfrac{\ln \gamma_{Mg}}{N_{Ca}^2} dN_{Mg}$	$\left[\dfrac{N_{Mg}}{N_{Ca}} \ln \gamma_{Mg}\right]$	$\ln \gamma_{Ca}$	γ_{Ca}	a_{Ca}
1.0	0	0	0	1	1.0
0.84	-0.20	-0.200	0	1	0.84
0.70	-0.36	-0.185	-0.175	0.84	0.59
0.40	-1.40	-1.444	0.044	1.04	0.42
0.33	-1.83	-1.828	0.002	1.00	0.34
0.21	-2.86	-1.283	-1.577	0.21	0.043
0	—	—	—	—	0

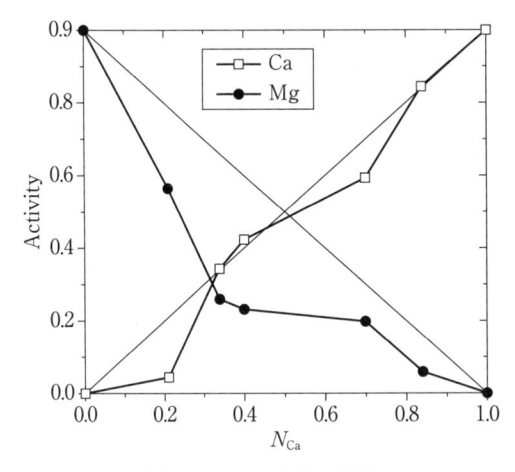

図 6 Cu-Mg 合金の活量

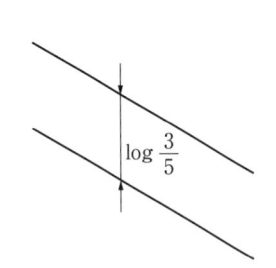

図 7 蒸気圧の温度依存性(模式図)

$$p_{40at\%} = \dfrac{3}{5} p_{Mg}^\circ \text{ となり } \log p_{40at\%} = \log \dfrac{3}{5} + \log p_{Mg}^\circ \text{ となる}$$

したがって,高温になるに従い間隔が $\log \dfrac{3}{5}$ に近づき,それ以上の温度域では平行になる.

[コメント] 図1を参考に図3を定性的に構築する場合には次の手順による.
(1) 純 Mg,純 Ca の直線を引く.
(2) CaMg$_2$ と L$_1$ 相が平衡する場合の蒸気圧カーブを共晶温度である 789 K(516℃)以上で定性的に引く.
(3) 同じく,CaMg$_2$ と L$_2$ 相が平衡する場合の蒸気圧カーブを共晶温度である 718 K(445℃)以上で定性的に引く.
(4) 共晶温度である 718 K 以上で,γ-Ca 相と L 相と平衡する場合の蒸気圧カーブを引く.この際,このカーブは,温度が 718 K に近いときには(3)のカーブとほぼ重なる.γ-Ca の融点である 1123 K(850℃)で,純 Ca の蒸気圧線と交わることに留意する.
上記の平衡において蒸気圧曲線が $10^3/T$ に対してカーブするのは,液相の組成が温度とともに変化するためである.
(5) それぞれの組成において,二相共存域から単一液相域に変わる温度(例えば 21 at%Ca 合金なら 923 K(650℃)を状態図より読み取る.この温度以上において蒸気圧線は直線となる.

37 Cu-Bi 合金：$\Delta G°$，液相線組成から活量算出

次の数値を用いて，1473 K（1200 ℃）における溶融 Cu-Bi 合金中の Cu の活量を求めよ．
$$Cu(s)=Cu(l)$$
$$\Delta G°=6966-20.13T\log T+3.14\times10^{-3}T^2+53.64T \quad (J)$$

液相線の組成は

表1

T (K)	873	973	1073	1173	1273
N_{Cu}	0.120	0.227	0.403	0.751	0.916

Cu-Bi の状態図は，一つの共晶反応を含む状態図であり，共晶組成は 99.5 at%Bi である．

$T\log\gamma=$const の関係が用いられることと，表1に与えられている液相線の組成で，液相は活量1の固体の Cu と平衡すると仮定せよ．

解

各組成での融点が分かっているので，その組成，温度における $a_{Cu}(l)$ を求める．

各組成で $a_{Cu}(s)=1$ とおけるので，平衡状態において

$$\Delta G°=-RT\ln\frac{a_{Cu}(l)}{a_{Cu}(s)}=-RT\ln a_{Cu}(l)$$

$$\therefore \quad a_{Cu}(l)=\exp\left(-\frac{\Delta G°}{RT}\right), \quad \gamma_{Cu}=\frac{a_{Cu}(l)}{N_{Cu}}$$

次に $T\log\gamma=$const の関係から 1473 K での活量係数 γ'_{Cu} を求めれば，a_{Cu} (at 1473 K)$=N_{Cu}\cdot\gamma'_{Cu}$ により 1473 K での Cu の活量が求まる．

これらを表2に，得られた 1473 K における Cu の活量図を図2に示す．

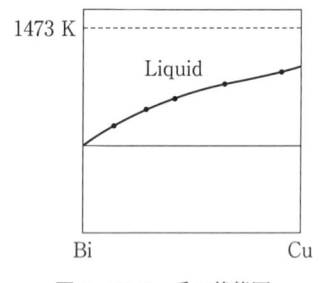

図1 Bi-Cu 系の状態図

表2 各組成，温度での各値

T (K)	873	973	1073	1173	1273
N_{Cu}	0.120	0.227	0.403	0.751	0.916
$\Delta G°$(J)	4503	3604	2677	1732	775
$a_{Cu}(l)$	0.538	0.641	0.741	0.837	0.929
$\gamma_{Cu}(l)$	4.481	2.822	1.838	1.115	1.015
γ'_{Cu} (1473 K)	2.433	1.984	1.558	1.090	1.013
a_{Cu} (1473 K)	0.292	0.450	0.628	0.819	0.928

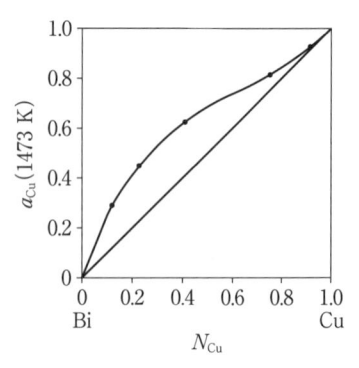

図2 1473 K での Cu-Bi 合金中の Cu の活量

38

Fe–S–O系：ポテンシャル図作成

硫化鉄の焙焼時における諸反応を平衡論的に計算し，以下の問に従って検討せよ．計算に必要な情報はデータ集などから選択せよ．

（ⅰ） 953 K（680 ℃）での計算結果を $\log p_{S_2}$，$\log p_{O_2}$ をそれぞれ横軸，縦軸とする図上に描き，各成分の安定存在領域を示せ．
（ⅱ） 473 K（200 ℃）で同様の図を描け．
（ⅲ） 上の結果から FeO，Fe_3O_4，Fe_2O_3，$Fe_2(SO_4)_3$ など，焙焼生成物の安定性について論ぜよ．

解

（ⅰ） 基本となる反応の標準ギブズエネルギー変化を示す（ref. 2 より）．

$$2Fe(s)+O_2(g)=2FeO(s) \quad : \Delta G°=-528860+129.46T \text{ (J)} \tag{1}$$

$$\frac{3}{2}Fe(s)+O_2(g)=\frac{1}{2}Fe_3O_4(s) \quad : \Delta G°=-547830+151.17T \text{ (J)} \tag{2}$$

$$\frac{4}{3}Fe(s)+O_2(g)=\frac{2}{3}Fe_2O_3(s) \quad : \Delta G°=-542530+167.36T \text{ (J)} \tag{3}$$

$$2Fe(s)+S_2(g)=2FeS(s) \quad : \Delta G°=-311200+118.96T \text{ (J)} \tag{4}$$

$$2FeS(s)+S_2(g)=2FeS_2(s) \quad : \Delta G°=-307940+284.51T \text{ (J)} \tag{5}$$

$$FeO(s)+SO_3(g)=FeSO_4(s) \quad : \Delta G°=-266060-31.00T\log T+290.03T \text{ (J)} \tag{6}$$

$$\frac{1}{3}Fe_2O_3(s)+SO_3(g)=\frac{1}{3}Fe_2(SO_4)_3(s) : \Delta G°=-203300-34.10T\log T+297.19T \text{ (J)} \tag{7}$$

$$\frac{1}{3}S_2(g)+O_2(g)=\frac{2}{3}SO_3(g) \quad : \Delta G°=-304650+107.86T \text{ (J)} \tag{8}$$

$$\frac{1}{2}S_2(g)+O_2(g)=SO_2(g) \quad : \Delta G°=-362070+73.41T \text{ (J)} \tag{9}$$

（1）～（9）をもとにして，各物質の平衡関係を求める．ここで FeO と FeS の平衡という意味で FeO/FeS と表すとすれば平衡式は次の（a）～（n）で与えられる．

（a） $Fe_2(SO_4)_3/FeSO_4$

$$2FeSO_4(s)+\frac{1}{2}S_2(g)+2O_2(g)=Fe_2(SO_4)_3(s):$$
$$\Delta G°=-819690-40.30T\log T+594.88T \text{ (J)} \tag{10}$$

（b） $Fe_2(SO_4)_3/Fe_2O_3$

$$Fe_2O_3(s)+\frac{3}{2}S_2(g)+\frac{9}{2}O_2(g)=Fe_2(SO_4)_3(s):$$
$$\Delta G°=-1980825-102.30T\log T+1376.94T \text{ (J)} \tag{11}$$

（c） $Fe_2(SO_4)_3/FeS_2$

$$2FeS_2(s)+6O_2(g)=Fe_2(SO_4)_3(s)+\frac{1}{2}S_2(g):$$
$$\Delta G°=-2175480-102.30T\log T+1224.51T \text{ (J)} \tag{12}$$

(d) $Fe_2O_3/FeSO_4$

$$Fe_2O_3(s) + S_2(g) + \frac{5}{2}O_2(g) = 2Fe_2SO_4(s):$$
$$\Delta G° = -1161135 - 62.00T \log T + 782.06T \quad (J) \tag{13}$$

(e) $Fe_3O_4/FeSO_4$

$$Fe_3O_4(s) + \frac{3}{2}S_2(g) + 4O_2(g) = 3FeSO_4(s):$$
$$\Delta G° = -1866735 - 93.00T \log T + 1247.31T \quad (J) \tag{14}$$

(f) $FeS_2/FeSO_4$

$$FeS_2(s) + 2O_2(g) = FeSO_4(s) + \frac{1}{2}S_2(g):$$
$$\Delta G° = -677895 - 31.00T \log T + 314.815T \quad (J) \tag{15}$$

(g) $Fe_2(SO_4)_3/Fe_3O_4$

$$2Fe_3O_4(s) + \frac{9}{2}S_2(g) + 14O_2(g) = 3Fe_2(SO_4)_3(s):$$
$$\Delta G° = -6192540 - 306.90T \log T + 4279.26T \quad (J) \tag{16}$$

(h) $FeS/FeSO_4$

$$2FeS(s) + 4O_2(g) = 2FeSO_4(s):$$
$$\Delta G° = -1663730 - 62.00T \log T + 914.14T \quad (J) \tag{17}$$

(i) Fe_3O_4/FeS_2

$$3FeS_2(s) + 2O_2(g) = Fe_3O_4(s) + 3S_2(g):$$
$$\Delta G° = -166950 - 302.865T \quad (J) \tag{18}$$

(j) Fe_3O_4/FeS

$$6FeS(s) + 4O_2(g) = 2Fe_3O_4(s) + 3S_2(g):$$
$$\Delta G° = -1257720 + 247.80T \quad (J) \tag{19}$$

(k) FeO/FeS

$$2FeS(s) + O_2(g) = 2FeO(s) + S_2(g):$$
$$\Delta G° = -217660 + 10.50T \quad (J) \tag{20}$$

(l) FeO/Fe_3O_4

$$6FeO(s) + O_2(g) = 2Fe_3O_4(s):$$
$$\Delta G° = -604740 + 216.30T \quad (J) \tag{21}$$

(m) Fe_3O_4/Fe_2O_3

$$4Fe_3O_4(s) + O_2(g) = 6Fe_2O_3(s):$$
$$\Delta G° = -500130 + 296.88T \quad (J) \tag{22}$$

(n) Fe_2O_3/FeS_2

$$2FeS_2(s) + \frac{3}{2}O_2(g) = Fe_2O_3(s) + 2S_2(g):$$
$$\Delta G° = -194655 - 152.43T \quad (J) \tag{23}$$

以上をもとにして953 K（680℃）におけるポテンシャル図を作成する．
（a）$FeSO_4$の生成を考慮する場合と，（b）考慮しない場合の両方について，

$Fe_2(SO_4)_3/FeSO_4$	$\log p_{O_2} = -\dfrac{1}{4}\log p_{S_2} - 10.06$
$Fe_2(SO_4)_3/Fe_2O_3$	$\log p_{O_2} = -\dfrac{1}{3}\log p_{S_2} - 11.68$
$Fe_2(SO_4)_3/FeS_2$	$\log p_{O_2} = \dfrac{1}{12}\log p_{S_2} - 11.87$
$Fe_2O_3/FeSO_4$	$\log p_{O_2} = -\dfrac{2}{5}\log p_{S_2} - 12.98$
$Fe_3O_4/FeSO_4$	$\log p_{O_2} = -\dfrac{3}{8}\log p_{S_2} - 12.91$
$FeS_2/FeSO_4$	$\log p_{O_2} = \dfrac{1}{4}\log p_{S_2} - 12.77$
$Fe_2(SO_4)_3/Fe_3O_4$	$\log p_{O_2} = -\dfrac{9}{28}\log p_{S_2} - 11.69$
Fe_3O_4/FeS_2	$\log p_{O_2} = \dfrac{3}{2}\log p_{S_2} - 12.49$
Fe_3O_4/FeS	$\log p_{O_2} = \dfrac{3}{4}\log p_{S_2} - 14.00$
FeO/FeS	$\log p_{O_2} = \log p_{S_2} - 11.38$
FeO/Fe_3O_4	$\log p_{O_2} = -21.85$
Fe_3O_4/Fe_2O_3	$\log p_{O_2} = -11.91$
Fe/FeO	$\log p_{O_2} = -22.23$
Fe/FeS	$\log p_{S_2} = -10.84$
FeS/FeS_2	$\log p_{S_2} = -2.02$

以上よりポテンシャル図(a),(b)を描く.これを図1に示す.

(ⅱ) (ⅰ)と同様に473 K(200 ℃)におけるポテンシャル図を描く(図2).

$Fe_2(SO_4)_3/FeSO_4$	$\log p_{O_2} = -\dfrac{1}{4}\log p_{S_2} - 32.54$
$Fe_2(SO_4)_3/Fe_2O_3$	$\log p_{O_2} = -\dfrac{1}{3}\log p_{S_2} - 35.81$

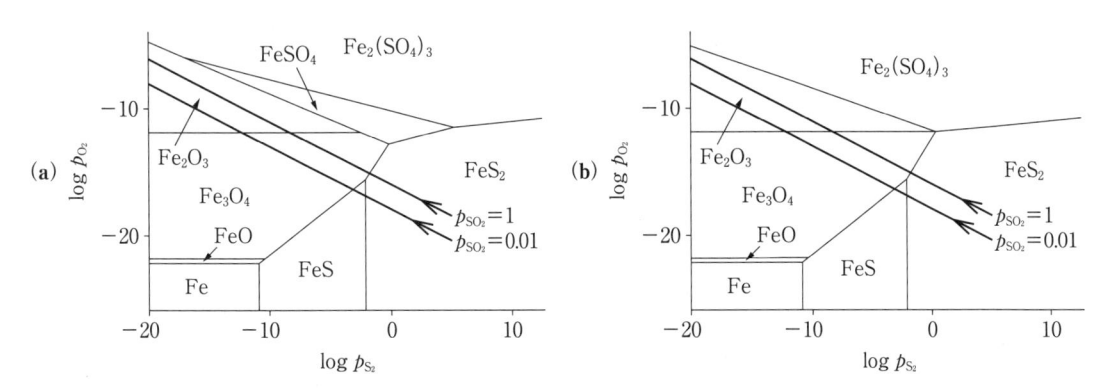

図1 $T = 953$ K におけるポテンシャル図((a)$FeSO_4$を生成する場合,(b)$FeSO_4$を生成しない場合)(いずれのポテンシャル図も,気体の化学種の安定領域は図示していない.)

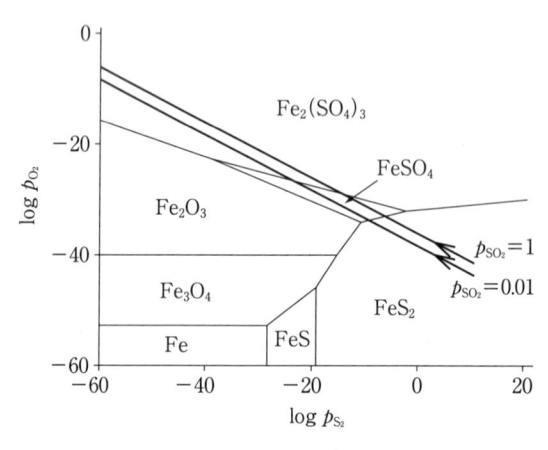

$Fe_2(SO_4)_3/FeS_2$	$\log p_{O_2} = \frac{1}{12}\log p_{S_2} - 31.76$
$Fe_2O_3/FeSO_4$	$\log p_{O_2} = -\frac{2}{5}\log p_{S_2} - 38.41$
$Fe_3O_4/FeSO_4$	$\log p_{O_2} = -\frac{3}{8}\log p_{S_2} - 38.50$
$FeS_2/FeSO_4$	$\log p_{O_2} = \frac{1}{4}\log p_{S_2} - 31.38$
Fe_3O_4/FeS_2	$\log p_{O_2} = \frac{3}{2}\log p_{S_2} - 17.13$
Fe_3O_4/FeS	$\log p_{O_2} = \frac{3}{4}\log p_{S_2} - 31.49$
Fe_3O_4/Fe_2O_3	$\log p_{O_2} = -39.72$
Fe_2O_3/FeS_2	$\log p_{O_2} = \frac{4}{3}\log p_{S_2} - 19.66$
Fe/Fe_3O_4	$\log p_{O_2} = -52.60$
Fe/FeS	$\log p_{S_2} = -28.15$
FeS/FeS_2	$\log p_{S_2} = -19.15$

(473 Kの計算において，反応式，(2)，(4)，(5)，(7)の標準ギブズエネルギー変化は，文献値のフィッティング温度の範囲外であることに注意する必要がある)

図2 $T=473$ Kにおけるポテンシャル図

(iii) FeSの酸化焙焼を考えてみる．空気を用いて酸化する場合の p_{SO_2} は0.1〜0.2程度と考えられるが，ここでは $p_{SO_2}=0.01$〜1の範囲で考察する．

(i)，(ii) のポテンシャル図に $p_{SO_2}=0.01$ と $p_{SO_2}=1$ の線を示す．
$T=953$ Kのとき(9)より

$$\frac{1}{2}S_2(g) + O_2(g) = SO_2(g) \qquad \log K_{953} = 16.01$$

$$p_{SO_2} = 0.01 \text{ ならば } \log p_{O_2} = -\frac{1}{2}\log p_{S_2} - 18.01$$

$$p_{SO_2}=1 \quad \text{ならば} \quad \log p_{O_2} = -\frac{1}{2}\log p_{S_2} - 16.01$$

$T=473$ K のときも同様に

$$\log K_{473} = 36.15$$

$$p_{SO_2}=0.01 \text{ ならば } \log p_{O_2} = -\frac{1}{2}\log p_{S_2} - 38.15$$

$$p_{SO_2}=1 \text{ ならば } \log p_{O_2} = -\frac{1}{2}\log p_{S_2} - 36.15$$

今,それぞれのポテンシャル図より酸化焙焼での過程は p_{SO_2} が一定の線上を p_{O_2} が増加するように進むと考えられるから,

A) $T=953$ K での変化

$p_{SO_2}=0.01\sim1$ で FeS を酸化焙焼すると,

$$\text{FeS} \rightarrow \text{Fe}_3\text{O}_4 \rightarrow \text{Fe}_2\text{O}_3$$

となり,$\text{Fe}_2(\text{SO}_4)_3$ は生成されず FeO も生成されない.

B) $T=473$ K での変化

FeS は $p_{SO_2}=0.01\sim1$ とは共存できない.

FeS_2 を酸化焙焼すると,

$$\text{FeS}_2 \rightarrow \text{FeSO}_4 \rightarrow \text{Fe}_2(\text{SO}_4)_3$$

となり,FeO,Fe_3O_4,Fe_2O_3 はいずれも生成されない.

(参考文献)

953 K (680 ℃) でのポテンシャル図およびその解説は次の文献に記載されている.
1) ref. 2, 25～34.
2) 東北大学選鉱製錬研究所彙報,**22** (1966) 127.

39

Zn, Cu, Ni, Co：ポテンシャル図作成

問 38 と同様な計算を同じく 953 K（680 ℃）で，（i）硫化亜鉛，（ii）硫化銅，（iii）硫化ニッケル，（iv）硫化コバルトについて行い，同様に $\log p_{S_2}$，$\log p_{O_2}$ を両軸とする図の上に表せ．計算に必要な情報は，データ集などから選択せよ．

[解]

（i） 硫化亜鉛の場合

使用するデータ（ref. 2 より）

$$2Zn(l)+O_2(g)=2ZnO(s) \quad : \Delta G°=-706260+213.96T \text{ (J)} \tag{1}$$

$$2Zn(l)+S_2(g)=2ZnS(s) \quad : \Delta G°=-502920+183.26T \text{ (J)} \tag{2}$$

$$\frac{3}{2}ZnO(s)+SO_3(g)=\frac{1}{2}(ZnO \cdot 2ZnSO_4)(s) : \Delta G°=-239280-31.80T\log T+274.60T \text{ (J)} \tag{3}$$

$$ZnO \cdot 2ZnSO_4+SO_3(g)=3ZnSO_4(\alpha) \quad : \Delta G°=-224810+189.16T \text{ (J)} \tag{4}$$

$$\frac{1}{3}S_2(g)+O_2(g)=\frac{2}{3}SO_3(g) \quad : \Delta G°=-304650+107.86T \text{ (J)} \tag{5}$$

（1）〜（5）のデータを用いて硫化亜鉛の 953 K における O_2-S_2 ポテンシャル図を作成する．

（1）より

$$2Zn(l)+O_2(g)=2ZnO(s) : \Delta G°_{953}=-502360 \text{ (J)}$$

$$\log K=27.5$$

$$\log p_{O_2}=-27.5$$

（2）より

$$2Zn(l)+S_2(g)=2ZnS(s) : \Delta G°_{953}=-328270 \text{ (J)}$$

$$\log K=18.0$$

$$\log p_{O_2}=-18.0$$

（1）−（2）より

$$2ZnS(s)+O_2(g)=2ZnO(s)+S_2(g) : \Delta G°=-203340+30.7T \text{ (J)} \tag{6}$$

$$\Delta G°_{953}=-174080 \text{ (J)}$$

$$\log K=9.5$$

$$\log p_{S_2}-\log p_{O_2}=9.5$$

（3）×2+（5）×3 より

$$3ZnO(s)+S_2(g)+3O_2(g)=ZnO \cdot 2ZnSO_4 :$$
$$\Delta G°=-1392510-63.60T\log T+872.78T \text{ (J)} \tag{7}$$

$$\Delta G°_{953}=-741320 \text{ (J)}$$

$$\log K=40.6$$

$$\log p_{S_2}+3\log p_{O_2}=-40.6$$

（4）×2+（5）×3 より

$$2(ZnO \cdot 2ZnSO_4) + S_2(g) + 3O_2(g) = 6ZnSO_4(s):$$

$\Delta G° = -1363570 + 701.90T$ (J) \hfill (8)

$\Delta G°_{953} = -694660$ (J)

$\log K = 38.1$

$\log p_{S_2} + 3\log p_{O_2} = -38.1$

$(3) \times \frac{2}{3} + (4) \times \frac{1}{3} + (5) \times \frac{3}{2} + (6) \times \frac{1}{2}$ より

$$ZnS(s) + 2O_2(g) = ZnSO_4(s):$$

$\Delta G° = -793102 - 21.2T\log T + 423.26T$ (J) \hfill (9)

$\Delta G°_{953} = -449920$ (J)

$\log K = 24.7$

$\log p_{O_2} = -12.3$

$(9) \times 6 - (8)$ より

$$6ZnS(s) + 9O_2(g) = 2(ZnO \cdot 2ZnSO_4) + S_2(g):$$

$\Delta G° = -3395042 - 127.20T\log T + 1837.66T$ (J) \hfill (10)

$\Delta G°_{953} = -2004880$ (J)

$\log K = 109.9$

$\log p_{S_2} - 9\log p_{O_2} = 109.9$

以上の結果を図に示すと，図1のようになる．

(ii) 硫化銅の場合

使用するデータ（ref.2 より）

$4Cu(s) + O_2(g) = 2Cu_2O(s):$
　$\Delta G° = -334800 + 144.80T$ (J)

$2Cu(s) + O_2(g) = 2CuO(s):$
　$\Delta G° = 311700 + 180.34T$ (J)

$4Cu(s) + S_2(g) = 2Cu_2S(s):$
　$\Delta G° = -262400 + 61.00T$ (J)

$2CuO(s) + SO_3(g) = CuO \cdot CuSO_4(s):$
　$\Delta G° = -217690 - 21.59T\log T + 240.96T$ (J)

$CuO \cdot CuSO_4(s) + SO_3(g) = 2CuSO_4(s):$
　$\Delta G° = -216650 - 21.59T\log T + 253.55T$ (J)

$\frac{1}{2}S_2(g) + O_2(g) = \frac{2}{3}SO_3(g):$
　$\Delta G° = -304650 + 107.86T$ (J)

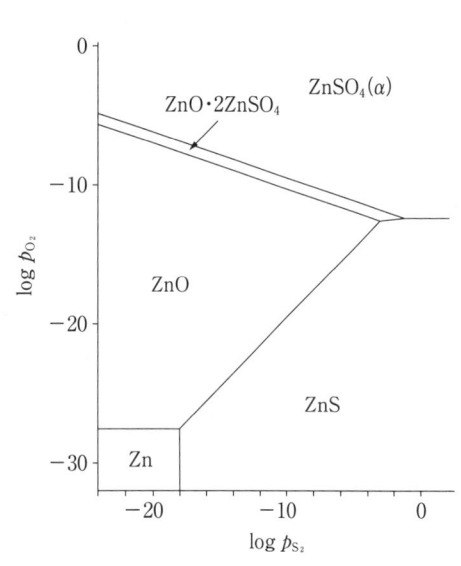

図1 Zn-S-O 系ポテンシャル図（953 K）
本問題のいずれのポテンシャル図でも気体の化学種の安定領域は示されていない

上のデータを用いて硫化亜鉛の場合と同様な計算を行うと次のような結果となる．

(1)　$4Cu(s) + O_2(g) = 2Cu_2O(s)$ 　　　　　$\log p_{O_2} = -10.8$

(2)　$4Cu(s) + S_2(g) = 2Cu_2S(s)$ 　　　　　$\log p_{S_2} = -11.2$

(3)　$2Cu_2S(s) + O_2(g) = 2Cu_2O(s) + S_2(g)$ 　　$\log p_{S_2} - \log p_{O_2} = -0.4$

(4)　$2Cu_2O(s) + O_2(g) = 4CuO(g)$ 　　　　$\log p_{O_2} = -4.5$

(5)　$4CuO(s)+S_2(g)+3O_2(g)=2(CuO \cdot CuSO_4)(s)$　　$\log p_{S_2}+3 \log p_{O_2}=-38.6$
(6)　$2(CuO \cdot CuSO_4)(s)+S_2(g)+3O_2(g)=4CuSO_4(s)$　　$\log p_{S_2}+3 \log p_{O_2}=-37.2$
(7)　$2Cu_2O(s)+S_2(g)+4O_2(g)=2(CuO \cdot CuSO_4)(s)$　　$\log p_{S_2}+4 \log p_{O_2}=-43.1$
(8)　$2Cu_2O(s)+2S_2(g)+7O_2(g)=4CuSO_4(s)$　　$2 \log p_{S_2}+7 \log p_{O_2}=-80.3$
(9)　$2Cu_2S(s)+S_2(g)+8O_2(g)=4CuSO_4(s)$　　$\log p_{S_2}+8 \log p_{O_2}=-79.9$

上の結果を次の図2に示す．

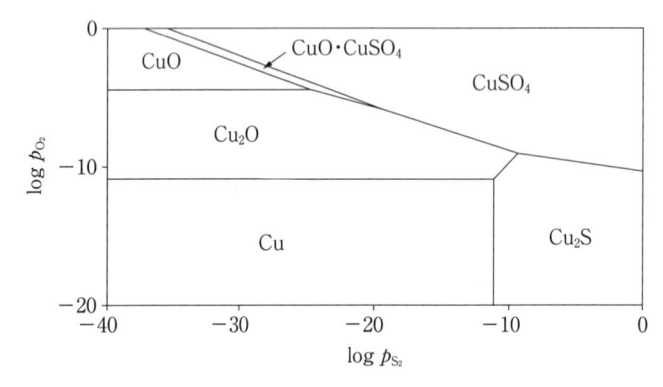

図2 Cu-S-O系ポテンシャル図（953 K）

(iii)　硫化ニッケルの場合

使用するデータ（ref. 2より）

$$2Ni(s)+O_2(g)=2NiO(s) \quad : \Delta G°=-469800+169.36T \text{ (J)}$$
$$3Ni(s)+S_2(g)=Ni_3S_2(s) \quad : \Delta G°=-281160+102.72T \text{ (J)}$$
$$NiO(s)+SO_3(g)=NiSO_4(s) : \Delta G°=-248070+198.82T \text{ (J)}$$
$$\frac{1}{3}S_2(g)+O_2(g)=\frac{2}{3}SO_3(g) \quad : \Delta G°=-304650+107.86T \text{ (J)}$$
$$2Ni(s)+S_2(g)=2NiS(s) \quad : \Delta G°=-292710+143.97T \text{ (J)}$$

上のデータを用いて硫化亜鉛の場合と同様に計算をすると次の結果を得る．

(1)　$2Ni(s)+O_2(g)=2NiO(s)$　　$\log p_{O_2}=-16.9$
(2)　$3Ni(s)+S_2(g)=Ni_3S_2(s)$　　$\log p_{S_2}=-10.0$
(3)　$2Ni_3S_2(s)+3O_2(g)=6NiO(s)+2S_2(g)$　　$2 \log p_{S_2}-3 \log p_{O_2}=30.6$
(4)　$2NiO(s)+S_2(g)+3O_2(g)=2NiSO_4(s)$　　$\log p_{S_2}+3 \log p_{O_2}=-39.6$
(5)　$2Ni_3S_2(s)+S_2(g)+12O_2(g)=6NiSO_4(s)$　　$\log p_{S_2}+12 \log p_{O_2}=-149.5$
(6)　$2Ni_3S_2(s)+S_2(g)=6NiS(s)$*　　$\log p_{S_2}=-5.5$
(7)　$2NiO(s)+S_2(g)=2NiS(s)+O_2(g)$*　　$\log p_{S_2}-\log p_{O_2}=8.4$
(8)　$2NiS(s)+4O_2(g)=2NiSO_4(s)$*　　$\log p_{O_2}=-12.0$

ただし，*は850 Kまでのデータを953 Kまで外挿して使用した．
以上の結果を次の図3に示す．図は，NiSを考慮した場合と，しない場合の二つを示す．

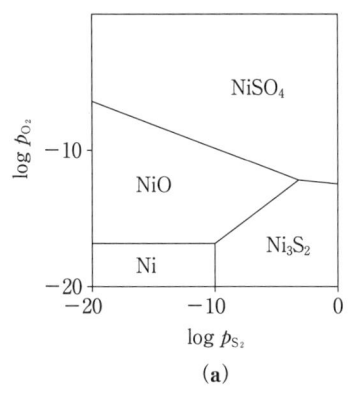

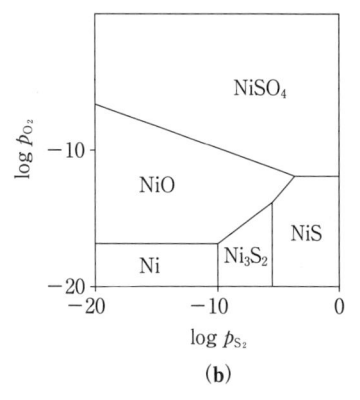

図 3 Ni-S-O 系ポテンシャル図（953 K）（(a) NiS を考慮しない場合，(b) NiS を考慮した場合）

(iv) 硫化コバルトの場合

使用するデータ（ref. 2 より）

$2Co(s) + O_2(g) = 2CoO(s)$：
$\Delta G° = -470960 + 143.10T$ （J）

$CoO(s) + SO_3(g) = CoSO_4(s)$：
$\Delta G° = -289660 - 115.60T \log T + 573.96T$ （J）

$2Co(s) + S_2(g) = CoS_2(s)$：
$\Delta G° = -611200 + 344.64T$ （J）

$\frac{1}{3}S_2(g) + O_2(g) = \frac{2}{3}SO_3(g)$：
$\Delta G° = -304650 + 107.86T$ （J）

上のデータを用いて硫化亜鉛の場合と同様に計算し以下の結果を得た．

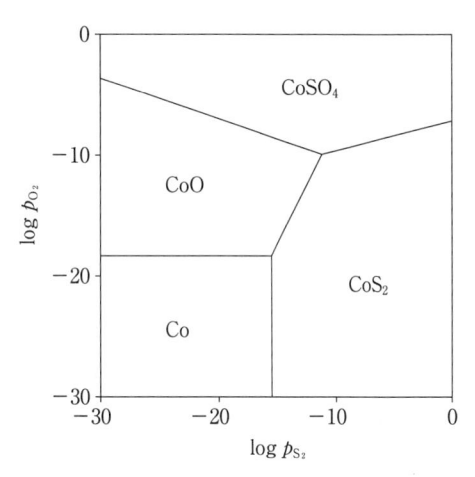

図 4 Co-S-O 系ポテンシャル図（953 K）

(1) $2Co(s) + O_2(g) = 2CoO(s)$　　　$\log p_{O_2} = -18.3$
(2) $2Co(s) + S_2(g) = CoS_2(s)$　　　$\log p_{S_2} = -15.5$
(3) $CoS_2(s) + O_2(g) = 2CoO(s) + 2S_2(g)$　　　$2\log p_{S_2} - \log p_{O_2} = -12.7$
(4) $2CoO(s) + S_2(g) + 3O_2(g) = 2CoSO_4(s)$　　　$\log p_{S_2} + 3\log p_{O_2} = -41.0$
(5) $2CoS_2(s) + 4O_2(g) = 2CoSO_4(s) + S_2(g)$　　　$\log p_{S_2} - 4\log p_{O_2} = 28.3$

以上の結果を図 4 に示す．

（参考文献）

1) A. Yazawa, Met. Trans. B, **10B** (1979) 307.
2) 矢澤　彬，硫酸と工業 (1970) 277.

40

Cu, Fe の硫酸化：ポテンシャル図作成

前問の結果から特に硫酸化反応をとり上げて検討せよ．計算に必要な情報は，データ集などから選択せよ．

（ⅰ） $\log p_{SO_2}$ を横軸，$\log p_{O_2}$ を縦軸とする図上に，以下の各酸化物の硫酸塩との平衡を表す線を示せ．

（ⅱ） 平衡ガス組成が $p_{\Sigma 0}=p_{O_2}+p_{SO_2}+p_{SO_3}=0.1$ および 0.2（atm）の場合の線を同図中に描き，いわゆる選択硫酸化焙焼の骨子を説明せよ．

（ⅲ） 鉄の硫酸化につき 913 K（640 ℃）で，銅の硫酸化につき 983 K（710 ℃）で論ぜよ．

解

計算に使用するデータ（ref. 2 より）

$$\frac{1}{2}S_2(g)+O_2(g)=SO_2(g) \quad : \Delta G°=-362070+73.41T \text{ (J)} \tag{1}$$

$$\frac{1}{3}S_2(g)+O_2(g)=\frac{2}{3}SO_3(g) \quad : \Delta G°=-304650+107.86T \text{ (J)} \tag{2}$$

$$\frac{1}{3}Fe_2O_3(s)+SO_3(g)=\frac{1}{3}Fe_2(SO_4)_3(s) : \Delta G°=-203300-34.10T\log T+297.19T \text{ (J)} \tag{3}$$

$$2CuO(s)+SO_3(g)=CuO\cdot CuSO_4(s) \quad : \Delta G°=-217690-21.59T\log T+240.96T \text{ (J)} \tag{4}$$

$$CuO\cdot CuSO_4(s)+SO_3(g)=2CuSO_4(s) : \Delta G°=-216650-21.59T\log T+253.55T \text{ (J)} \tag{5}$$

$$\frac{3}{2}ZnO(s)+SO_3(g)=\frac{1}{2}(ZnO\cdot 2ZnSO_4) : \Delta G°=-239280-31.80T\log T+274.60T \text{ (J)} \tag{6}$$

$$ZnO\cdot 2ZnSO_4+SO_3(g)=3ZnSO_4(s) \quad : \Delta G°=-224810+189.16T \text{ (J)} \tag{7}$$

$$NiO(s)+SO_3(g)=NiSO_4(s) \quad : \Delta G°=-248070+198.82T \text{ (J)} \tag{8}$$

$$CoO(s)+SO_3(g)=CoSO_4(s) \quad : \Delta G°=-289660-115.60T\log T+573.96T \text{ (J)} \tag{9}$$

$(2)\times\frac{3}{2}-(1)$ より

$$\frac{1}{2}O_2(g)+SO_2(g)=SO_3(g) \quad : \Delta G°=-94905+88.38T \text{ (J)} \tag{10}$$

$(3)+(10)$ より

$$\frac{1}{3}Fe_2O_3(s)+\frac{1}{2}O_2(g)+SO_2(g)=\frac{1}{3}Fe_2(SO_4)_3(s):$$
$$\Delta G°=-298205-34.10T\log T+385.57T \text{ (J)}$$

また，

$$\Delta G°=-RT\ln\frac{1}{p_{O_2}^{1/2}p_{SO_2}}$$

したがって，上の2式より，

$$\log p_{O_2}+2\log p_{SO_2}=-31154.4/T-3.5625\log T+40.2817 \tag{11}$$

$(4)+(10)$ より

$$2CuO(s)+\frac{1}{2}O_2(g)+SO_2(g)=CuO\cdot CuSO_4(s):$$

$$\Delta G° = -312595 - 21.59 T \log T + 329.34 T \quad (\text{J})$$

同様にして
$$\log p_{O_2} + 2 \log p_{SO_2} = -32657.8/T - 2.2556 \log T + 34.4072 \tag{12}$$

(5)+(10)より
$$\text{CuO·CuSO}_4(\text{s}) + \frac{1}{2}\text{O}_2(\text{g}) + \text{SO}_2(\text{g}) = 2\text{CuSO}_4(\text{s}) :$$
$$\Delta G° = -311555 - 21.59 T \log T + 341.93 T \quad (\text{J})$$

同様にして
$$\log p_{O_2} + 2 \log p_{SO_2} = -32549.1/T - 2.2556 \log T + 35.7225 \tag{13}$$

(6)+(10)より
$$\frac{3}{2}\text{ZnO}(\text{s}) + \frac{1}{2}\text{O}_2(\text{g}) + \text{SO}_2(\text{g}) = \frac{1}{2}(\text{ZnO·2ZnSO}_4) :$$
$$\Delta G° = -334185 - 31.80 T \log T + 362.98 T \quad (\text{J})$$

同様にして
$$\log p_{O_2} + 2 \log p_{SO_2} = -34913.3/T - 3.3222 \log T + 37.9216 \tag{14}$$

(7)+(10)より
$$\text{ZnO·2ZnSO}_4 + \frac{1}{2}\text{O}_2(\text{g}) + \text{SO}_2(\text{g}) = 3\text{ZnSO}_4(\text{s}) :$$
$$\Delta G° = -319715 + 277.54 T \quad (\text{J})$$

同様にして
$$\log p_{O_2} + 2 \log p_{SO_2} = -33401.6/T + 28.9955 \tag{15}$$

(8)+(10)より
$$\text{NiO}(\text{s}) + \frac{1}{2}\text{O}_2(\text{g}) + \text{SO}_2(\text{g}) = \text{NiSO}_4(\text{s}) :$$
$$\Delta G° = -342975 + 287.20 T \quad (\text{J})$$

同様にして
$$\log p_{O_2} + 2 \log p_{SO_2} = -35831.6/T + 30.0047 \tag{16}$$

(9)+(10)より
$$\text{CoO}(\text{s}) + \frac{1}{2}\text{O}_2(\text{g}) + \text{SO}_2(\text{g}) = \text{CoSO}_4(\text{s}) :$$
$$\Delta G° = -384565 - 115.60 T \log T + 662.34 T \quad (\text{J})$$

同様にして
$$\log p_{O_2} + 2 \log p_{SO_2} = -40176.7/T - 12.0771 \log T + 69.1967 \tag{17}$$

(i) 953 K において計算する．

$\text{Fe}_2\text{O}_3 - \text{Fe}_2(\text{SO}_4)_3$ の反応：(11)より
$$\log p_{O_2} = -2 \log p_{SO_2} - 3.0223$$

$\text{CuO} - \text{CuO·CuSO}_4$ の反応：(12)より
$$\log p_{O_2} = -2 \log p_{SO_2} - 6.5808$$

$\text{CuO·CuSO}_4 - \text{CuSO}_4$ の反応：(13)より
$$\log p_{O_2} = -2 \log p_{SO_2} - 5.1514$$

ZnO−ZnO・2ZnSO の反応：(14)より
$$\log p_{O_2} = -2 \log p_{SO_2} - 8.6108$$
ZnO・2ZnSO$_4$−ZnSO$_4$ の反応：(15)より
$$\log p_{O_2} = -2 \log p_{SO_2} - 6.0534$$
NiO−NiSO$_4$ の反応：(16)より
$$\log p_{O_2} = -2 \log p_{SO_2} - 7.5941$$
CoO−CoSO$_4$ の反応：(17)より
$$\log p_{O_2} = -2 \log p_{SO_2} - 8.9402$$
これらの結果は図1にまとめられる．

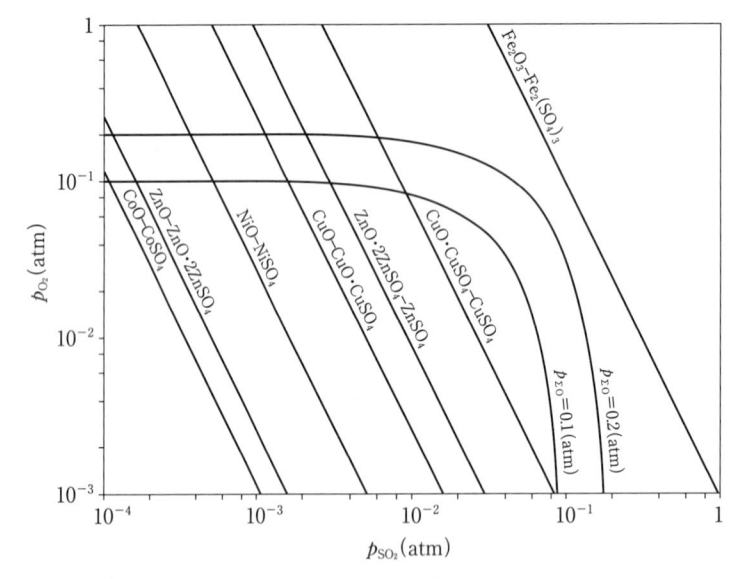

図1　$T=953$ K におけるポテンシャル図

（ii）(10)より
$$\Delta G° = -94905 + 88.38T \text{ (J)}$$
また，$\Delta G° = -RT \ln \dfrac{p_{SO_3}}{p_{SO_2} p_{O_2}^{1/2}}$．したがって，
$$\frac{p_{SO_3}}{p_{SO_2} p_{O_2}^{1/2}} = \exp\left(\frac{11415.1}{T} - 10.630\right) = C(T) \tag{18}$$
上式の右辺は温度の関数であり，$C(T)$ とおく．
$p_{\Sigma O} = p_{O_2} + p_{SO_2} + p_{SO_3}$ を上式と組み合わせて，
$$\frac{p_{\Sigma O} - p_{O_2} - p_{SO_2}}{p_{SO_2} p_{O_2}^{1/2}} = C(T)$$
よって，
$$p_{SO_2} = \frac{p_{\Sigma O} - p_{O_2}}{1 + C(T) p_{O_2}^{1/2}} \tag{19}$$
$T=953$ K であるので，(18)より $C(953)=3.85$．(19)式に代入して，

$$p_{SO_2} = \frac{p_{\Sigma O} - p_{O_2}}{1 + 3.8500 p_{O_2}^{1/2}}$$

結果は図1中に示した．

図1より，953 K 付近においては，$p_{\Sigma O}=0.1 \sim 0.2$ atm で硫酸化反応を起こさせようとすると，Fe_2O_3 はそのままで，硫酸塩にはならないのが分かる．したがって，Fe, Cu, Zn, Ni, Co などを含むものにおいて，Fe のみを酸化物にとどめ他の元素を硫酸塩にする，選択硫酸化が 953 K 付近で可能であることが分かる．

(iii)
・913 K における鉄の硫酸化について考える．
(18)式を使って，913 K における $C(T)$ の値を求めると，
$$C(913) = 6.5068$$
(19)式に代入して，次式を得る．すなわち，
$$p_{SO_2} = \frac{p_{\Sigma O} - p_{O_2}}{1 + 6.5068 p_{O_2}^{1/2}}$$

計算結果を表1に示す．
(11)より，
$$\log p_{O_2} = -2\log p_{SO_2} - 4.3882$$

これらの結果は図2のようになる．この図から分かるように，913 K においては，Fe_2O_3 と $Fe_2(SO_4)_3$ が共存するときの $p_{\Sigma O}$ が下がり，Fe においても $Fe_2(SO_4)_3$ が安定となり，硫酸塩を作る．

・983 K で銅の硫酸化について考える．
先と同様にして，983 K での C の値は，(18)式より，
$$C(983) = 2.6712$$
(19)に代入して

表1

$p_{\Sigma O}=0.1$ のとき		$p_{\Sigma O}=0.2$ のとき	
p_{O_2} (atm)	p_{SO_2} (atm)	p_{O_2} (atm)	p_{SO_2} (atm)
0.001	0.0883	0.001	0.177
0.002	0.0836	0.002	0.169
0.004	0.0772	0.004	0.158
0.006	0.0724	0.006	0.149
0.008	0.0684	0.008	0.143
0.010	0.0650	0.010	0.137
0.020	0.0518	0.020	0.117
0.040	0.0339	0.040	0.090
0.060	0.0206	0.060	0.072
0.080	0.096	0.080	0.057
0.090	0.046	0.100	0.045
0.094	0.028	0.120	0.034
0.096	0.018	0.140	0.025
0.098	0.009	0.160	0.016
		0.180	0.0076
		0.190	0.0037

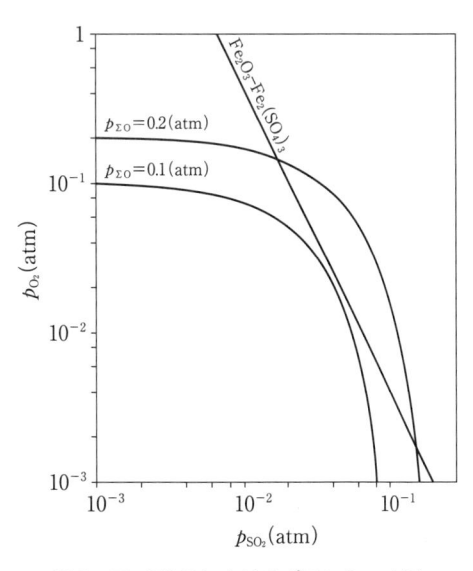

図2 $T=913$ K におけるポテンシャル図

表2

$p_{\Sigma 0}=0.1$ のとき		$p_{\Sigma 0}=0.2$ のとき	
p_{O_2} (atm)	p_{SO_2} (atm)	p_{O_2} (atm)	p_{SO_2} (atm)
0.001	0.0821	0.001	0.1650
0.002	0.0759	0.002	0.1534
0.004	0.0680	0.004	0.1389
0.006	0.0625	0.006	0.1290
0.008	0.0582	0.008	0.1214
0.010	0.0545	0.010	0.1151
0.020	0.0417	0.020	0.0937
0.040	0.0261	0.040	0.0695
0.060	0.0154	0.060	0.0540
0.080	0.0070	0.080	0.0422
0.090	0.0034	0.100	0.0327
0.094	0.0020	0.140	0.0175
0.096	0.0013	0.160	0.0111
		0.180	0.0053
		0.190	0.0026

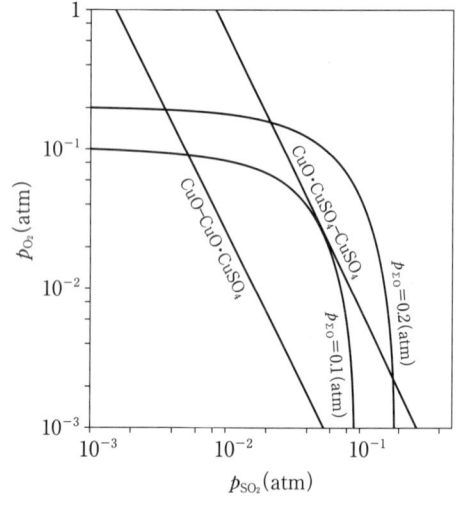

図3 $T=983$ K におけるポテンシャル図

$$p_{SO_2}=\frac{p_{\Sigma 0}-p_{O_2}}{1+2.6712 p_{O_2}^{1/2}}$$

また，(12), (13)より，

CuO-CuO·CuSO$_4$ の反応：

$$\log p_{O_2}=-2\log p_{SO_2}-5.5653$$

CuO·CuSO$_4$-CuSO$_4$ の反応：

$$\log p_{O_2}=-2\log p_{SO_2}-4.1395$$

これらの計算結果（表2）から図3が得られる．この図から分かるように，983 K において，CuO·CuSO$_4$ と CuSO$_4$ が共存するときの $p_{\Sigma 0}$ が上昇し，$p_{\Sigma 0}=0.1$〜0.2 atm では，CuO·CuSO$_4$ が安定となりがちである．CuO·CuSO$_4$ のような塩基性硫酸塩は水に溶け難いので，なるべく生成を避けなければならない．

Fe–S–O 系：ポテンシャル図の解釈

問 38 で扱った Fe–S–O 系のイオウ–酸素化学ポテンシャル図を参考にして次の問に答えよ．計算に必要な情報は，データ集などから選択せよ．

（ⅰ） この系に相律を適用し固相が一相のとき，二相のときを取り上げて説明せよ．
（ⅱ） この系において固相は最大何相まで安定に共存できるか．
（ⅲ） FeS_2，Fe_2O_3，Fe_3O_4，$FeSO_4$ の四固相が安定に共存できる条件があれば示せ．

解

（ⅰ） $f = C + 2 - P$

ここで，C：成分数（この問題では Fe–S–O の三成分），P：相数

（a） 一固相のとき

$$P = 2 \text{（固相＋気相）}$$
$$f = 3 + 2 - 2 = 3$$

したがって，温度を決めても 2 自由度が残りポテンシャル図上では p_{S_2}–p_{O_2} の面で表される．

（b） 二固相のとき

$$P = 3 \text{（二つの固相＋気相）}$$
$$f = 3 + 2 - 3 = 2$$

したがって，温度一定の条件では自由度が 1 となり，ポテンシャル図上では線で表される．

（ⅱ） 共存する固相の数を x とすると，

$$f = C + 2 - P = 3 + 2 - (x+1) \geq 0$$

となり，固相は最大四相まで共存できる．

（ⅲ） Fe，S_2，O_2 を含まないで課題の四つの物質を含む反応式は，（1）式のように書ける．

$$20Fe_2O_3(s) + FeS_2(s) = 13Fe_3O_4(s) + 2FeSO_4(s) \tag{1}$$

計算に使用するデータ（ref. 2 より）

$$2Fe(s) + O_2(g) = 2FeO(s) \quad : \Delta G° = -528860 + 129.46T \text{ (J)} \tag{2}$$

$$\frac{3}{2}Fe(s) + O_2(g) = \frac{1}{2}Fe_3O_4(s) \quad : \Delta G° = -547830 + 151.17T \text{ (J)} \tag{3}$$

$$\frac{4}{3}Fe(s) + O_2(g) = \frac{2}{3}Fe_2O_3(s) \quad : \Delta G° = -542530 + 167.36T \text{ (J)} \tag{4}$$

$$2Fe(s) + S_2(g) = 2FeS(s) \quad : \Delta G° = -311200 + 118.96T \text{ (J)} \tag{5}$$

$$2FeS(s) + S_2(g) = 2FeS_2(s) \quad : \Delta G° = -307940 + 284.51T \text{ (J)} \tag{6}$$

$$FeO(s) + SO_3(g) = FeSO_4(s) \quad : \Delta G° = -266060 - 31.00T \log T + 290.03T \text{ (J)} \tag{7}$$

$$\frac{1}{3}Fe_2O_3(s) + SO_3(g) = \frac{1}{3}Fe_2(SO_4)_3(s) : \Delta G° = -203300 - 34.10T \log T + 297.19T \text{ (J)} \tag{8}$$

$$\frac{1}{3}S_2(g) + O_2(g) = \frac{2}{3}SO_3(g) \qquad : \Delta G° = -304650 + 107.86T \text{ (J)} \tag{9}$$

（1）式のギブズエネルギー変化は（2）+（3）×26−（4）×30−（5）×$\frac{1}{2}$−（6）×$\frac{1}{2}$+（7）×2+（9）×3で求められる．

$$\therefore \Delta G°_{(1)} = 366960 - 62.00T \log T - 259.02T$$

四相が共存すると仮定すると，その温度は$\Delta G°_{(1)}=0$の温度，つまり，$T=834$ K（561℃）となる．次に，これら四相が安定に共存するか調べるため，834 K での Fe-S-O 系ポテンシャル図を作成し，図1に示す．

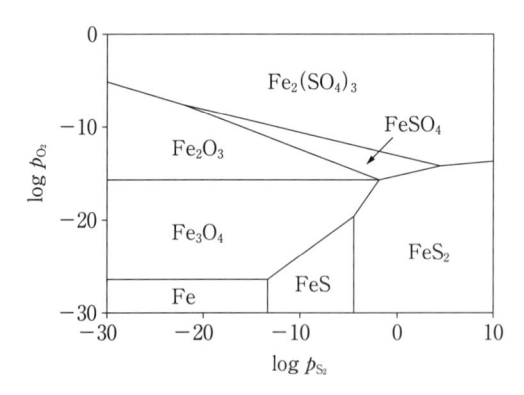

図1 $T=834$ K におけるポテンシャル図

図1のポテンシャル図より，$T=834$ K で FeS_2, Fe_2O_3, Fe_3O_4, $FeSO_4$ は安定に共存できる．最後に四相共存時の p_{S_2}, p_{O_2} を求める．

$$4Fe_3O_4(s) + O_2(g) = 6Fe_2O_3(s):$$

$$\Delta G° = -500130 + 296.88T = -RT \ln \frac{1}{p_{O_2}}$$

$$\therefore \quad p_{O_2} = 1.524 \times 10^{-16} \text{ (atm)}$$

$$2FeS_2(s) + 4O_2(g) = 2FeSO_4(s) + S_2(g):$$

$$\Delta G° = -1355790 - 62.00T \log T + 629.63T = -RT \ln \frac{p_{S_2}}{p_{O_2}^4}$$

$$\therefore \quad p_{S_2} = 1.664 \times 10^{-2} \text{ (atm)}$$

［**コメント**］ $\Delta G°$ の値からのみで考えるとありえない四相共存を考えてしまう可能性がある．ポテンシャル図から安定に共存することを確認し，また p_{O_2}, p_{S_2} が意味のある値であることも確かめる必要がある（例えば四重点が S_2 の液相域に入らないこと）．

42

溶鉄-スラグの平衡実験：相律の解釈

溶鉄中の Si および O とスラグ組成や酸素分圧との関係を求めようとして，石英るつぼ中に電解鉄と FeO-SiO_2 系スラグを入れ，種々の組成の CO-CO_2 混合ガスを流して一定温度で溶解実験を行うとする．有意義なデータが得られるか．もし，実験条件が不適当なら，どのように条件を変更すべきか．

解

気相中の CO と CO_2 の分圧から，気相の酸素分圧 p_{O_2} が決まる．一方で，石英るつぼ内での実験であり，石英るつぼが存在する限り SiO_2 の活量が 1 と見なせるため，温度が決まればスラグ中の FeO の活量はある決まった値になる．この FeO と Fe との平衡で，るつぼ内の酸素分圧が計算できる．したがって，気相の酸素分圧が，たまたま液相の酸素分圧と一致しない限り，題意の平衡が実現することはない．仮に題意の実験を実行すれば，気相の酸素分圧が，液相よりも大きければ，Fe の酸化と石英るつぼからの SiO_2 の溶出が，逆に気相の酸素分圧が小さければ，SiO_2 の析出を伴った FeO の Fe への還元が進行する．この反応は，スラグ相もしくは Fe がなくなるまで進む．しかし，実際にはメタル，スラグの量が多いと速度論的に完全に Fe がなくなったり，スラグ中の FeO が CO-CO_2 混合ガスの p_{O_2} に見合う量にまで減少することはなく，見かけ上意味ありげなデータが得られてしまう．これは，案外陥りやすい誤りなので注意が必要である．

実験条件の変更の例

（ⅰ）　上記のように，題意の凝縮相の相平衡関係では，温度を決めれば酸素分圧は決まる．種々の温度で実験を行い，温度とともに Fe 中の Si 濃度の変化などを測定する．つまり，気相による p_{O_2} のコントロールは諦め，p_{O_2} は平衡後の試料から温度の関数として測定する．

（ⅱ）　相の数を減らす．

SiO_2 以外で反応しないるつぼを用いる[注]．酸化物系のるつぼとしては，マグネシア，アルミナなどが考えられるが，反応や溶解が起こる可能性を考えて，実験後にこれらの分析を行う．FeO-SiO_2 系スラグのみについて実験を行う場合は，Mo 製のるつぼが使用可能．

（注）　るつぼの選定条件：耐熱性とともに，溶かす物との反応を十分考慮しなければならない．状態図を見て，（1）溶体中にるつぼがどれくらい溶け込むか，（2）るつぼに溶体がどれくらい固溶するか，を検討する．（1）が大きい場合，るつぼが溶けて穴があき，また，溶体の成分も変化してしまう．（2）が大きいと，溶体がるつぼに吸収されるが，その拡散速度により，るつぼのごく表面のみが固溶体となるだけの場合も，溶体のすべてが吸収されてしまう場合もある．

[コメント]　Cu-Fe-S-O-SiO_2 五元系のスラグ-マットの平衡実験では自由度は 3 であり，T および CO-CO_2-SO_2 ガスの組成を変えることで T, p_{O_2}, p_{S_2} をコントロールしていた．しかし，最近ではコントロール条件として T, %Cu in Matte, p_{SO_2} の三つを選ぶことが多い．これは，（1）ガス組成によって系を決定しようとすると平衡時間が長くなり，初期組成が非常に平衡に近いものでなければいけない，（2）p_{SO_2} を与えておかないと系中の S が還元剤として働き SO_2 として系外に逃げてしまう，などの理由によるためである．

ガス組成によって系を決定しようとすると，平衡時間が長くなるということは気-液反応が遅いことを示すものである．ここから"気相飽和度"なる概念が生まれる．また，気-液反応が遅いことを利用して平衡に到達させないで

反応を止めてしまうプロセスが考えられる．湿式製錬では平衡に到達させないプロセスはごくあたりまえのことであり，反応速度の差が利用されている．しかし，乾式製錬ではこれまでいかに速く完全に平衡に達するか，ということのみが工夫されてきた．非平衡の利用にも新しいプロセスの可能性がある．

43

Na の融解：蒸気圧と体積変化（Clausius-Clapeyron の式）

ナトリウムについてその融点 T(K) と溶融の体積変化 ΔV (cm³/g) が次のように求められた．

表1

P (atm)	T (K)	ΔV (cm³/g)
1	370.6	0.0279
2000	387.2	0.0236
4000	400.8	0.0207
6000	415.5	0.0187

3000 気圧におけるナトリウムの融点および融解熱を推定せよ．

解

P-T の関係は図1のようにほぼ直線関係になり，グラフより
$$T = 7.416 \times 10^{-3} P + 371.27$$
これより 3000 atm における融点 $T_{M,3000}$ は
$$T_{M,3000} = 393.52 \text{ (K) } (120.52℃)$$
となる．

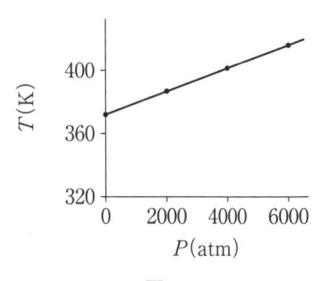

次に 3000 atm における体積変化 ΔV_{3000} は図2より，
$$\Delta V_{3000} = 0.0219 \text{ (cm}^3\text{/g)}$$
また Clausius-Clapeyron の式より
$$\frac{dP}{dT} = \frac{\Delta H}{T \Delta V} \quad (1)$$
(1)式から
$$\Delta H = T \Delta V \left(\frac{dP}{dT}\right) \quad (2)$$
したがって，求めた直線の傾きより
$$\frac{dP}{dT} = \frac{1}{7.416 \times 10^{-3}}$$
$$= 134.84 \text{ (atm/K)}$$

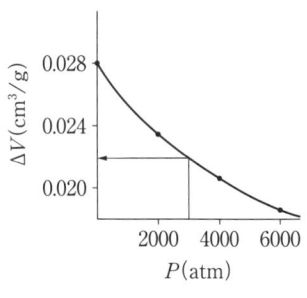

図1

図2　ΔV vs. P

ここで
$$1 \text{ (cm}^3 \cdot \text{atm)} = 10^{-6} \text{ (m}^3\text{)} \times 101325 \text{ (N/m}^2\text{)} = 0.101325 \text{ (N·m)} = 0.101325 \text{ (J)}$$
であるから，(2)式より
$$\Delta H(3000 \text{ atm}) = T_{M,3000} \times \Delta V_{3000} \times \left(\frac{dP}{dT}\right)$$
$$= 393.52 \times 0.0219 \times 0.101325 \times 134.84 \approx 118 \text{ (J/g)}$$

43 Naの融解：蒸気圧と体積変化（Clausius-Clapeyronの式）

[別解]

P-T, P-ΔVの関係を二次近似法で求めると

$$T = 371.32 + 8.015 \times 10^{-3} P - 3.625 \times 10^{-8} P^2 \tag{3}$$

$$\Delta V = 0.0274 - 2.125 \times 10^{-6} P + 1.125 \times 10^{-10} P^2 \tag{4}$$

これより

$$T_{M,3000} = 395 \text{ (K)}, \quad \Delta V_{3000} = 0.022 \text{ (cm}^3\text{/g)}$$

また(3)より

$$\left.\frac{dT}{dP}\right|_{P=3000} = 8.015 \times 10^{-3} - 7.25 \times 10^{-8} P$$

$$= 7.80 \times 10^{-3} \text{ (K/atm)}$$

$$\therefore \quad \frac{dP}{dT} = \frac{1}{7.80 \times 10^{-3}} = 128.25 \text{ (atm/K)}$$

したがって同様に(2)式より

$$\Delta H(3000 \text{ atm}) = 395 \times 0.022 \times 128.25 \times 0.101325 \approx 118 \text{ (J/g)}$$

[コメント] 特殊なものを作ろうとするとき，このような圧力の大幅な変化を考えねばならない場合もある．

44

グラファイトとダイアモンド：$\Delta G°$ と相平衡

　298 K（25℃）におけるダイアモンドおよびグラファイトの燃焼熱はそれぞれ 395.32 kJ/mol，393.42 kJ/mol であり，モルエントロピーはそれぞれ 2.4389 J/mol K，5.6940 J/mol K である．

（ⅰ）　298 K，1 気圧下でのグラファイトからダイアモンドへの変態の $\Delta G°$ を求めよ．

（ⅱ）　温度のみを変えることによって，グラファイトをダイアモンドに変え得る可能性はあるか．ただし，相変態に伴うエントロピー変化は温度に依存しないとする．

（ⅲ）　ダイアモンドとグラファイトの密度はそれぞれ 3.513 g/cm³ と 2.260 g/cm³ である．二つの相が 298 K において平衡する圧力を推定せよ．ただし，密度は圧力に無関係であるとする．

解

（ⅰ）　グラファイトおよびダイアモンドのそれぞれのエンタルピーおよびエントロピーを H_g, H_d および S_g, S_d とすると，グラファイトからダイアモンドへの変態の $\Delta G°$ は

$$\Delta G° = \Delta H° - T\Delta S° = (H_d - H_g) - T(S_d - S_g)$$

よって

$$\Delta G°_{298} = (395320 - 393420) - 298 \times (2.4389 - 5.6940)$$
$$= 2870.0 \ (\text{J/mol})$$

（ⅱ）　今，グラファイト→ダイアモンドの反応を考える．
このときの ΔG_T は

$$\Delta G_T = \Delta G°_T + RT \ln \frac{a_d}{a_g} = \Delta G°_T$$

また，

$$\Delta G°_T = \Delta G°_{298} + \int_{298}^{T} \left(\frac{\partial \Delta G}{\partial T}\right) dT$$
$$= \Delta G°_{298} - \int_{298}^{T} \Delta S \, dT = 2870.0 - [-3.2551T]_{298}^{T}$$

$\therefore \ \Delta G_T = \Delta G°_T = 1900.0 + 3.2551T > 0 \ (T \geq 0 \text{ のとき})$

したがって，$T \geq 0$ で常に $\Delta G_T > 0$ であるから，題意の条件下では，温度を上げるのみではグラファイトをダイアモンドに変えることはできない．

（ⅲ）
$$G = H - TS$$
$$dG = -SdT + VdP \quad \therefore \ \left(\frac{\partial G}{\partial P}\right)_T = V$$

したがって

$$\Delta G°_P = \Delta G°_1 + \int_1^P \Delta V \, dP$$

（ i ）より
$$\Delta G_1° = 2870.0 \ (\text{J/mol})$$
また ΔV は，密度より求めると
$$\Delta V = \frac{12.01}{3.513} - \frac{12.01}{2.260} = -1.895 \ (\text{cm}^3/\text{mol})$$
$$\therefore \int_1^P \Delta V dP = [-1.895 P]_1^P = -1.895(P-1) \ (\text{cm}^3 \ \text{atm})$$
$1 \ \text{cm}^3 \ \text{atm} = 0.1013 \ \text{J}$ であるから
$$\int_1^P \Delta V dP = 0.1920(1-P) \ (\text{J})$$
したがって
$$\Delta G_P° = 2870.0 + 0.1920(1-P)$$
今，グラファイトとダイアモンドが平衡状態であるとすると
$$\Delta G = \Delta G° = 0$$
よって
$$P = 1.495 \times 10^4 \ \text{atm}$$

参考として，図1に状態図の概略を示す．

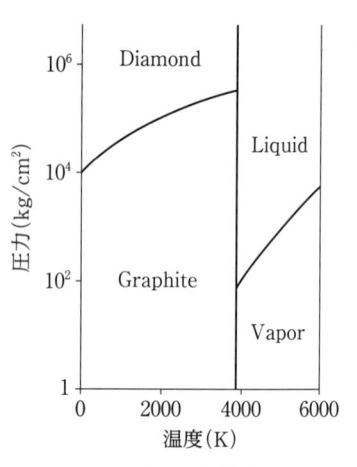

図1 炭素の状態図

CO_2 の解離：量論計算の初歩

圧力 1 atm の下で CO_2 を流し，1873 K（1600 ℃）の加熱管中を通したとする．管中で示すべき酸素分圧を，次のデータ（ref. 2 より）を用いて求めよ．

$$2CO(g)+O_2(g)=2CO_2(g) : \Delta G° = -564840+173.30T \text{（J）}$$

解

平衡下において

$$\Delta G° = -RT \ln \frac{p_{CO_2}^2}{p_{CO}^2 \cdot p_{O_2}}$$

したがって，1873 K において

$$\frac{p_{CO_2}^2}{p_{CO}^2 \cdot p_{O_2}} = 5.0161 \times 10^6 \tag{1}$$

1 mol の CO_2 に対して，$2x$ mol 解離したとすると，反応式より

$$CO_2 : 1-2x \text{ (mol)}$$
$$CO : 2x \text{ (mol)}$$
$$O_2 : x \text{ (mol)}$$

であるから，合計 $(1+x)$ mol となり，各ガスの分圧は，全圧が 1 atm であることを考慮して次式で与えられる．

$$p_{CO_2} = \frac{1-2x}{1+x} \text{ (atm)}$$

$$p_{CO} = \frac{2x}{1+x} \text{ (atm)}$$

$$p_{O_2} = \frac{x}{1+x} \text{ (atm)}$$

これらの式を(1)に代入し，x について整理すると，

$$x^3 + 1.4952 \times 10^{-7} x - 4.9840 \times 10^{-8} = 0$$

これの解は，

$$x_1 = 3.6666 \times 10^{-3}$$
$$x_2 = 1.8333 \times 10^{-3} + 3.1988 \times 10^{-3} i$$
$$x_3 = 1.8333 \times 10^{-3} - 3.1988 \times 10^{-3} i$$

となる．今，実根のみが意味をもつので，それより酸素分圧を求めると，

$$p_{O_2} = \frac{x}{1+x} = 3.6532 \times 10^{-3} \text{ (atm)}$$

46 アンモニアの生成：量論計算の初歩

N_2 および H_2 を 1 mol ずつ混合し，773 K（500 ℃），10 atm の下で平衡させた．生成する NH_3 のモル数を求めよ．また，573 K（300 ℃），10 atm および 773 K，100 atm の下ではどうか．

$$\frac{1}{2}N_2(g) + \frac{3}{2}H_2(g) = NH_3(g) : \Delta G° = -43514 + 29.7 T \log T + 15.86 T \ (J)$$

解

平衡後の N_2, H_2, NH_3 のモル数および全モル数をそれぞれ n_{N_2}, n_{H_2}, n_{NH_3}, n_T とすると，

$$n_{N_2} = 1 - \frac{1}{2} n_{NH_3}$$

$$n_{H_2} = 1 - \frac{3}{2} n_{NH_3}$$

$$\therefore \ n_T = n_{N_2} + n_{N_2} + n_{NH_3} = 2 - n_{NH_3}$$

また平衡定数 K は

$$K = \frac{p_{NH_3}}{p_{N_2}^{1/2} \cdot p_{H_2}^{3/2}} \quad \therefore \quad K^2 = \frac{p_{NH_3}^2}{p_{N_2} \cdot p_{H_2}^3} \tag{1}$$

各分圧は，全圧を P_T として次のように表せる．

$$p_{N_2} = \frac{n_{N_2}}{n_T} \cdot P_T = \frac{1 - \frac{1}{2} n_{NH_3}}{2 - n_{NH_3}} \cdot P_T$$

$$p_{H_2} = \frac{n_{H_2}}{n_T} \cdot P_T = \frac{1 - \frac{3}{2} n_{NH_3}}{2 - n_{NH_3}} \cdot P_T$$

$$p_{NH_3} = \frac{n_{NH_3}}{n_T} \cdot P_T = \frac{n_{NH_3}}{2 - n_{NH_3}} \cdot P_T$$

これらを(1)式に代入すると

$$K^2 = \frac{n_{NH_3}^2 \cdot (2 - n_{NH_3})^2}{\left(1 - \frac{1}{2} n_{NH_3}\right) \cdot \left(1 - \frac{3}{2} n_{NH_3}\right)^3} \cdot \frac{1}{P_T^2}$$

$$\therefore \ P_T^2 \cdot K^2 = \frac{n_{NH_3}^2 \cdot (2 - n_{NH_3})^2}{\left(1 - \frac{1}{2} n_{NH_3}\right) \cdot \left(1 - \frac{3}{2} n_{NH_3}\right)^3} \tag{2}$$

(2)式は解析的には解けないので，$\Delta G°$ の値からそれぞれの温度における K を求め，(2)式に P_T とともに代入し n_{NH_3} を求めた結果を表1に示す．

表1

T (K)	P_T (atm)	$\Delta G°$ (J)	K	n_{NH_3} (mol)
773	10	35053	4.28×10^{-3}	0.0205
573	10	12512	7.23×10^{-2}	0.214
773	100	35053	4.28×10^{-3}	0.151

これは空中窒素固定の基本となる反応である．

　ガスのモル数が減少する反応であるから，圧力が高いほど，反応は右に進み，また発熱反応であるから低温のほうが反応は進む（ルシャトリエの法則）．ただし，N_2 および H_2 ガスや触媒の活性化のため，高温を選択する．

［コメント］　1 atm，1373 K（1100 ℃）程度でアンモニアを用い粗銅の還元を行い脱酸するプロセスにおいて，この条件では当然アンモニアは分解し H_2 による還元が起こることになる．しかし現場ではかなりの銅粉がガス中に飛んでロスとなる．H_2 ガスを用いると飛ばないことから，これは高温では揮発性のアミン-銅化合物もしくは窒化銅が生成するのではないかと考えられる．

47

SO_2-O_2 平衡：量論計算の初歩

SO_2, O_2 1 mol ずつを 0.01 m³ の容器に密閉し，1000 K (727 ℃) で平衡に達した．SO_3 は何 mol 生じるか，下記のデータ (ref. 2 より) を用いて求めよ．

$$\frac{1}{2}S_2(g) + O_2(g) = SO_2(g): \quad \Delta G° = -362070 + 73.41T \text{ (J)}$$

$$\frac{1}{3}S_2(g) + O_2(g) = \frac{2}{3}SO_3(g): \quad \Delta G° = -304650 + 107.86T \text{ (J)}$$

$$\therefore\ 2SO_2(g) + O_2(g) = 2SO_3(g): \Delta G° = -189810 + 176.76T \text{ (J)}$$

$$\Delta G°_{1000} = -13050 \text{ (J)}$$

$$K = \frac{p_{SO_3}^2}{p_{SO_2}^2 p_{O_2}} = 4.81 \tag{1}$$

解

1 mol の O_2 のうち x mol が反応したとすると，反応後の各成分のモル数は次のようになる．

$$\left. \begin{array}{l} SO_2 : 1-2x \text{ (mol)} \\ O_2\ : 1-x \text{ (mol)} \\ SO_3 : 2x \text{ (mol)} \end{array} \right\} \text{全モル数}: 2-x \text{ (mol)} \tag{2}$$

全圧を P_T とすると，$R = 0.0821$ (l atm/mol K) なので，

$$P_T = \frac{nRT}{V} = \frac{(2-x) \cdot 8.21 \times 10^{-2} \cdot 1000}{0.01 \times 10^3} = 8.21 \cdot (2-x) \tag{3}$$

(2), (3) より

$$\begin{aligned} p_{SO_3} &= \frac{2x}{2-x} \cdot 8.21 \cdot (2-x) = 8.21 \cdot 2x \\ p_{SO_2} &= \frac{1-2x}{2-x} \cdot 8.21 \cdot (2-x) = 8.21 \cdot (1-2x) \\ p_{O_2} &= \frac{1-x}{2-x} \cdot 8.21 \cdot (2-x) = 8.21 \cdot (1-x) \end{aligned} \tag{4}$$

(1) に (4) の各成分の分圧の値を代入する．

$$\frac{(8.21 \cdot 2x)^2}{\{8.21 \cdot (1-2x)\}^2 \cdot 8.21 \cdot (1-x)} = 4.81$$

$$\frac{4x^2}{(1-2x)^2 \cdot (1-x)} = 39.49$$

これを解くと，$x = 0.41$, 0.85 の二つの解が得られるが，$n_{SO_2} = 1-2x \geqq 0$ という条件から，$x = 0.41$ が解となる．したがって SO_3 のモル数 n_{SO_3} は次のようになる．

$$n_{SO_3} = 2x = 0.82 \text{ (mol)}$$

48 CO-N₂：量論計算の初歩

N_2とCOの混合ガスを1 atmの下で873 K（600 ℃）に加熱した．導入ガス組成が次の場合につき，生成ガス組成とその酸素分圧を求めよ．

(ⅰ) CO＝100 ％, N_2＝0 ％
(ⅱ) CO＝10 ％, N_2＝90 ％
(ⅲ) CO＝1 ％, N_2＝99 ％

計算に使用するデータ

$$2CO(g) = C(s) + CO_2(g) \quad : \Delta G° = -170460 + 174.43T \text{ (J)} \tag{1}$$

$$2CO(g) + O_2(g) = 2CO_2(g) : \Delta G° = -564840 + 173.30T \text{ (J)} \tag{2}$$

解

今，CO，N_2 混合ガスをトータル 1 mol とし，CO のモル数を α とおく．混合ガス中の CO が（1）の反応により $2x$ mol 分解したとすると，生成ガス成分のそれぞれのモル数は

CO ：$\alpha - 2x$ （mol）
CO_2： x （mol）
N_2 ：$1 - \alpha$ （mol）　　ただし $2x < \alpha$ である．

したがって，生成ガスの全モル数 n_T は

$$n_T = (\alpha - 2x) + x + (1 - \alpha) = 1 - x \text{ (mol)}$$

また全圧 $P_T = 1$ (atm) より，それぞれの分圧は

$$p_{CO} = \frac{\alpha - 2x}{1 - x} \text{ (atm)} \tag{3}$$

$$p_{CO_2} = \frac{x}{1 - x} \text{ (atm)} \tag{4}$$

$$p_{N_2} = \frac{1 - \alpha}{1 - x} \text{ (atm)} \tag{5}$$

生成ガス中の CO と CO_2 は 873 K で平衡に達しているから（1）より平衡定数を K とすれば

$$\Delta G°_{873} = -18183 = -RT \ln K \tag{6}$$

$$\therefore K = 12.25$$

（1）式より $a_C = 1$ とおき（C は純粋固体と考える）

$$K = \frac{p_{CO_2}}{p_{CO}^2} = 12.25 \tag{7}$$

したがって，（3），（4）より

$$\frac{x}{1-x}\left(\frac{1-x}{\alpha - 2x}\right)^2 = K \tag{8}$$

これを整理すると

$$(4K+1)x^2 - (4K\alpha + 1)x + K\alpha^2 = 0 \tag{9}$$

解くと，$0<x<\frac{1}{2}\alpha$ では

$$x=\frac{(4K\alpha+1)-\sqrt{1+4K\alpha(2-\alpha)}}{2(4K+1)} \tag{10}$$

$K=12.25$ を代入して

$$x=\frac{(49.00\alpha+1)-\sqrt{1+49.00\alpha(2-\alpha)}}{100.00}$$

題意より $\alpha=1$，0.1，0.01 とすれば（3），（4），（5）より生成ガスの分圧が各々求まる．これを表1に示す．また各々の生成ガスにおける酸素分圧は

$$\Delta G°_{873}=-413550=-RT\ln K \tag{11}$$

$$\therefore K_{(11)}=5.56\times10^{24}=\frac{p_{CO_2}^2}{p_{CO}^2 p_{O_2}}$$

したがって，CO-CO_2 ガスの酸素分圧は次式によって与えられる．

$$p_{O_2}=\left(\frac{p_{CO_2}}{p_{CO}}\right)^2\times\frac{1}{5.56}\times10^{-24} \tag{12}$$

ゆえに，表1の値となる．

表1

	(ⅰ)100 %CO	(ⅱ)10 %CO	(ⅲ)1 %CO
x	4.293×10^{-1}	2.689×10^{-2}	8.418×10^{-4}
p_{CO} (atm)	0.248	0.0475	0.00832
p_{CO_2} (atm)	0.752	0.0276	0.000846
p_{N_2} (atm)	0	0.925	0.991
p_{O_2} (atm)	1.64×10^{-24}	6.07×10^{-26}	1.87×10^{-27}

[コメント] これは以前流動法において CO を添加した N_2 ガスをキャリアとして用いた際，Carbon deposition の心配があり計算してみたもの．表2のように CO を N_2 で薄めると C 析出はかえって抑えられることが分かる．

表2

α	1.0	0.1	0.01
n_C/n_{CO}	0.43	0.27	0.08

n_C/n_{CO}：折出 C の割合

49

CO-O₂ 平衡：量論計算の初歩

CO，O₂の二種のガスを種々の割合に混合し，これを 2000 K（1727 ℃）に保ったとする．横軸に二種のガスの初期モル分率をとり，縦軸に各分圧をとって変化を図示せよ．ただし，$p_{CO}+p_{CO_2}+p_{O_2}=1$ (atm) とする．

解

CO，O₂ ガスが 2000 K に保たれ，次の反応によって平衡状態に到達したと考える．

$$2CO(g)+O_2(g)=2CO_2(g):$$
$$\Delta G°=-564840+173.30T \ (J) \quad (\text{ref.2 より}) \tag{1}$$

このとき，初期の CO，O₂ のモル数を，それぞれ $n°_{CO}$，$n°_{O_2}$（ただし，$n°_{CO}+n°_{O_2}=1$ (mol)）とし，反応後の CO，O₂，CO₂ のモル数を n_{CO}，n_{O_2}，n_{CO_2} として，物質収支を考えると，

$$\text{C 収支}: n°_{CO}=n_{CO}+n_{CO_2} \tag{2}$$

$$\text{O 収支}: n°_{CO}+2n°_{O_2}=n_{CO}+2n_{O_2}+2n_{CO_2} \tag{3}$$

（1）式より，2000 K での反応の $\Delta G°$ は

$$\Delta G°=-218240 \ (J)$$

したがって，平衡定数 K は

$$K=\frac{p^2_{CO_2}}{p^2_{CO}p_{O_2}}=\exp\left(\frac{-\Delta G°}{RT}\right)=5.0125\times10^5 \tag{4}$$

また $n_{CO}+n_{O_2}+n_{CO_2}=n_T$，全圧を P_T とすると，

$$p_{CO}=\frac{n_{CO}}{n_T}P_T \tag{5}$$

$$p_{CO_2}=\frac{n_{CO_2}}{n_T}P_T \tag{6}$$

$$p_{O_2}=\frac{n_{O_2}}{n_T}P_T \tag{7}$$

（5），（6），（7）式を（4）式に代入し，$P_T=1$ であるので，

$$\frac{p^2_{CO_2}}{p^2_{CO}p_{O_2}}=\frac{n^2_{CO_2}(n_{CO}+n_{O_2}+n_{CO_2})}{n^2_{CO}n_{O_2}}=5.0125\times10^5 \tag{8}$$

また（2），（3）式より

$$n_{CO_2}=n°_{CO}-n_{CO} \tag{9}$$

$$n_{O_2}=\frac{1}{2}(n_{CO}+2n°_{O_2}-n°_{CO}) \tag{10}$$

（9），（10）式を（8）式に代入すると

$$\frac{n^2_{CO_2}(n_{CO}+n_{O_2}+n_{CO_2})}{n^2_{CO}n_{O_2}}=\frac{(n°_{CO}-n_{CO})^2\left(\frac{1}{2}n°_{CO}+n°_{O_2}+\frac{1}{2}n_{CO}\right)}{n^2_{CO}\left(\frac{1}{2}n_{CO}+n°_{O_2}-\frac{1}{2}n°_{CO}\right)}=5.0125\times10^5 \tag{11}$$

$$\therefore \ \frac{1}{2}\left(5.0125\times10^5-1\right)n^3_{CO}+\left(5.0125\times10^5-1\right)\left(n°_{O_2}-\frac{1}{2}n°_{CO}\right)n^2_{CO}$$

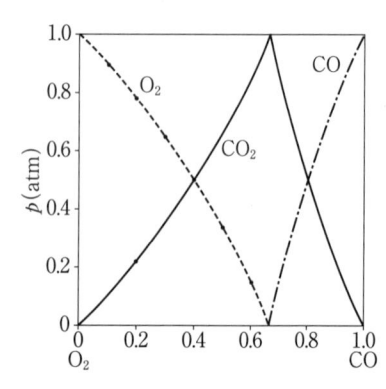

$$+\left(\frac{1}{2}n_{CO}^\circ+2n_{O_2}^\circ\right)n_{CO}^\circ n_{CO}-\left(n_{O_2}^\circ+\frac{1}{2}n_{CO}^\circ\right)n_{CO}^{\circ 2}=0 \tag{12}$$

(12)式より，初期の CO, O_2 のモル数 n_{CO}°, $n_{O_2}^\circ$ を与えると，n_{CO} が求まる．さらに，(9), (10)式より n_{CO_2}, n_{O_2} が求まり n_T が得られる．ここで，(12)式は三次方程式であり，これを解く代わりに近似法を考える．

(4)式で表される平衡定数が非常に大きいことに注目すると，$n_{CO}^\circ \geq 2/3$ では，n_{O_2} は非常に小さいはずである．

例えば，$n_{CO}^\circ=0.9$ (mol), $n_{O_2}^\circ=0.1$ (mol) とすると，$n_{O_2} \approx 0$ として，(9), (10)式より

$$n_{CO}=0.7 \text{ (mol)}$$
$$n_{CO_2}=0.2 \text{ (mol)}$$

となる．したがって(5), (6), (7)式より

$$p_{CO}=0.78 \text{ (atm)}$$
$$p_{CO_2}=0.22 \text{ (atm)}$$

である．これらの値から，(4)により p_{O_2} が求められる．

同様に，各初期モル数 n_{CO}°, $n_{O_2}^\circ$ を与えるとおのおのの値での平衡 CO, O_2, CO_2 分圧を求めることができる．ただし，$n_{CO}^\circ<\frac{2}{3}$ では $n_{CO} \approx 0$ となるため，(9), (10)式より p_{CO_2}, p_{O_2} を求め，これを(4)式に代入して，p_{CO} を求める．得られた結果を表1に示す．表の結果を図示すると図1のようになる．

表1

n_{CO}° (mol)	$n_{O_2}^\circ$ (mol)	n_{CO} (mol)	n_{O_2} (mol)	n_{CO_2} (mol)	n_T (mol)	p_{CO} (atm)	p_{O_2} (atm)	p_{CO_2} (atm)
0	1.0	0	1.0	0	1.00	0	1	0
0.10	0.90	0	0.85	0.10	0.95	1.57×10^{-4}	0.895	0.105
0.20	0.80	0	0.7	0.20	0.90	3.56×10^{-4}	0.778	0.222
0.30	0.70	0	0.55	0.30	0.85	6.20×10^{-4}	0.647	0.353
0.40	0.60	0	0.40	0.40	0.80	9.99×10^{-4}	0.500	0.500
0.50	0.50	0	0.25	0.50	0.75	1.63×10^{-3}	0.333	0.667
0.60	0.40	0	0.10	0.60	0.70	3.20×10^{-3}	0.143	0.857
0.67	0.33	0.010	0	0.66	0.67	1.49×10^{-2}	8.69×10^{-3}	0.985
0.70	0.30	0.10	0	0.60	0.70	0.143	7.18×10^{-5}	0.857
0.80	0.20	0.40	0	0.40	0.80	0.500	2.00×10^{-6}	0.500
0.90	0.10	0.70	0	0.20	0.90	0.778	1.63×10^{-7}	0.222
1.0	0	1	0	0	1.00	1	0	0

[**コメント1**] 中間で化合物をつくる二元系は，この O_2-CO 系と同様の活量変化パターンを示す．

図1 分圧とガス成分のモル分率の関係

[**コメント2**]　一般にこの反応は，非常に高温となると次のような $\log p_{O_2}$ を示す．つまり，高温ほど CO_2 は分解しやすく，CO と O_2 は反応しないことになる．したがって反応の度合のみを考えると高温のほうが不利である．しかし，低温では CO と O_2 とが速度論的に反応しない．そこで常温に保った CO と O_2 に何かで着火してやると反応が起こり完全に反応は進行する．

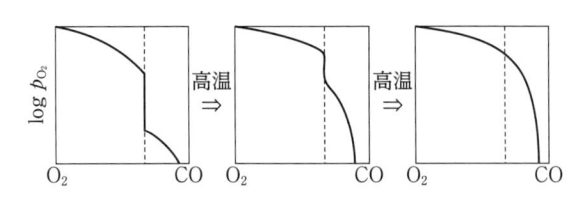

図2 ガス成分比と温度による酸素分圧の変化

50

CO-H$_2$O-Co 平衡：量論計算の初歩

H$_2$ 0.1 mol と CO$_2$ 0.2 mol を，排気したフラスコ内に 723 K（450 ℃）で導入すると次の反応が起こる．
$$H_2(g) + CO_2(g) = H_2O(g) + CO(g) \tag{1}$$

（i） ガス分析によれば，10 mol% の水が含まれていた．K_1 の値を求めよ．

（ii） 過剰の CoO と Co（いずれも固体）を入れると新しい平衡が成立する．
すなわち
$$CoO(s) + H_2(g) = Co(s) + H_2O(g) \tag{2}$$
$$CoO(s) + CO(g) = Co(s) + CO_2(g) \tag{3}$$

新たな平衡のガス分析では 30 mol% の水が含まれていることが分かった．K_2 および K_3 の値を求めよ．

（iii） 新たにできた CO と Co の量を求めよ．

（iv） 723 K 付近で K_1 の値が 1 K 当たり 1 % 増大するとすれば，ΔH_1 はいくらになるか．

解

（i） 生成された水のモル数を x とおく．（1）式より各成分ガスのモル数が与えられる．

H$_2$ ：$0.1-x$ （mol）
CO$_2$：$0.2-x$ （mol）
H$_2$O： x （mol）
CO ： x （mol）　合計 0.3 （mol）

今，$x = 0.3 \times 0.1 = 0.03$ mol であるから，

H$_2$ ：0.07 （mol）
CO$_2$：0.17 （mol）
H$_2$O：0.03 （mol）
CO ：0.03 （mol）

（1）式の平衡定数 K_1 は，
$$K_1 = \frac{p_{H_2O} p_{CO}}{p_{H_2} p_{CO_2}} = \frac{n_{H_2O} n_{CO}}{n_{H_2} n_{CO_2}} = \frac{0.03 \times 0.03}{0.07 \times 0.17} = 0.076$$

（ii） 結果としてできた H$_2$O と CO のモル数を，各々 x, y とおく．各成分は以下のモル数で与えられる．

H$_2$ ：$0.1-x$ （mol）
H$_2$O： x （mol）
CO ： y （mol）
CO$_2$：$0.2-y$ （mol）　合計 0.3 （mol）

問題より，$x = 0.3 \times 0.3 = 0.09$ mol．また，
$$K_1 = \frac{n_{H_2O} n_{CO}}{n_{H_2} n_{CO_2}} = \frac{0.09 y}{0.01 (0.2-y)} = 0.076$$

であるから，$y = 1.7 \times 10^{-3}$ mol. したがって，

- H_2 ：0.01　　　（mol）
- H_2O：0.09　　　（mol）
- CO ：1.7×10^{-3} （mol）
- CO_2：0.198　　（mol）

よって，

$$K_2 = \frac{p_{H_2O}}{p_{H_2}} = \frac{n_{H_2O}}{n_{H_2}} = 9$$

$$K_3 = \frac{p_{CO_2}}{p_{CO}} = \frac{n_{CO_2}}{n_{CO}} = 118$$

（iii）CO の変化量は次のとおりである．

　　Co，CoO を加える前の CO のモル数：0.03 mol
　　Co，CoO を加えた後の CO のモル数：1.7×10^{-3} mol

したがって，CO は Co，CoO の添加前後で 0.0283 mol 減少した．
新しくできた Co の量を調べるには，CoO の分解に伴う酸素原子のガス中での増加を見ればよい．すなわち，各成分ガスのモル数は前の 2 問で計算してあるから，その値を使って，

　　Co，CoO を加える前の O のモル数：$0.17 \times 2 + 0.03 + 0.03 = 0.4$ mol
　　Co，CoO を加えた後の O のモル数：$0.198 \times 2 + 0.09 + 1.7 \times 10^{-3} = 0.487$ mol

したがって，O は 0.087 mol 増加．すなわち，Co は 0.087 mol 新たに生成された．

（iv）van't Hoff の式によって，

$$\frac{d}{dT}(\ln K_1) = \frac{\Delta H_1}{RT^2}$$

したがって

$$\Delta H_1 = RT^2 \frac{d \ln K_1}{dT} = \frac{RT^2}{K_1} \frac{dK_1}{dT}$$

問題より，

$$\frac{dK_1}{dT} = \frac{0.01 K_1}{1} = 0.01 K_1$$

これを上式に代入して，$T = 723$ K であるから

$$\Delta H_1 = \frac{RT^2}{K_1}(0.01 K_1) = 0.01 RT^2 = 4.3 \times 10^4 \text{ （J/mol）}$$

51

溶鉄-水素平衡：量論計算の初歩

3000 K（2727℃）に保った溶鉄上に大量のアルゴン-水素の混合ガスを流したとき，溶鉄に溶け込むべき水素量を導入水素ガス分圧の平方根に対して図示せよ．ただし次のデータが用いられるものとする．また全圧を 1 atm とする．

$$\frac{1}{2}H_2(g) = \underline{H}\ (ppm) : \Delta G° = 31966 - 44.43T\ (J)$$

$$\frac{1}{2}H_2(g) = H(g) : \Delta G°_{3000} = 46083\ (J)$$

解

導入した混合ガスを

アルゴン：$n°_{Ar}$ mol　　水素：$n°_{H_2}$ mol

平衡状態において

水素：n_{H_2} mol　　H：n_H mol

とする．

したがって導入水素ガス分圧 $p°_{H_2}$ は

$$p°_{H_2} = \frac{n°_{H_2}}{n°_{Ar} + n°_{H_2}} \tag{1}$$

平衡状態での H_2 のモル数は $n°_{H_2} - \frac{1}{2}n_H$ となり，全モル数 n_T は，

$$n_T = n°_{Ar} + n_{H_2} + n_H = n°_{Ar} + n°_{H_2} + \frac{1}{2}n_H$$

よって平衡状態における各成分の分圧は

$$p_{H_2} = \frac{n°_{H_2} - \frac{1}{2}n_H}{n°_{Ar} + n°_{H_2} + \frac{1}{2}n_H} \tag{2}$$

$$p_H = \frac{n_H}{n°_{Ar} + n°_{H_2} + \frac{1}{2}n_H} \tag{3}$$

また，与えられた反応式より

$$\frac{1}{2}H_2(g) = \underline{H}(ppm) : \Delta G°_{3000} = -101324\ (J)$$

$$\therefore\ K_1 = \frac{[\underline{H}]}{\sqrt{p_{H_2}}} = 58.11 \tag{4}$$

$$\frac{1}{2}H_2(g) = H(g) : \Delta G°_{3000} = 46083\ (J)$$

$$\therefore\ K_2 = \frac{p_H}{\sqrt{p_{H_2}}} = 0.1576 \tag{5}$$

（1）〜（5）式より $p_{H_2}^\circ$ と [H] の関係を求める.
（4），（5）式より，

$$K_1 \cdot K_2 = \frac{[\underline{H}] \cdot p_H}{p_{H_2}}$$

上式に（2），（3）式を代入

$$K_1 \cdot K_2 = \frac{[\underline{H}] \cdot n_H}{n_{H_2}^\circ - \frac{1}{2}n_H}$$

$$\therefore \quad n_H = \frac{K_1 \cdot K_2}{[\underline{H}] + \frac{1}{2}K_1 \cdot K_2} \cdot n_{H_2}^\circ$$

上式を（2）式に代入し整理すると

$$p_{H_2} = \frac{[\underline{H}] \cdot n_{H_2}^\circ}{[\underline{H}](n_{Ar}^\circ + n_{H_2}^\circ) + \frac{1}{2}K_1 \cdot K_2 \cdot (n_{Ar}^\circ + 2n_{H_2}^\circ)}$$

$$= \frac{[\underline{H}] \cdot \dfrac{n_{H_2}^\circ}{n_{Ar}^\circ + n_{H_2}^\circ}}{[\underline{H}] + \dfrac{1}{2}K_1 \cdot K_2 \dfrac{n_{Ar}^\circ + 2n_{H_2}^\circ}{n_{Ar}^\circ + n_{H_2}^\circ}}$$

（1）式より

$$p_{H_2} = \frac{[\underline{H}] \cdot p_{H_2}^\circ}{[\underline{H}] + \frac{1}{2}K_1 \cdot K_2(1 + p_{H_2}^\circ)}$$

（4）式より

$$p_{H_2} = \frac{[\underline{H}]^2}{K_1^2}$$

したがって

$$\frac{[\underline{H}]^2}{K_1^2} = \frac{[\underline{H}] \cdot p_{H_2}^\circ}{[\underline{H}] + \frac{1}{2}K_1 \cdot K_2(1 + p_{H_2}^\circ)}$$

$$[\underline{H}]^2 + \frac{1}{2}K_1 \cdot K_2(1 + p_{H_2}^\circ)[\underline{H}] - K_1^2 \cdot p_{H_2}^\circ = 0$$

$K_1 = 58.11$, $K_2 = 0.1576$ より

$$[\underline{H}]^2 + 4.579(1 + p_{H_2}^\circ)[\underline{H}] - 3377 p_{H_2}^\circ = 0$$

上式に導入水素ガス分圧 $p_{H_2}^\circ$ を与え，方程式を解くことにより [H] が求まる（表1）.

これらの関係を図1に示す.

表1

$\sqrt{p^\circ_{H_2}}$ (atm$^{1/2}$)	$p^\circ_{H_2}$ (atm)	[H] (ppm)
0.02	0.0004	0.2788
0.04	0.0016	0.9721
0.06	0.0036	1.878
0.08	0.0064	2.885
0.10	0.01	3.942
0.20	0.04	9.473
0.30	0.09	15.12
0.40	0.16	20.74
0.50	0.25	26.33
0.60	0.36	31.89
0.70	0.49	37.41
0.80	0.64	42.89
0.90	0.81	48.32
1.00	1.00	53.71

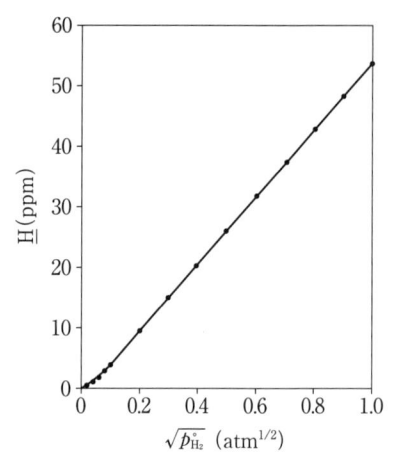

図1 溶鉄に溶け込む水素量と導入水素ガス分圧との関係

（**注**） Sievertsの法則は「溶解度は（導入）ガス分圧に比例する」ということではなく，正確には「溶解度は（平衡状態での）ガス分圧に比例する」である．このため溶解度を $\sqrt{p^\circ_{H_2}}$（導入ガス分圧）に対しプロットしてみると，低分圧域では直線から外れる．$\sqrt{p_{H_2}}$（平衡ガス分圧）に対してプロットすれば直線となるのは（4）式より明らかである（図2）．

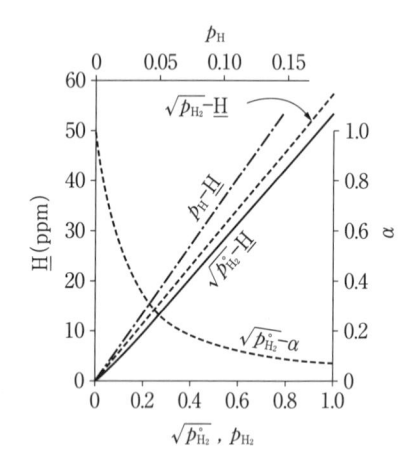

図2 溶解度とガス分圧の関係

52

溶鋼の脱炭，脱水素：蒸気圧から除去速度の推定

1873 K (1600 ℃) で，溶鋼中の炭素が CO として揮発除去されている（工業的に Boiling 状態という）状態を考える．1.67×10^{-4}（wt%C/sec）の速度で溶鋼の脱炭反応が起こっているとき，溶けている水素の除かれる最大速度を求めよ．ただし，全圧は 1 atm とし鋼浴は 1873 K で 10 ppm の水素を含んでいるものとして，C と H の相互作用は無視せよ．次のデータを用いてもよい．

$$\frac{1}{2}H_2(g) = \underline{H} \text{ (ppm)} : \Delta G° = 31970 - 44.43T \text{ (J)}$$

[解]

除去される C と H の量は，平衡状態での CO と H_2 の蒸気圧に比例すると考える．

ある時間で除去される C と H のモル数を n_C, n_H，それぞれの除去速度を [%C], [%H]（wt%/sec）とすると，

$$n_C : n_H = \frac{[\%C](wt\%/sec)}{12} : [\%H](wt\%/sec) = p_{CO} : 2p_{H_2}$$

次に p_{H_2} を求める．与えられた式より，

$$\frac{1}{2}H_2(g) = \underline{H} \text{ (ppm)} : \Delta G°_{1873} = -51250 \text{ (J)}$$

$$K = \frac{[H]}{p_{H_2}^{1/2}} = 26.87$$

[H]=10（ppm）より，$p_{H_2} = 0.139$（atm）．

気相が CO と H_2 のみで全圧力が 1 atm であるので，$p_{CO} = 0.861$（atm）

$$\therefore [H](wt\%/sec) = \frac{2}{12}[\%C](wt\%/sec) \cdot \frac{p_{H_2}}{p_{CO}}$$
$$= 4.49 \times 10^{-6} \text{ (wt\%/sec)}$$
$$= 4.49 \times 10^{-2} \text{ (ppm/sec)}$$

実際は脱水素反応速度はこれよりはるかに遅く，脱水素のために今は真空溶解が行われている．

また，Cu 転炉での Bi や Pb の揮発除去を考える際でもこの問題と同様に考えればよい．

53

Fe-Mn：理想溶液の標準状態の変換

Fe-Mn 系について考える．Mn の二つの標準状態の変換を次式の化学反応式で示す．
$$\mathrm{Mn(l)} = \underline{\mathrm{Mn}}(\%)$$

ラウール基準と wt% 表示のヘンリー基準の Mn の標準部分モルギブズエネルギーの差を，$\Delta G^\circ_{\mathrm{Mn}} = \overline{G}^\circ_{\mathrm{Mn}}(\%) - \overline{G}^\circ_{\mathrm{Mn}}(\mathrm{R})$ とするとき，$\Delta G^\circ_{\mathrm{Mn}}$ を求めよ．ただし，Fe-Mn 系は理想溶液と見なせるとせよ．

解

A-B 二元系溶液において，wt% B とモル分率 x_B の関係は，$\mathrm{M_A}$ と $\mathrm{M_B}$ を A，B の原子量として

$$\frac{\mathrm{wt\% \, B}}{100} = \frac{x_\mathrm{B} \mathrm{M_B}}{(1-x_\mathrm{B})\mathrm{M_A} + x_\mathrm{B} \mathrm{M_B}}$$

であり，$x_\mathrm{B} \to 0$ と考えられる場合，

$$\frac{\mathrm{wt\% \, B}}{100} = \frac{x_\mathrm{B} \mathrm{M_B}}{\mathrm{M_A} + x_\mathrm{B}(\mathrm{M_B}-\mathrm{M_A})} \simeq x_\mathrm{B} \frac{\mathrm{M_B}}{\mathrm{M_A}}$$

となる．Mn の部分モルギブズエネルギー $\overline{G}_{\mathrm{Mn}}$（化学ポテンシャル μ_{Mn} に等しい）は，理想溶液なので，ラウール基準では，

$$\overline{G}_{\mathrm{Mn}} = \overline{G}^\circ_{\mathrm{Mn}}(\mathrm{R}) + RT \ln x_{\mathrm{Mn}}$$

と表記できる．$x_\mathrm{B} \to 0$ と考えられる場合には，これを変形して

$$\overline{G}_{\mathrm{Mn}} = \overline{G}^\circ_{\mathrm{Mn}}(\mathrm{R}) + RT \ln \frac{\mathrm{M_{Fe}}}{100 \mathrm{M_{Mn}}} \mathrm{wt\% \, Mn} = \left(\overline{G}^\circ_{\mathrm{Mn}}(\mathrm{R}) + RT \ln \frac{\mathrm{M_{Fe}}}{100 \mathrm{M_{Mn}}} \right) + RT \ln \mathrm{wt\% \, Mn}$$

よって，

$$\overline{G}^\circ_{\mathrm{Mn}}(\%) = \overline{G}^\circ_{\mathrm{Mn}}(\mathrm{R}) + RT \ln \frac{\mathrm{M_{Fe}}}{100 \mathrm{M_{Mn}}}$$

となる．

したがって，Fe-Mn 系では $\mathrm{M_{Fe}} = 55.85$，$\mathrm{M_{Mn}} = 54.94$ なので，

$$\Delta G^\circ = RT \ln \frac{55.85}{100 \times 54.94}$$

$$\therefore \quad \Delta G^\circ = -38.15 T \quad (\mathrm{J/mol})$$

54

Bi：非理想溶液の標準状態の変換

溶銅中（1473 K（1200 ℃））の Bi について，ヘンリーの法則が成立する範囲におけるラウール基準での活量係数は，$\gamma_{Bi}^\circ=3$ である．問 53 と同様に，ラウール基準と wt% 表示のヘンリー基準の Bi の標準部分モルギブズエネルギーの差を

$$\Delta G°=\overline{G}_{Bi}^\circ(\%)-\overline{G}_{Bi}^\circ(R)$$

とする．$\Delta G°$ を求めよ．

解

ヘンリーの法則が成立する範囲で，Bi の部分モルギブズエネルギーをラウール基準で表すと，$\gamma_{Bi}^\circ=3$ と与えられているので，

$$\overline{G}_{Bi}=\overline{G}_{Bi}^\circ(R)+RT\ln 3x_{Bi}$$

となる．問 53 と同様に，これを変形して，

$$\overline{G}_{Bi}=\left(\overline{G}_{Bi}^\circ(R)+RT\ln\frac{3\mathrm{M}_{Cu}}{100\mathrm{M}_{Bi}}\right)+RT\ln \mathrm{wt\%\ Bi}$$

よって，答えは

$$\Delta G°=RT\ln\frac{3\mathrm{M}_{Cu}}{100\mathrm{M}_{Bi}}=8.314T\times\ln\frac{3\times 63.54}{100\times 208.98}=-39.05T\ (\mathrm{J/mol})$$

55 SiO$_2$ の溶鉄への溶解：溶解熱と標準生成モルギブズエネルギーデータから $\Delta G°$ 算出

溶鉄への Si(l) の溶解に伴う部分モルエンタルピー変化量が -119244 (J/mol) であることを知り，Si(l)＋O$_2$(g)＝SiO$_2$(s) および O$_2$(g)＝2O の $\Delta G°$ の値から，次式に対する $\Delta G°$ を温度の関数として算出せよ．

$$\text{SiO}_2(s) = \underline{\text{Si}}(\%) + 2\underline{\text{O}}(\%)$$

ただし

$$K^{(1)}_{1873} = [\%\text{Si}][\%\text{O}]^2 = 2.8 \times 10^{-5} \tag{1}$$

$$\text{O}_2(g) = 2\underline{\text{O}}(\%) \quad : \Delta G° = -234304 - 5.774T \text{ (J)} \tag{2}$$

$$\text{Si(l)} + \text{O}_2(g) = \text{SiO}_2(s) : \Delta G° = -946463 + 197.7T \text{ (J)} \tag{3}$$

解

溶鉄への Si の溶解熱が -119244 J/mol と与えられているから，部分モルエントロピー変化量を x (J/K) とおき，次式を得る．

$$\text{Si(l)} = \underline{\text{Si}}(\%) : \Delta G° = -119244 - xT \text{ (J)} \tag{4}$$

（2）式 ＋（4）式 －（3）式より，

$$\text{SiO}_2(s) = \underline{\text{Si}}(\%) + 2\underline{\text{O}}(\%) : \Delta G° = 592915 - 203.474T - xT \text{ (J)} \tag{5}$$

（1）式より，$T=1873$ K において，

$$\Delta G° = -RT \ln[\%\text{Si}][\%\text{O}]^2 = -8.314 \times 1873 \times \ln(2.8 \times 10^{-5})$$
$$= 163247 \text{ (J)}$$

（5）式に代入して，x を求める．

$$x = 25.927 \text{ (J/K)}$$

したがって，（5）式に x の値を代入して，

$$\Delta G° = 592915 - 229.401T \text{ (J)}$$

[**コメント**] もし（1）式の K_{1873} が与えられていない場合は，Fe-Si 系を正則溶液と考えて，（4）式の x を決定することができる．すなわち，

$$x = \Delta S° = R \ln N_{\text{Si}} \approx R \ln \frac{55.85[\%\text{Si}]}{100 \times 28.09}$$

[%Si]＝1 より，$x=-32.57$ (J) となる．経験上，正則溶液近似は濃度が希薄なときにはかなり適用できる．

56

溶鋼の脱酸：問 55 の $\Delta G°$ から脱酸量算出

0.04 %$\underline{O}$ を含む低炭素鋼鋼浴に，1793 K（1520 ℃）で 2 kg/t の Si を溶解させて脱酸を行った．SiO_2 の活量を 1 とおき，生成する SiO_2 量を求めよ．

計算に使用するデータ

$$SiO_2(s) = \underline{Si}(\%) + 2\underline{O}(\%) : \Delta G° = 592915 - 229.41T \text{ (J)}$$

解

$SiO_2(s) = \underline{Si}(\%) + 2\underline{O}(\%)$ の反応について，次式を得る．

$$K = \frac{[\%\underline{Si}] \cdot [\%\underline{O}]^2}{a_{SiO_2}} = \exp\left(-\frac{\Delta G°}{RT}\right)$$

ここで，$a_{SiO_2}=1$，$T=1793$ K を代入すると

$$[\%\underline{Si}] \cdot [\%\underline{O}]^2 = 5.13 \times 10^{-6} \tag{1}$$

鋼 1 t 当たり，SiO_2 が x kg 生成するとし，Si と O の原子量は 28 と 16 であるので，1793 K で

$$残留 \underline{Si} = (2 - 28/60 \cdot x) \text{ (kg)}$$

$$残留 \underline{O} = (0.4 - 32/60 \cdot x) \text{ (kg)}$$

ここで，残留 $\underline{Si}$，$\underline{O}$ は正の値でなければならないので，$x \leq 0.75$ である．したがって，(1)式より

$$\frac{(2 - 28/60 \cdot x) \times 100}{1000} \cdot \left\{\frac{(0.4 - 32/60 \cdot x)100}{1000}\right\}^2 = 5.13 \times 10^{-6}$$

これを解くと，$x=0.65$，0.86，4.28 の三つの実数解が得られるが，$x \leq 0.75$ より，$x=0.65$ となる．したがって，生成する SiO_2 の量は次の値になる．

$$x = 0.65 \text{ (kg)}$$

[コメント] Si と O のみの部分モル量で平衡定数を議論することは，水溶液中の水と同様に，マトリックスである Fe の部分モルギブズエネルギー（化学ポテンシャル）の変化は無視できるという背景がある．

57

溶銅中の活量係数：相互作用母係数から助係数算出

溶銅中のSに対する第三元素の影響として，次のような相互作用母係数が与えられている．
$$\varepsilon_S^{(Co)} = -4.8, \quad \varepsilon_S^{(Fe)} = -7.4, \quad \varepsilon_S^{(Ni)} = -6.6$$

（ⅰ） 次の各相互作用助係数を算出せよ．
$$e_S^{(Co)}, \quad e_S^{(Fe)}, \quad e_S^{(Ni)}, \quad e_{Co}^{(S)}, \quad e_{Fe}^{(S)}, \quad e_{Ni}^{(S)}$$

（ⅱ） 0.1％Co，0.4％Fe，1.0％Niを含んだ銅中のSの活量係数と単純なCu-S二元系のSの活量係数を比較せよ．

解

相互作用母（助）係数については，ref.3, 90～92，大谷正康，鉄冶金熱力学（日刊工業新聞社）87～93，松下幸雄ら，冶金物理化学（丸善）67～83 などを参照せよ．

多元系溶液（溶媒1，溶質2, 3, …）における成分2の活量係数は，相互作用母係数を用いて次のように表せる．
$$\ln \gamma_2 = \ln \gamma_2^o + \varepsilon_2^{(2)} N_2 + \varepsilon_2^{(3)} N_3 + \cdots \tag{1}$$

また，wt％を用いたHenry基準の活量係数は，
$$\log f_2 = e_2^{(2)}[\%2] + e_2^{(3)}[\%3] + \cdots \tag{2}$$

ここで，$e_i^{(j)}$ を相互作用助係数という．

M-i-j 三元系において $\varepsilon_i^{(j)}$ と $e_i^{(j)}$ の関係は，
$$e_i^{(j)} = \frac{M}{2.303 M_j} \varepsilon_i^{(j)} - \frac{M - M_j}{2.303 M_j} \tag{3}$$

ここで，M：溶媒の原子量，M_i, M_j：成分 i, j の原子量である．

$e_i^{(j)}$ と $e_j^{(i)}$ の関係は
$$e_j^{(i)} = \frac{M_j}{M_i} e_i^{(j)} + 0.434 \times 10^{-2} \frac{M_i - M_j}{M_i} \tag{4}$$

（ⅰ） 各成分の原子量は
$$M_{Cu} = 63.54, \quad M_S = 32.06, \quad M_{Co} = 58.93, \quad M_{Fe} = 55.85, \quad M_{Ni} = 58.71$$

各原子量と（3）式より，
$$e_S^{(Co)} = -2.28 \times 10^{-2} \quad (-2.25 \times 10^{-2})$$
$$e_S^{(Fe)} = -3.72 \times 10^{-2} \quad (-3.66 \times 10^{-2})$$
$$e_S^{(Ni)} = -3.14 \times 10^{-2} \quad (-3.11 \times 10^{-2})$$

（4）式より，
$$e_{Co}^{(S)} = -4.55 \times 10^{-2} \quad (-4.14 \times 10^{-2})$$
$$e_{Fe}^{(S)} = -6.80 \times 10^{-2} \quad (-6.38 \times 10^{-2})$$
$$e_{Ni}^{(S)} = -6.11 \times 10^{-2} \quad (-5.70 \times 10^{-2})$$

ここで，（ ）内は右辺第2項を無視した場合である．

相互作用係数はもともと信頼度が必ずしも高くないデータであり，通常は（3），（4）式の右辺第2項を無

視した式が用いられる．

(ii) $\log f_2 = \log f_S^{(S)} + \log f_S^{(Co)} + \log f_S^{(Fe)} + \log f_S^{(Ni)}$
   $= \log f_S^{(S)} + e_S^{(Co)}[\%Co] + e_S^{(Fe)}[\%Fe] + e_S^{(Ni)}[\%Ni]$
   $= \log f_S^{(S)} + (-2.28 \times 10^{-2}) \cdot 0.1 + (-3.72 \times 10^{-2}) \cdot 0.4 + (-3.14 \times 10^{-2}) \cdot 1.0$
   $= \log f_S^{(S)} - 0.04856$
   $= \log f_S^{(S)} + \log(0.894)$
   $= \log(f_S^{(S)} \times 0.894)$

したがって，この銅中のSの活量係数は，単純なCu-S二元系の場合の約0.9倍である．

58

銑鉄中の S：相互作用係数から活量係数算出

0.05 %S，1.5 %Si，3.5 %C，2 %Mn を含む銑鉄中の S の活量係数を求めよ．
ただし，

$$e_S^{(S)} = -0.028, \quad e_S^{(Si)} = 0.066, \quad e_S^{(C)} = 0.11, \quad e_S^{(Mn)} = -0.025$$

である．

[解]

S の活量係数 f_S は，次のように計算できる（問 57 も参照せよ）．

$$\log f_S = \log f_S^{(S)} + \log f_S^{(Si)} + \log f_S^{(C)} + \log f_S^{(Mn)}$$
$$= e_S^{(S)}[\%S] + e_S^{(Si)}[\%Si] + e_S^{(C)}[\%C] + e_S^{(Mn)}[\%Mn]$$
$$= (-0.028) \times 0.05 + 0.066 \times 1.5 + 0.11 \times 3.5 + (-0.025) \times 2$$
$$= 0.4326$$
$$\therefore \quad f_S = 2.71$$

[コメント] $e_S^{(C)} = 0.11$ という値から分かるように C は S の活量係数を大きくする効果がある．したがって脱硫は C の存在下の方が容易で，転炉鋼よりも高炉銑の方が容易である．

59

水溶液の平均イオン活量：平均イオン活量の定義

0.2 重量モル濃度の $AgNO_3$，$NiSO_4$，$ZnCl_2$ の各溶液の平均イオン活量を求める．ただしこの濃度での，それぞれの平均モル活量係数は次のように与えられている．

$$AgNO_3：0.64,\quad NiSO_4：0.13,\quad ZnCl_2：0.45$$

解

今，ある電解質 $A_{\nu_1}B_{\nu_2}$ を考えたとすると，$A_{\nu_1}B_{\nu_2}$ は次のように分解する．

$$A_{\nu_1}B_{\nu_2} = \nu_1 A^{z_1^+} + \nu_2 B^{z_2^-}$$

ここで，この電解質の活量を a，$A^{z_1^+}$，$B^{z_2^-}$ イオンの活量をそれぞれ a_1，a_2 とすると，次式が成り立つ．

$$a = a_1^{\nu_1} \cdot a_2^{\nu_2} \tag{1}$$

また，この電解質の濃度を m とし，この電解質が完全に解離すると考えると，各イオンの濃度は次のように表される．

$$m_1 = \nu_1 m \qquad m_2 = \nu_2 m \tag{2}$$

さらに，f_i を各イオンの活量係数とすると，各イオンの活量は，次式で示される．

$$a_1 = f_1 m_1 \qquad a_2 = f_2 m_2 \tag{3}$$

（2），（3）式を（1）式に代入すると次のようになる．

$$a = a_1^{\nu_1} \cdot a_2^{\nu_2} = (f_1 \nu_1 m)^{\nu_1} \cdot (f_2 \nu_2 m)^{\nu_2}$$
$$= (f_1^{\nu_1} f_2^{\nu_2}) \cdot (\nu_1^{\nu_1} \nu_2^{\nu_2}) m^{\nu} \quad (\text{ただし } \nu \equiv \nu_1 + \nu_2)$$

ここで，

$$f_{\pm}^{\nu} \equiv f_1^{\nu_1} \cdot f_2^{\nu_2}$$
$$m_{\pm}^{\nu} \equiv (\nu_1^{\nu_1} \cdot \nu_2^{\nu_2}) \cdot m^{\nu} \tag{4}$$
$$a_{\pm}^{\nu} \equiv a$$

とすると

$$a_{\pm} = f_{\pm} \cdot m_{\pm}$$

ここで，$a_{\pm}$ が平均イオン活量，$f_{\pm}$ が平均モル活量係数，$m_{\pm}$ が平均イオン濃度であるから，$f_{\pm}$ が与えられているため，$m_{\pm}$ が求まれば $a_{\pm}$ が求まる．
（4）式より

$$m_{\pm} = (\nu_1^{\nu_1} \cdot \nu_2^{\nu_2})^{1/\nu} \cdot m \tag{5}$$

$AgNO_3$ の場合

$$AgNO_3 = Ag^+ + NO_3^-$$

よって，$\nu_1=1$，$\nu_2=1$，$m=0.2$ であるから

$$m_{\pm} = (1^1 \cdot 1^1)^{1/2} \times 0.2 = 0.2$$
$$\therefore \quad a_{\pm} = 0.64 \times 0.2 = 0.128$$

$NiSO_4$ の場合

$$NiSO_4 = Ni^{2+} + SO_4^{2-}$$

よって，$\nu_1=1$，$\nu_2=1$，$m=0.2$ であるから

$$m_\pm = (1^1 \cdot 1^1)^{1/2} \times 0.2 = 0.2$$
$$\therefore \quad a_\pm = 0.13 \times 0.2 = 0.026$$

$ZnCl_2$ の場合

$$ZnCl_2 = Zn^{2+} + 2Cl^-$$

よって，$\nu_1=1$, $\nu_2=2$, $m=0.2$ であるから

$$m_\pm = (1^1 \cdot 2^2)^{1/3} \times 0.2 = 0.317$$
$$\therefore \quad a_\pm = 0.45 \times 0.317 = 0.143$$

60

HCl 溶液の pH：電池の起電力から pH 算出

$H_2|HCl|AgCl|Ag$ の形で構成される電池の 298 K（25 ℃）での標準電位（$E°$）は，0.2225 V である．もし，起電力測定において 0.394 V であるとすると，HCl 溶液の pH はいくらか．ただし，起電力測定では，$p_{H_2}=1$ atm とせよ．

解

セル中の電極反応としては，

$$\frac{1}{2}H_2(g) = H^+ + e^- \tag{1}$$

$$AgCl(s) + e^- = Ag(s) + Cl^- \tag{2}$$

したがって，Ag について 1 mol の電子が流れることによって，以下の反応が進行する．

$$AgCl(s) + \frac{1}{2}H_2(g) = Ag(s) + H^+ + Cl^- \tag{3}$$

この反応による起電力 E は，

$$E = E° - \frac{RT}{F} \ln \frac{a_{H^+} \cdot a_{Cl^-} \cdot a_{Ag}}{a_{AgCl} p_{H_2}^{1/2}} \tag{4}$$

$a_{Ag}=1$, $a_{AgCl}=1$, $p_{H_2}=1$, $a_{H^+}=[H^+]$, $a_{Cl^-}=[Cl^-]$ であるから，

$$E = E° - \frac{RT}{F} \ln[H^+][Cl^-] \tag{5}$$

問題より，$E=0.394$ V, $E°=0.2225$ V, $T=298$ K であるから，

$$\log[H^+][Cl^-] = -\frac{1}{2.303} \times \frac{9.6485 \times 10^4}{8.3144 \times 298}(0.394 - 0.2225)$$

$$= -2.90$$

$[H^+]=[Cl^-]$ であるから，

$$\log[H^+] = -1.45 \quad \therefore \quad pH = -\log[H^+] = 1.45$$

61

Cu イオンの安定性：標準電極電位から活量，安定性評価

温度 298 K（25℃）において Cu|Cu^{2+} と Cu|Cu$^+$ の各々の標準電極電位は 0.337 V と 0.521 V である．次の反応の平衡定数はいくらか．また一般に Cu のイオンは Cu^{2+} 状態または Cu$^+$ 状態のどちらが支配的か論ぜよ．

$$2Cu^+ = Cu^{2+} + Cu$$

[解]

希薄な銅水溶液中で，銅イオン Cu$^+$，Cu^{2+} および金属銅が平衡しているとして考える．

$$Cu^{2+} + 2e = Cu \tag{1}$$

$E_1^\circ = 0.337$ V より，$\Delta G_1^\circ = -nFE_1^\circ = -2 \times 0.337 \times F = -0.674F$

$$Cu^+ + e = Cu \tag{2}$$

$E_2^\circ = 0.521$ V より，$\Delta G_2^\circ = -nFE_2^\circ = -1 \times 0.521 \times F = -0.521F$

（2）×2－（1）より，

$$2Cu^+ = Cu^{2+} + Cu :$$
$$\Delta G_3^\circ = -0.521F \times 2 + 0.674F = -0.368F$$
$$= -35506 \quad (J) \tag{3}$$

$\Delta G^\circ = -RT \ln K$ より，温度は 298 K であるので

$$K = \frac{a_{Cu^{2+}}}{a_{Cu^+}^2} = \exp\left(-\frac{\Delta G_3^\circ}{RT}\right) = 1.67 \times 10^6 \tag{4}$$

となる．

全溶存 Cu イオン濃度を [Cu^{total}]，Cu$^+$ の濃度を [Cu$^+$]，Cu^{2+} の濃度を [Cu^{2+}] とすると，

$$[Cu^{total}] = [Cu^+] + [Cu^{2+}]$$

希薄水溶液中では，活量と濃度はほぼ等しいと考えてよいので，（4）式より

$$[Cu^{total}] = [Cu^+] + K[Cu^+]^2$$

これを解くと

$$[Cu^+] = \frac{-1 + \sqrt{1 + 4K[Cu^{total}]}}{2K}$$

$$[Cu^{2+}] = [Cu^{total}] - \frac{-1 + \sqrt{1 + 4K[Cu^{total}]}}{2K}$$

すでに求めた K を代入し，[Cu$^+$]，[Cu^{2+}] を [Cu^{total}] に対してプロットしたのが図1である．図より，

全 Cu イオン濃度が大きいところでは [Cu^{2+}] が支配的であり
全 Cu イオン濃度が小さいところでは，[Cu$^+$] が支配的となる．

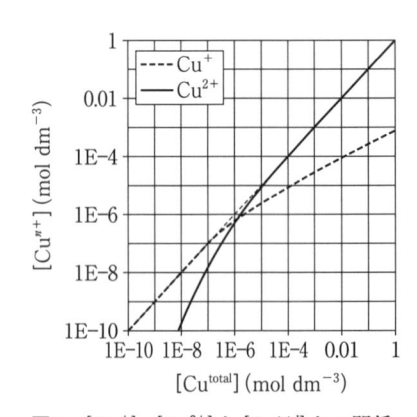

図1 [Cu$^+$]，[Cu^{2+}] と [Cu^{total}] との関係

[**コメント**] $\Delta G°$ は標準状態つまり各成分の活量が 1 のところでの ΔG であるから,$\Delta G°$ で判断,比較をしても活量が異なれば意味がなくなる.さらに K の示すところは Cu^+ と Cu^{2+} の活量比であり,直接 Cu イオン濃度を示すものではない.したがって,例えば Cu イオン濃度は大きくても,水溶液中で Cu^+ が Complex を作り,Cu^+ の活量が抑えられるならば,Cu^+ が安定となり得る.

62

水溶液系の溶解度：平均活量係数と溶解度積から溶解度算出

298 K（25℃）における AgCl 溶液の溶解度積は，次式で与えられる．

$$K_{sp} = 1.20 \times 10^{-10} \quad (\text{mol}^2/l^2)$$

$\log \gamma_\pm = -0.509|z_+ z_-|\sqrt{I}$ の関係が，本題のいずれでも成立するとして，純水中，0.01 mol/l の NaCl 溶液中および 0.01 mol/l の NaNO$_3$ 溶液中における AgCl の溶解度を求めよ．

ただし，I をイオン強度，i イオンのイオン価を z_i, イオンの重量モル濃度を m_i として，

$$I = \frac{1}{2}\sum_i m_i z_i^2$$

の関係がある．

解

溶液中の AgCl は完全に解離していると考え，希薄であり，溶液中のイオンの濃度は，容量モル濃度と重量モル濃度が等しいとする．よって，$m_{Ag^+} = m_{Cl^-} = m$ が成立する（m は AgCl の溶解モル濃度）．

（1） 純水中

$$I = \frac{1}{2}(m_{Ag^+} + m_{Cl^-}) = m$$

$$\therefore \quad \log \gamma_\pm = -0.509\sqrt{m}, \quad \gamma_\pm = 10^{-0.509\sqrt{m}}$$

$$K_{sp} = m_{Ag^+} m_{Cl^-}$$
$$= \gamma_+ m_{Ag^+} \gamma_- m_{Cl^-} = \gamma_\pm^2 m^2 = 10^{-2 \times 0.509\sqrt{m}} m^2 = 1.20 \times 10^{-10}$$

$$m = 1.10 \times 10^{-5} \quad (\text{mol}/l)$$

（2） 0.01 mol/l NaCl 溶液中

ここで，NaCl は完全に解離するので，$m_{Na^+} = 0.01$ である．また，塩化物イオンの物質収支から，$m_{Cl^-} = m_{Ag^+} + m_{Na^+} = m + 0.01$ であるから，

$$I = \frac{1}{2}(m_{Ag^+} + m_{Cl^-} + m_{Na^+}) = m + 0.01$$

$$\therefore \quad \log \gamma_\pm = -0.509\sqrt{m+0.01}$$

$$K_{sp} = \gamma_+ m_{Ag^+} \gamma_- m_{Cl^-} = \gamma_\pm^2 m(m+0.01)$$
$$= 10^{-2 \times 0.509\sqrt{m+0.01}} m(m+0.01) = 1.20 \times 10^{-10}$$

$$m = 1.52 \times 10^{-8} \quad (\text{mol}/l)$$

（3） 0.01 mol/l NaNO$_3$ 溶液中

NaNO$_3$ が完全に解離すると考え

$$I = \frac{1}{2}(m_{Ag^+} + m_{Cl^-} + m_{Na^+} + m_{NO_3^-}) = m + 0.01$$

$$\therefore \quad \log \gamma_\pm = -0.509\sqrt{m+0.01}$$

$$K_{sp} = \gamma_+ m_{Ag^+} \gamma_- m_{Cl^-} = \gamma_\pm^2 m^2 = 10^{-2 \times 0.509\sqrt{m+0.01}} m^2 = 1.20 \times 10^{-10}$$

$$m = 1.23 \times 10^{-5} \quad (\text{mol}/l)$$

以上に示したように，NaCl が加わって共通イオン（Cl$^-$）が増えると，AgCl の溶解度は減り，NaNO$_3$ の

ような共通イオンをもたない場合には，AgCl の溶解度は増す．

[コメント]　$\log \gamma_\pm = -0.509|z_+ z_-|\sqrt{I}$ の関係は，Debye と Hückel がイオン間相互作用により理論的に導いた式で，0.01 mol/l 以下の低濃度では実験値によく合う．

63

$BaSO_4$ の解離：溶解度と活量係数から解離の $\Delta G°$ 算出

298 K（25 ℃）における水への $BaSO_4$ の溶解度は，0.957×10^{-5} mol $/l$ である．$\log \gamma_{\pm} = -0.509|z_+ z_-|\sqrt{I}$ の関係式を用いて次の解離の $\Delta G°$ を求めよ．

$$BaSO_4(s) = Ba^{2+} + SO_4^{2-}$$

解

イオン強度 I は次式で与えられる．

$$I = \frac{1}{2}\sum m_i z_i^2 \quad (1)$$

ここで，$m_i = 0.957 \times 10^{-5}$，$z_+ = 2$，$z_- = -2$ より

$$I = \frac{1}{2}(0.957 \times 10^{-5} \times 2^2 + 0.957 \times 10^{-5} \times (-2)^2)$$
$$= 3.828 \times 10^{-5}$$

したがって，平均活量係数は

$$\log \gamma_{\pm} = -0.509 \times |2 \times (-2)| \times \sqrt{3.828 \times 10^{-5}}$$
$$= -1.26 \times 10^{-2}$$
$$BaSO_4(s) = Ba^{2+} + SO_4^{2-} \quad (2)$$

に伴う標準ギブズエネルギー変化 $\Delta G°$ は，$a_{BaSO_4} = 1$ を考慮すれば以下のとおりである．

$$a_{BaSO_4} = 1$$

$$\Delta G° = RT \ln \frac{a_{Ba^{2+}} a_{SO_4^{2-}}}{a_{BaSO_4}}$$
$$= -RT \ln a_{Ba^{2+}} a_{SO_4^{2-}}$$
$$= -RT \ln a_{\pm}^2 = -RT \ln \gamma_{\pm}^2 m_{\pm}^2$$
$$= -2 \times 8.314 \times 298 \times 2.303 \times (\log \gamma_{\pm} + \log m_{\pm})$$
$$= -11412 \times (-1.26 \times 10^{-2} + (-5.02))$$
$$= 57432 \text{ (J/mol)}$$

64

Fe イオンの酸化還元：電極電位とイオン比率の関係の導出

温度 298 K（25℃）における Pt|Fe^{2+}, Fe^{3+} の電極電位（$=E$）を酸化パーセントの関数として求めよ．ただし，酸化パーセント（$=x$）は，$x=100\dfrac{a_{Fe^{3+}}}{(a_{Fe^{3+}}+a_{Fe^{2+}})}$ と定義する．

解

この系の電極反応は

$$Fe^{3+}+e=Fe^{2+} \qquad E=E°-\frac{RT}{F}\ln\frac{a_{Fe^{2+}}}{a_{Fe^{3+}}} \tag{1}$$

今，$x=100\dfrac{a_{Fe^{3+}}}{(a_{Fe^{3+}}+a_{Fe^{2+}})}$ であるから

$$x\cdot a_{Fe^{3+}}+x\cdot a_{Fe^{2+}}=100\,a_{Fe^{3+}}$$
$$x\cdot a_{Fe^{2+}}=(100-x)a_{Fe^{3+}}$$
$$\therefore \quad \frac{a_{Fe^{3+}}}{a_{Fe^{2+}}}=\frac{x}{100-x} \tag{2}$$

(1)式に，(2)式を代入すると

$$E=E°-\frac{RT}{F}\ln\frac{100-x}{x}$$

また，298 K での(1)式の $\Delta G°$ は，

$$\Delta G°=-78.87-(-4.6)=-74.27 \text{ (kJ/mol)} \text{ (ref. 2 より)}$$
$$\therefore \quad E°=\frac{-\Delta G°}{nF}=\frac{74270}{1\times 96485}=0.770 \text{ (V)}$$

よって，

$$E=0.770-\frac{8.314\times 298}{96485}\ln\frac{100-x}{x}=0.770-0.0591\log\frac{100-x}{x} \text{ (V)}$$

65

電池の起電力：起電力と水素圧の関係から水素の活量係数算出

298 K (25 ℃) における $H_2(g)|0.1\,mol\,HCl|HgCl|Hg$ の電池の起電力が水素圧の関数として求められている.

表1

p_{H_2} (atm)	1.0	37.9	51.6	110.2	280.6	731.8	1035.2
E (mV)	399.0	445.6	449.6	459.6	473.4	489.3	497.5

これより水素ガスの活量係数を求めよ.

$$\gamma_{H_2}=f_{H_2}/p_{H_2} \quad (f:フガシティー)$$

このとき, 1000 気圧程度の圧力では, 凝縮相の成分の活量は変化しないと仮定せよ.

解

この電池の電極反応は,

$$HgCl+e^-=Hg+Cl^-$$

$$\frac{1}{2}H_2=H^++e^-$$

であるから, したがって

$$HgCl+\frac{1}{2}H_2=Hg+H^++Cl^-$$

よって, この反応に伴う起電力変化は以下のようになる.

$$E=E°-\frac{RT}{F}\ln\frac{a_{Hg}a_{H^+}a_{Cl^-}}{a_{HgCl}(f_{H_2})^{1/2}} \quad (a_{Hg}=1, a_{HgCl}=1 \text{ とおく})$$

$$=E°-\frac{RT}{F}\ln a_{H^+}a_{Cl^-}+\frac{RT}{2F}\ln f_{H_2} \tag{1}$$

$p_{H_2}=1\,atm$ では, H_2 は理想気体であるとし $\gamma_{H_2}=1$ とおく. すなわち $f_{H_2}=1$. 上式より

$$E°-\frac{RT}{F}\ln a_{H^+}a_{Cl^-}=0.3990$$

(1)式に代入して

$$E=0.3990+0.01284\ln(p_{H_2}\gamma_{H_2})$$

$$\gamma_{H_2}=\frac{1}{p_{H_2}}\exp\{77.8816(E-0.3990)\}$$

上式より, 表2の結果を得る.

表2

p_{H_2} (atm)	1.0	37.9	51.6	110.2	280.6	731.8	1035.2
E (V)	0.399	0.4456	0.4496	0.4596	0.4734	0.4893	0.4975
γ_{H_2}	1.0	0.9943	0.9973	1.0175	1.1705	1.5484	2.0730

[**コメント**] ガスはほとんどの場合, 理想気体として扱ってよいが, このように 100 気圧以上の高圧ともなると $a_i=p_i$ とは限らない. また液化しやすいガスを低温で扱う場合も, 注意を必要とする (つまり低温においても, $\gamma_i\neq 1$ となる).

66

アンモニア水溶液：pH とフリーアンモニアの安定性

アンモニア水溶液中では次のような平衡が成立している．
$$NH_3 + H^+ = NH_4^+ : K = 10^{9.2}$$
溶液中のアンモニアの全量を 1 mol/l として溶液が理想状態と考えられるとき（すなわち各成分の活量が mol/l で表せるとき），次のことを証明せよ．

（a） pH=3 の水溶液では free のアンモニア（すなわち NH_3）はほとんどない．
（b） pH=11 の水溶液中ではほとんど全部のアンモニアは free の状態で存在する．

解

$$K = \frac{a_{NH_4^+}}{a_{NH_3} \cdot a_{H^+}} = 10^{9.2}$$

各成分の活量を濃度（mol/l）で表すと，溶液が理想状態なので

$$K = \frac{[NH_4^+]}{[NH_3] \cdot [H^+]} = 10^{9.2} \tag{1}$$

また，アンモニア全量が 1 mol/l であるので

$$[NH_3] + [NH_4^+] = 1 \tag{2}$$

（1），（2）式より

$$K = \frac{1 - [NH_3]}{[NH_3] \cdot [H^+]} = 10^{9.2} \quad \therefore \quad [NH_3] = \frac{1}{1 + 10^{9.2} \times [H^+]} \tag{3}$$

（a） pH=3 のとき
$[H^+] = 10^{-3}$ を（3）式に代入すると

$$[NH_3] = \frac{1}{1 + 10^{9.2} \times 10^{-3}} \approx 0$$

したがって free のアンモニアはほとんどない．

（b） pH=11 のとき

$$[H^+] = 10^{-11} \quad [NH_3] = \frac{1}{1 + 10^{9.2} \times 10^{-11}} = \frac{1}{1 + 10^{-1.8}} = 0.9844$$

したがって，ほとんど全部のアンモニアは free の状態で存在する．

[**コメント**] pH-NH_3 濃度の関係を図示すると，図1のようになる．

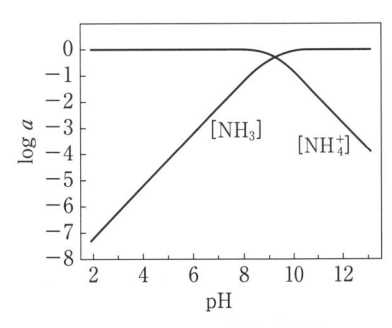

図1 pH と NH_3 濃度の関係

67 水溶液のモル容積：モル容積から部分モル容積算出

298 K（25℃）において 1000 g の水に n mol の NaCl を含んだ溶液がある．m^3 で表された溶液の容積（V）は，NaCl を n mol 加えるごとに次のように変化する．
$$V = 1.0014 \times 10^{-3} + 1.6625 \times 10^{-5} n + 1.7738 \times 10^{-6} n^{3/2} + 1.194 \times 10^{-7} n^2$$
0～2 mol までのモル数の関数として溶液中の H$_2$O と NaCl の部分モル容積を示すグラフを描け．

[解]

i 成分のモル数を n_i，部分モル体積を $\bar{V}_i$ とすると，
$$V = n_1 \bar{V}_1 + n_2 \bar{V}_2 + \cdots, \quad \bar{V}_i = \left(\frac{\partial V}{\partial n_i} \right)_{T, P, n_j}$$

この問題では，$V = n_{\text{NaCl}} \bar{V}_{\text{NaCl}} + n_{\text{H}_2\text{O}} \bar{V}_{\text{H}_2\text{O}}$ が n_{NaCl} の関数として与えられているので，これよりまず $\bar{V}_{\text{NaCl}}$ を求める．

$$\bar{V}_{\text{NaCl}} = \frac{dV}{dn_{\text{NaCl}}} = 1.6625 \times 10^{-5} + 2.6607 \times 10^{-6} n_{\text{NaCl}}^{1/2} + 2.388 \times 10^{-7} n_{\text{NaCl}}$$

$$\bar{V}_{\text{H}_2\text{O}} = \frac{1}{n_{\text{H}_2\text{O}}} (V - n_{\text{NaCl}} \bar{V}_{\text{NaCl}})$$
$$= \frac{18}{1000} (1.0014 \times 10^{-3} - 8.869 \times 10^{-7} n_{\text{NaCl}}^{3/2} - 1.194 \times 10^{-7} n_{\text{NaCl}}^2)$$
$$= 1.8025 \times 10^{-5} - 1.5964 \times 10^{-8} n_{\text{NaCl}}^{3/2} - 2.1492 \times 10^{-9} n_{\text{NaCl}}^2$$

この結果を図 1 に示す．

[コメント] これは，部分モル量の概念を把握するための問題である．図を見て分かるように，溶媒（水）の体積はほとんど変化しないが，溶質（NaCl）の体積は大きく変化している．

活量も同様で，希薄なところでは溶質の活量は大きく変化するが，溶媒の活量はほぼ 1 でほとんど変化しない．

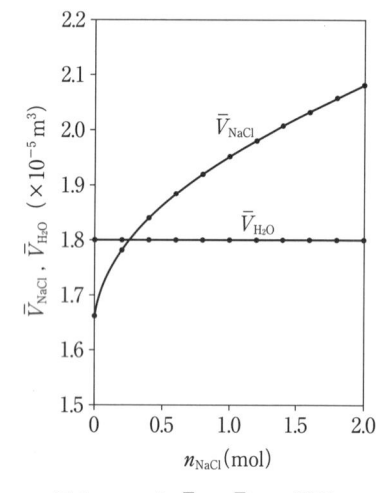

図 1 n_{NaCl} と $\bar{V}_{\text{NaCl}}, \bar{V}_{\text{H}_2\text{O}}$ の関係

68

ZnO の硫酸化：$\Delta G°$ から硫酸化傾向を評価

ZnO と ZnO·Fe$_2$O$_3$ (Zinc ferrite) の硫酸化反応を，（i）1000 K (727 ℃) において SO$_3$ ガスによる場合，（ii）298 K (25 ℃) において希薄酸による場合，それぞれについて比較せよ．ただし，

$$ZnO+Fe_2O_3=ZnO·Fe_2O_3：\Delta G°(1)=-9620+3.77T \text{ (J)} \quad (298\sim1000\text{ K}) \tag{1}$$

$$ZnO(s)+SO_3(g)=ZnSO_4(s)：\Delta G°(2)=-234457-21.2T \log T+246.12T \tag{2}$$

$$ZnO(s)+2H^+=Zn^{2+}+H_2O：$$
$$\Delta G°(3)=\Delta G°_{Zn^{2+}}+\Delta G°_{H_2O}-\Delta G°_{ZnO}-2\Delta G°_{H^+}$$
$$=-147030+(-237178)-(-318320)-2\times 0=-65888 \text{ (J)} \quad (298\text{ K}) \tag{3}$$

である (ref.2 より)．また，通常の浸出では，Zn^{2+} は 1 mol/l であり，$\gamma_{Zn^{2+}}=0.1$ 程度と考えてよい．

解

（i）1000 K において SO$_3$ ガスで硫酸化する場合

$\Delta G°_{1000}(2)=-51937$ (J)．ゆえに $\Delta G°(2)=RT\ln p_{SO_3}$ より（$a_{ZnO}=a_{ZnSO_4}=1$），

$$p_{SO_3}=1.937\times 10^{-3} \text{ (atm)}$$

次に，（2）-（1）より

$$ZnO·Fe_2O_3(s)+SO_3(g)=ZnSO_4(s)+Fe_2O_3(s)：$$
$$\Delta G°(4)=-224837-21.2T \log T+242.35T \text{ (J)} \tag{4}$$
$$\therefore \quad \Delta G°_{1000}(4)=-46087 \text{ (J)}$$

ゆえに，$p_{SO_3}=3.914\times 10^{-3}$ (atm)．すなわち，ZnO·Fe$_2$O$_3$ は硫酸化されにくく ZnO より高い p_{SO_3} を必要とする．

（ii）298 K で希薄酸により硫酸化する場合

$$\Delta G°(3)=-RT\ln K(3)=-2.303RT\log\frac{a_{Zn^{2+}}}{a_{H^+}^2}$$

したがって，$T=298$ K で

$$\log a_{Zn^{2+}}-2\log a_{H^+}=11.55$$

浸出では一般的に Zn^{2+} は 1 mol/l であり，$\gamma_{Zn^{2+}}=0.1$ 程度であるから $a_{Zn^{2+}}=0.1$．よって

$$\text{pH}=\frac{1}{2}(11.55+1)=6.28$$

次に ZnO·Fe$_2$O$_3$ の場合は

$$ZnO·Fe_2O_3(s)+2H^+=Zn^{2+}+Fe_2O_3(s)+H_2O： \tag{5}$$
$$\Delta G°(5)=\Delta G°_{Zn^{2+}}+\Delta G°_{Fe_2O_3}+\Delta G°_{H_2O}-\Delta G°_{ZnO·Fe_2O_3}-2\Delta G°_{H^+}$$
$$=\Delta G°_{Zn^{2+}}+\Delta G°_{H_2O}-\Delta G°_{ZnO}+(\Delta G°_{ZnO}+\Delta G°_{Fe_2O_3}-\Delta G°_{ZnO·Fe_2O_3})$$
$$=\Delta G°(3)+(-\Delta G°(1))$$
$$=-65888+8497$$
$$=-57391 \text{ (J)}$$

また

$$\Delta G°(5) = -RT \ln K(5) = -2.303RT \log \frac{a_{Zn^{2+}}}{a_{H^+}^2}$$

したがって

$$\log a_{Zn^{2+}} - 2\log a_{H^+} = 10.06$$

よって $a_{Zn^{2+}} = 0.1$ より

$$\text{pH} = -\log a_{H^+} = \frac{1}{2}(10.06+1) = 5.53$$

［コメント］ この場合でも $ZnO \cdot Fe_2O_3$ は ZnO よりも硫酸塩化されにくい．通常浸出の終点は pH≈5.5 前後であるため，$ZnO \cdot Fe_2O_3$ は浸出されず残渣（赤カス）に残ることになる．このため，Zn の回収率は悪く，以前は 80 % 程度であったが，最近は赤カスの様々な処理方法が実用化されており，Zn の収率は 95 % 以上となっている．参考のため，赤カス処理法をあげる．

（赤カス処理法）

（1） 湿式処理法

pH 1～2 の電解尾液を用いて 90 ℃で浸出すると Zn が溶ける．しかしこの液には Fe も溶け出しているためこのままでは Zn 製錬の本系統に送ることはできない．この Fe を除去する方法として以下のようなプロセスがある．

（a） ジャイロサイト（$(Na/NH_4)Fe_3(SO_4)_2(OH)_6$）プロセス

90 ℃で Na^+，NH_4^+ を加える．Zn の回収率はよいが残渣が多いという欠点がある（東邦亜鉛・安中，1976～1985，神岡鉱業，1994～2000）．

（b） ゲーサイト（FeOOH）プロセス

ZnS を加えて $Fe^{3+} \rightarrow Fe^{2+}$ とし空気を吹き込んでゲーサイトを沈殿させる（神岡鉱業，2000～2010）．

（c） ヘマタイト（Fe_2O_3）プロセス

Fe_2O_3 は酸性でも 100 ℃付近で沈殿することを利用し，オートクレーブを用い，酸素加圧下，470 K で沈殿させる．Zn の完全回収，残渣が少ない（Fe_2O_3 として沈殿するため）という利点はあるが，オートクレーブを用いるためコスト高になる（秋田製錬・飯島）．

（2） 乾式処理法

（a） 硫酸化焙焼（三菱マテリアル・秋田，1965～1996）

赤カスに FeS_2 を加え 950 K で硫酸化焙焼を行う．

（b） ウェルツプロセス（東邦亜鉛・安中，1981～，日曹金属・会津，1929～1983）

ロータリーキルンで赤カスを還元剤とともに焙焼し Zn は排ガス中より粗 ZnO として回収する．

(ref. 2, 273～274 参照)

Zn-Cd：起電力データから熱力学的諸量を算出

亜鉛-カドミウム系の起電力測定が溶融 $ZnCl_2$ を用いて，973〜1173 K（700〜900 ℃）の温度範囲において Wynnermer と Preckshot によりなされた．得られた実験結果は次の表1に与えられている．これらの結果を用いて 973，1073，1173 K における活量，活量係数，部分モルギブズエネルギー，混合ギブズエネルギー，ならびに測定温度範囲における部分モルエンタルピー，部分モルエントロピー，混合エンタルピー，混合エントロピーを計算せよ．

表1 Zn-Cd 系の起電力測定結果 E(mV)-温度 T(K)

N_{Zn}=0.103		N_{Zn}=0.199		N_{Zn}=0.404		N_{Zn}=0.521		N_{Zn}=0.604		N_{Zn}=0.709		N_{Zn}=0.902	
T	E	T	E	T	E	T	E	T	E	T	E	T	E
966	73.9	983	44.4	978	23.1	959	16.26	975	12.96	966	9.54	967	3.54
1022	80.5	1021	47.4	1029	25.0	1023	17.68	1023	13.75	1031	10.30	1027	3.70
1073	85.8	1076	51.6	1076	27.0	1076	19.25	1076	14.93	1075	10.98	1072	3.88
1125	91.3	1124	55.0	1123	28.7	1128	20.68	1124	16.05	1133	11.83	1122	4.13
1172	97.0	1178	58.5	1168	30.4			1175	17.06	1171	12.38	1168	4.33

解

まず，T-E の関係を求める．T-E の関係を図示すると図1のようになる．図より，T-E はほぼ直線関係にあり，それぞれの組成に対して最小自乗法で整理すると表2の結果を得る．

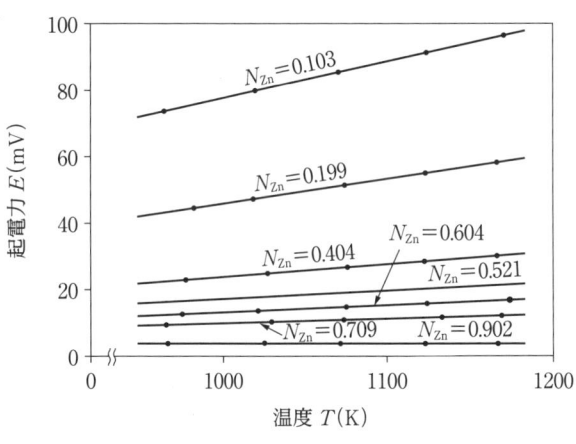

図1 起電力の温度依存性

表2

N_{Zn}	E (mV)
0.103	$-32.89+0.1106T$
0.199	$-26.67+0.07251T$
0.404	$-14.66+0.03861T$
0.521	$-9.162+0.02640T$
0.604	$-7.5768+0.02096T$
0.709	$-4.087+0.01403T$
0.902	$-0.3944+0.004023T$

Zn-Cd 系の起電力測定の全電池反応とギブズエネルギー変化 ΔG は次のようになる．

$$\text{Zn(pure metal)} = \text{Zn(in Zn-Cd 合金)} : \Delta G = \Delta \bar{G}_{Zn} = RT \ln a_{Zn} \tag{1}$$

また，電池の起電力 E とギブズエネルギー変化の間には

$$\Delta G = -nFE \tag{2}$$

の関係があるから，$n=2$ および表 2 の E から（2）式より ΔG を求め（1）式に代入し，a_{Zn}, r_{Zn} を得る.

$$a_{Zn} = \exp\left(\frac{\Delta G}{RT}\right) \tag{3}$$

$$\gamma_{Zn} = \frac{a_{Zn}}{N_{Zn}} \tag{4}$$

さらに（2）式を T で微分すると

$$\left(\frac{\partial \Delta G}{\partial T}\right)_p = nF\left(\frac{\partial E}{\partial T}\right)_p = -\Delta S$$

$$\Delta S = \Delta \bar{S}_{Zn} = nF\left(\frac{\partial E}{\partial T}\right)_p \tag{5}$$

また，$\Delta G = \Delta H - T\Delta S$ の関係があるから，（2），（5）式より

$$\Delta \bar{H}_{Zn} = \Delta \bar{G}_{Zn} + T\Delta \bar{S}_{Zn} = -nFE + T\Delta \bar{S}_{Zn} \tag{6}$$

（2），（3），（4），（5），（6）式および表 2 より，本問の温度範囲における $\Delta \bar{H}_{Zn}$, $\Delta \bar{S}_{Zn}$ および 973 K，1073 K，1173 K における $\Delta \bar{G}_{Zn}$, a_{Zn}, γ_{Zn} を求めると表 3 のようになる.

表 3 973 K，1073 K，1173 K における $\Delta \bar{G}_{Zn}$, a_{Zn}, γ_{Zn} および $\Delta \bar{H}_{Zn}$, $\Delta \bar{S}_{Zn}$

973 K				1073 K				1173 K					
N_{Zn}	$-\Delta \bar{G}_{Zn}$	a_{Zn}	γ_{Zn}	N_{Zn}	$-\Delta \bar{G}_{Zn}$	a_{Zn}	γ_{Zn}	N_{Zn}	$-\Delta \bar{G}_{Zn}$	a_{Zn}	γ_{Zn}	$\Delta \bar{H}_{Zn}$	$\Delta \bar{S}_{Zn}$
0.103	14420	0.1682	1.633	0.103	16550	0.1564	1.518	0.103	18680	0.1472	1.429	6351	21.34
0.199	8468	0.3510	1.764	0.199	9867	0.3308	1.662	0.199	11260	0.3152	1.583	5150	13.99
0.404	4420	0.5790	1.433	0.404	5165	0.5604	1.387	0.404	5910	0.5455	1.350	2828	7.450
0.521	3189	0.6742	1.294	0.521	3698	0.6606	1.267	0.521	4207	0.6496	1.246	1768	5.094
0.604	2473	0.7366	1.219	0.604	2878	0.7242	1.199	0.604	3282	0.7142	1.182	1461	4.044
0.709	1845	0.7960	1.122	0.709	2116	0.7888	1.112	0.709	2387	0.7829	1.104	788.3	2.707
0.902	679.2	0.9194	1.019	0.902	756.9	0.9186	1.018	0.902	834.5	0.9179	1.017	76.09	0.7763

単位は，ΔG：J/mol，$\Delta \bar{H}$：J/mol，$\Delta \bar{S}$：e.u.

次に，求められた Zn の熱力学諸量より，Cd の熱力学諸量を求める．まず，Gibbs-Duhem の式を適用し，次の（7）式を得る．

$$\ln \gamma_{Cd} = -\left[\frac{N_{Zn}}{N_{Cd}} \ln \gamma_{Zn}\right]_{N_{Cd}=1}^{N_{Cd}=N_{Cd}} + \int_{N_{Zn}=0}^{N_{Zn}=(1-N_{Cd})} \frac{\ln \gamma_{Zn}}{(1-N_{Zn})^2} dN_{Zn} \tag{7}$$

（7）式を図上積分すると，γ_{Cd}, a_{Cd}, $\Delta \bar{G}_{Cd}$ を，各温度について求めることができる．結果を表 4〜6，図 2〜4 に示す．

表 4 973 K における γ_{Cd}, a_{Cd}, $\Delta \bar{G}_{Cd}$

N_{Zn}	0.103	0.199	0.404	0.521	0.604	0.709	0.902
$\ln \gamma_{Zn}$	0.4904	0.5670	0.3597	0.2577	0.1980	0.1151	0.01882
$\frac{N_{Zn}}{N_{Cd}} \ln \gamma_{Zn}$	0.05631	0.1408	0.2438	0.2802	0.3020	0.2804	0.1732
$\frac{\ln \gamma_{Zn}}{(1-N_{Zn})^2}$	0.6094	0.8837	1.012	1.123	1.262	1.359	1.959
$\int \frac{\ln \gamma_{Zn}}{(1-N_{Zn})^2} dN_{Zn}$	0.04343	0.1153	0.3141	0.4400	0.5366	0.6688	0.9797
$\ln \gamma_{Cd}$	−0.01288	−0.02550	0.07030	0.1598	0.2346	0.3884	0.8065
γ_{Cd}	0.9872	0.9748	1.072	1.173	1.264	1.474	2.240
a_{Cd}	0.8855	0.7808	0.6389	0.5618	0.5005	0.4289	0.2195
$-\Delta \bar{G}_{Cd}$	983.7	2001	3624	4664	5599	6848	1.226×10^4

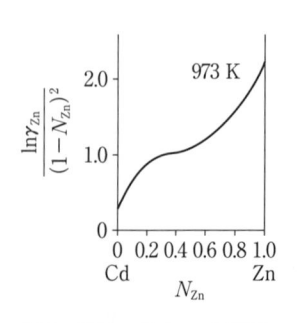

図 2 Gibbs-Duhem の式の図的解法（$T=973$ K）

表5 1073 K における γ_{Cd}, a_{Cd}, $\Delta \bar{G}_{Cd}$

N_{Zn}	0.103	0.199	0.404	0.521	0.604	0.709	0.902
$\ln \gamma_{Zn}$	0.4173	0.5080	0.3271	0.2366	0.1814	0.1061	0.01783
$\dfrac{N_{Zn}}{N_{Cd}} \ln \gamma_{Zn}$	0.04791	0.1262	0.2217	0.2573	0.2766	0.2585	0.1641
$\dfrac{\ln \gamma_{Zn}}{(1-N_{Zn})^2}$	0.5186	0.7917	0.9208	1.031	1.156	1.252	1.856
$\int \dfrac{\ln \gamma_{Zn}}{(1-N_{Zn})^2} dN_{Zn}$	0.03691	0.09937	0.2785	0.3927	0.4826	0.6009	0.9041
$\ln \gamma_{Cd}$	-0.01100	0.02683	0.05680	0.1354	0.2060	0.3424	0.7400
γ_{Cd}	0.9890	0.9735	1.058	1.144	1.228	1.408	2.095
a_{Cd}	0.8871	0.7797	0.6305	0.5479	0.4862	0.4097	0.2053
$-\Delta \bar{G}_{Cd}$	1068	2219	4111	5367	6433	7960	1.412×10^4

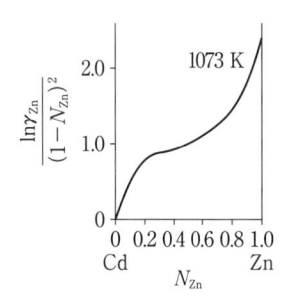

図3 Gibbs-Duhem の式の図的解法 ($T=1073$ K)

表6 1173 K における γ_{Cd}, a_{Cd}, $\Delta \bar{G}_{Cd}$

N_{Zn}	0.103	0.199	0.404	0.521	0.604	0.709	0.902
$\ln \gamma_{Zn}$	0.3569	0.4593	0.3001	0.2199	0.1672	0.09893	0.01685
$\dfrac{N_{Zn}}{N_{Cd}} \ln \gamma_{Zn}$	0.04098	0.1141	0.2034	0.2391	0.2550	0.2410	0.1550
$\dfrac{\ln \gamma_{Zn}}{(1-N_{Zn})^2}$	0.4435	0.7158	0.8448	0.9584	1.066	1.168	1.754
$\int \dfrac{\ln \gamma_{Zn}}{(1-N_{Zn})^2} dN_{Zn}$	0.02596	0.08571	0.2505	0.3566	0.4439	0.5574	0.8483
$\ln \gamma_{Cd}$	-0.01502	-0.02839	0.04710	0.1175	0.1889	0.3164	0.6933
γ_{Cd}	0.9850	0.9720	1.048	1.124	1.207	1.372	2.000
a_{Cd}	0.8835	0.7785	0.6246	0.5383	0.4779	0.3992	0.196
$-\Delta \bar{G}_{Cd}$	1207	2441	4589	6039	7200	8955	1.589×10^4

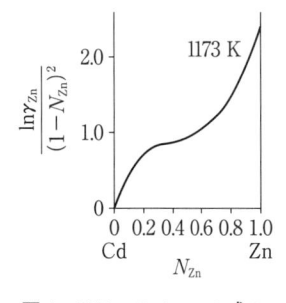

$\Delta \bar{G}$ の単位は J/mol

図4 Gibbs-Duhem の式の図的解法 ($T=1173$ K)

また，$\Delta \bar{H}_{Cd}$, $\Delta \bar{S}_{Cd}$ にも Gibbs-Duhem の式を適用し，(8)，(9)式より，先と同様に求めた．結果を表7，8，図5，6に示す．

$$\Delta \bar{H}_{Cd} = -\left[\frac{N_{Zn}}{N_{Cd}} \Delta \bar{H}_{Zn}\right]_{N_{Cd}=1}^{N_{Cd}=N_{Cd}} + \int_{N_{Zn}=0}^{N_{Zn}=(1-N_{Cd})} \frac{\Delta \bar{H}_{Zn}}{(1-N_{Zn})^2} dN_{Zn} \tag{8}$$

$$\Delta \bar{S}_{Cd} = -\left[\frac{N_{Zn}}{N_{Cd}} \Delta \bar{S}_{Zn}\right]_{N_{Cd}=1}^{N_{Cd}=N_{Cd}} + \int_{N_{Zn}=0}^{N_{Zn}=(1-N_{Cd})} \frac{\Delta \bar{S}_{Zn}}{(1-N_{Zn})^2} dN_{Zn} \tag{9}$$

表7 $\Delta \bar{H}_{Cd}$

N_{Zn}	0.103	0.199	0.404	0.521	0.604	0.709	0.902
$\Delta \bar{H}_{Zn}$	6351	5150	2828	1768	1468	788.3	76.09
$\dfrac{N_{Zn}}{N_{Cd}} \Delta \bar{H}_{Zn}$	729.2	1279	1916	1923	2239	1920	700.3
$\dfrac{\Delta \bar{H}_{Zn}}{(1-N_{Zn})^2}$	7893	8026	7961	7705	9361	9309	7922
$\int \dfrac{\ln \gamma_{Zn}}{(1-N_{Zn})^2} dN_{Zn}$	788.4	1544	3199	4102	4794	5747	7466
$\Delta \bar{H}_{Cd}$	59.19	265.0	1283	2179	2555	3827	6765

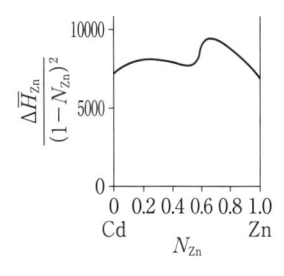

図5 Gibbs-Duhem の式の図的解法

69 Zn-Cd：起電力データから熱力学的諸量を算出

表8 $\Delta \bar{S}_{Cd}$

N_{Zn}	0.103	0.199	0.404	0.521	0.604	0.709	0.902
$\Delta \bar{S}_{Zn}$	21.34	13.99	7.450	5.094	4.044	2.707	0.7763
$\dfrac{N_{Zn}}{N_{Cd}}\Delta \bar{S}_{Zn}$	2.450	3.475	5.050	5.540	6.168	6.595	7.145
$\dfrac{\Delta \bar{S}_{Zn}}{(1-N_{Zn})^2}$	26.52	21.80	20.97	22.20	25.78	31.96	80.83
$\displaystyle\int \dfrac{\ln \gamma_{Zn}}{(1-N_{Zn})^2}\,dN_{Zn}$	3.554	5.831	10.12	12.66	14.69	17.72	27.86
$\Delta \bar{S}_{Cd}$	1.104	2.356	5.070	7.120	8.522	11.12	20.71

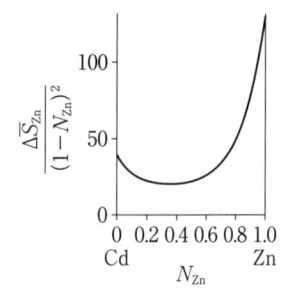

図6 Gibbs-Duhem の式の図的解法

先に求めた Zn の熱力学諸量と，ここで求めた Cd の熱力学諸量より，次の(10),(11),(12)式に従って混合エンタルピー ΔH^M，混合エントロピー ΔS^M，混合ギブズエネルギー ΔG^M を求めると，表9および表10，ならびに図7~10のようになる．

$$\Delta H^M = N_{Zn}\Delta \bar{H}_{Zn} + N_{Cd}\Delta \bar{H}_{Cd} \tag{10}$$

$$\Delta S^M = N_{Zn}\Delta \bar{S}_{Zn} + N_{Cd}\Delta \bar{S}_{Cd} \tag{11}$$

$$\Delta G^M = N_{Zn}\Delta \bar{G}_{Zn} + N_{Cd}\Delta \bar{G}_{Cd} \tag{12}$$

表9 本問の温度範囲における ΔH^M, ΔS^M

N_{Zn}	0.103	0.199	0.404	0.521	0.604	0.709	0.902
ΔH^M	707.2	1237	1907	1964	1898	1672	731.6
ΔS^M	3.188	4.671	6.031	6.064	5.817	5.155	2.729

単位は，ΔH^M：J/mol，ΔS^M：e.u.

表10 各温度における ΔG^M

N_{Zn}	0.103	0.199	0.404	0.521	0.604	0.709	0.902
$-\Delta G^M_{973}$	2367	3287	3945	3895	3710	3300	1814
$-\Delta G^M_{1073}$	2662	3740	4538	4497	4285	3816	2066
$-\Delta G^M_{1173}$	3006	4195	5122	5084	4833	4298	2309

単位は，ΔG^M：J/mol

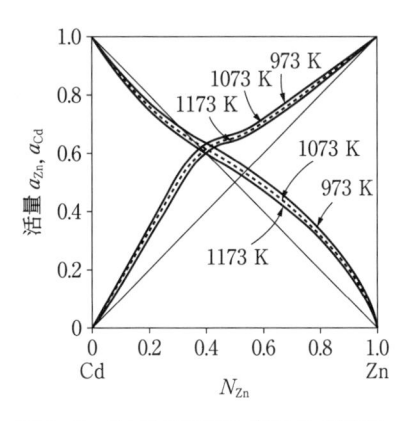

図7 Zn-Cd 系の活量図（973 K, 1073 K, 1173 K）

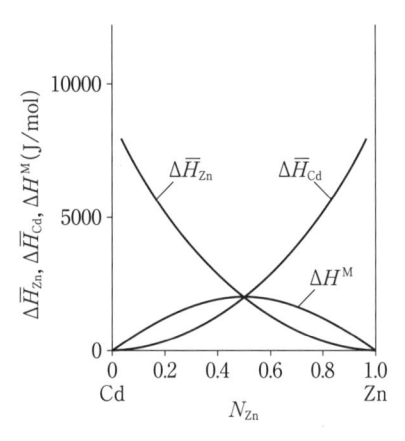

図8 部分モルエンタルピーおよび混合エンタルピー

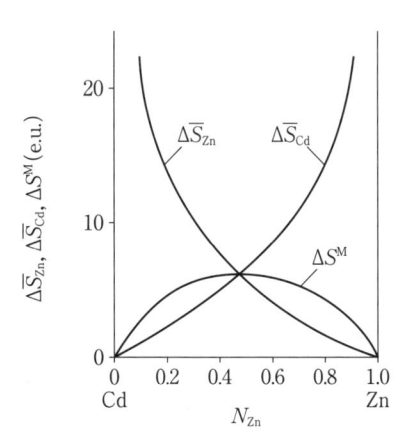

図9 部分モルエントロピーおよび混合エントロピー

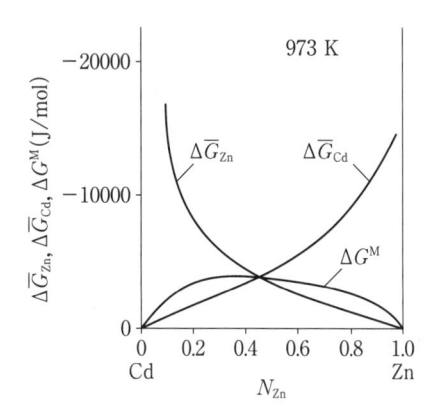

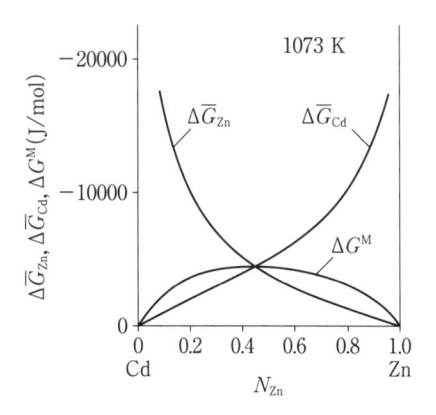

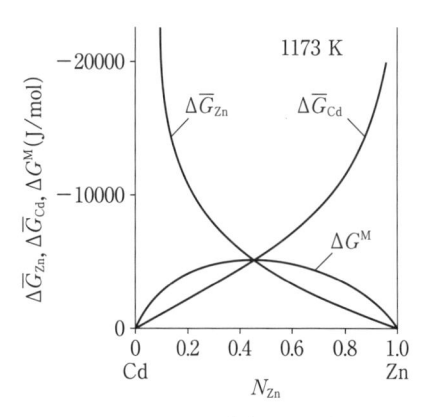

図10 部分モルギブズエネルギーと混合ギブズエネルギー

70

Bi–Cu の蒸気圧：蒸発量から各成分の蒸気圧算出

溶融ビスマスとビスマス-銅合金の蒸気圧を求めるために，アルゴンガスをビスマスの蒸気と飽和させながら 1473 K（1200 ℃）に保った溶融合金の上を通した．

（ⅰ）　純粋なビスマスにアルゴンガスを通したあと，ガスは 437 mg のビスマスを含んでいた．アルゴン全流量は 290 K，1.0092 atm において 8×10^{-4} m^3 と測られた．ビスマス蒸気は Bi, Bi$_2$ により構成されていると知られている．次の数値を用いて 1473 K におけるビスマスの蒸気圧を求めよ．

$$\text{Bi}_2(g) = 2\text{Bi}(g) \qquad K_{1473} = 3.29 \times 10^{-2} \tag{1}$$

（ⅱ）　292 K，1 atm で 9.1×10^{-4} m^3 の流量のアルゴンを通して同様の実験を 60.8 at%Cu を含む溶融銅-ビスマス合金に対して行った．排出アルゴンガス中に 165 mg のビスマスが含まれていた．基準状態として純ビスマスをとるとき，ビスマスの活量と活量係数を求めよ．

解

（ⅰ）　Bi, Bi$_2$, Ar のモル数を x, y, z，全ガスのモル数を N_T とおくと，

$$x + y + z = N_T \tag{2}$$

ガス中の全 Bi のモル数を N_{Bi} とおくと，

$$x + 2y = N_{Bi} \tag{3}$$

（1）式より

$$K_{1473} = \frac{p_{Bi}^2}{p_{Bi_2}} = \frac{(x/N_T)^2}{y/N_T} = \frac{x^2}{yN_T}$$

$$x^2 = yK_{1473}N_T \tag{4}$$

（2）と（3）式より

$$N_T = \frac{1}{2}x + z + \frac{1}{2}N_{Bi} \tag{5}$$

（3）式より

$$y = -\frac{1}{2}(x - N_{Bi}) \tag{6}$$

（5），（6）式を（4）式に代入して，

$$x^2 = -\frac{1}{4}K_{1473}(x + 2z + N_{Bi})(x - N_{Bi})$$

$$\left(1 + \frac{1}{4}K_{1473}\right)x^2 + \frac{1}{2}K_{1473}zx - \frac{1}{4}K_{1473}N_{Bi}(2z + N_{Bi}) = 0 \tag{7}$$

$K_{1473} = 3.29 \times 10^{-2}$

$$z = \frac{PV}{RT} = \frac{101325 \times 1.0092 \times 8 \times 10^{-4}}{8.314 \times 290} = 3.3929 \times 10^{-2} \text{ (mol)}$$

$$N_{Bi} = \frac{0.437}{208.98} = 2.0911 \times 10^{-3} \text{ (mol)}$$

これらの値を（7）式に入れると，

$$1.0082x^2 + 5.5813 \times 10^{-4} x - 1.2030 \times 10^{-6} = 0$$

したがって,

$$x = 8.5009 \times 10^{-4} \text{ (mol)}$$

(6)式より,

$$y = 6.2050 \times 10^{-4} \text{ (mol)}$$

Bi, Bi_2 の分圧は,

$$p^\circ_{Bi} = x/N_T = 2.4015 \times 10^{-2} \text{ (atm)}$$
$$p^\circ_{Bi_2} = y/N_T = 1.7529 \times 10^{-2} \text{ (atm)}$$

1473 K における Bi の全圧は,

$$p^\circ_{Bi} + p^\circ_{Bi_2} = 4.1544 \times 10^{-2} \text{ (atm)}$$

(ii)

$$z = \frac{101325 \times 9.1 \times 10^{-4}}{8.314 \times 292} = 3.7980 \times 10^{-2} \text{ (mol)}$$

$$N_{Bi} = \frac{0.165}{208.98} = 7.8954 \times 10^{-4} \text{ (mol)}$$

(7)式に代入して,

$$1.0082x^2 + 6.2477 \times 10^{-4} x - 4.9840 \times 10^{-7} = 0$$
$$\therefore \quad x = 4.5850 \times 10^{-4} \text{ (mol)}$$
$$y = 1.6552 \times 10^{-4} \text{ (mol)}$$
$$N_T = 3.8604 \times 10^{-2} \text{ (mol)}$$

分圧に変換すると,

$$p_{Bi} = x/N_T = 1.1877 \times 10^{-2} \text{ (atm)}$$
$$p_{Bi_2} = y/N_T = 4.2877 \times 10^{-3} \text{ (atm)}$$

基準状態を純 Bi にとっているので, 活量は次のようになる.

$$a_{Bi} = \frac{p_{Bi}}{p^\circ_{Bi}} = \frac{1.1877 \times 10^{-2}}{2.4015 \times 10^{-2}} = 0.49456$$

$$\gamma_{Bi} = \frac{a_{Bi}}{N_{Bi}} = \frac{0.49456}{0.392} = 1.2616$$

[**コメント**] この種の蒸気圧測定による活量測定においては, ガス種が何であるか, またそれらの間の ΔG°, K ($2Bi = Bi_2$ の K) の信頼できるデータが前提となる. 例えば, Sb では Sb, Sb_2, Sb_4 のガス種がありさらに Sb_3 の存在も報告されている.

71

Li 還元：乾式還元挙動を $\Delta G°$ から推定

金属リチウム製錬の一方法に，Mg の Pidgeon 法と類似の乾式還元法がある．原料の Li_2CO_3 を加熱分解して Li_2O とし，これを金属還元剤 M と混合加熱する．

$$Li_2O(s) + M(s) = MO(s) + 2Li(g) \qquad (1)$$

（ⅰ）反応を容易に進ませる条件を平衡論を基に定性的に説明せよ．

（ⅱ）還元剤としてフェロシリコン（75 wt%Si）を用いた場合，1373 K（1100 ℃）で得られるリチウムの最大の圧力を求めよ．

計算に使用するデータ

$$2Li(g) + \frac{1}{2}O_2(g) = Li_2O(s) : \Delta G° = -876715 + 300.4T \quad (J) \qquad (2)$$

$$Si(s) + O_2(g) = SiO_2(s) \quad : \Delta G° = -901640 + 171.46T \quad (J) \qquad (3)$$

解

（ⅰ）（1）式の反応を右に進めるためには，以下の（1），（2），（3）の考え方がある．

（1）K を大きくする．

$$K = \exp\left(-\frac{\Delta G°}{RT}\right) = \frac{a_{MO} \cdot p_{Li}^2}{a_{Li_2O} \cdot a_M}$$

（a）$\Delta G°$ を負に大きくする．つまり還元剤 M として，酸素と親和力の高いものがよい．Ca, Ti, Mg, Si, Al などが考えられるが，蒸気圧が低いなどの理由から，Si がベストと考えられる．

（b）可能な条件の中で K の一番大きくなる温度で行う．

（2）a_M，a_{Li_2O} を大きくし，a_{MO} を小さくする．

例えば MO をフラックスと混合してスラグ化して a_{MO} を下げる．また，M としてフェロシリコンを用いる場合，純 Si と平衡関係にある 75 %Si 程度の高 Si フェロシリコンを用いる．同じく Si を還元剤とするとき，CaO を系に共存させ，SiO_2 の活量を下げることも効果的．後者の手法は，Mg の Pidgeon 法と同じ手法．

（3）Mg の Pidgeon 法と同様に減圧する．同時に反応速度も速くなる．

（ⅱ）（2），（3）式より

$$2Li_2O(s) + Si(s) = 4Li(g) + SiO_2(s) :$$
$$\Delta G° = 851790 - 429.34T \quad (J)$$

$$K = \frac{a_{SiO_2} \cdot p_{Li}^4}{a_{Li_2O}^2 \cdot a_{Si}} = 1.048 \times 10^{-10}$$

最大圧 p_{Li} は $a_{Li_2O}=1$，$a_{Si}=1$，a_{SiO_2} が最小のとき得られる．

$a_{SiO_2}=1$ のとき　　　$p_{Li}=3.200 \times 10^{-3}$ （atm）

$a_{SiO_2}=0.1$ のとき　　$p_{Li}=5.690 \times 10^{-3}$ （atm）

$a_{SiO_2}=0.01$ のとき　　$p_{Li}=1.012 \times 10^{-2}$ （atm）

［コメント］a_{SiO_2} は 10^{-2} オーダーが限界であろう．通常リチウム製錬は溶融塩電解による．

72

塩化 Si の還元：量論計算の初歩

$SiCl_4$ ガスを H_2 とともに全圧 1 atm の状態で炉中に送り，還元して純 Si を得ようとする．次式の反応が平衡に到達するものとして，$H_2/SiCl_4$ のモル比を変えた場合の Si の収率を，1173 K（900 ℃），1373 K（1100 ℃），1573 K（1300 ℃）について図示せよ．

$$SiCl_4(g) + 2H_2(g) = Si(s) + 4HCl(g) : \Delta G° = 277380 + 15.22T \log T - 212.8T \quad \text{(ref. 2 より)}$$

ただし，問題を簡単にするため，上記以外の化学種は考慮しなくてもよい．

解

与えられた反応式および $\Delta G°$ の式より

1173 K：$\Delta G° = 8.256 \times 10^4$ (J)　　$K = 2.105 \times 10^{-4}$
1373 K：$\Delta G° = 5.077 \times 10^4$ (J)　　$K = 1.170 \times 10^{-2}$
1573 K：$\Delta G° = 1.918 \times 10^4$ (J)　　$K = 0.231$

ここで，$SiCl_4$ を 1 mol，H_2 を N mol 混合したガスを反応させ，n_{SiCl_4}，n_{H_2}，n_{Si}，n_{HCl} mol の生成物を得たとすると，$H_2/SiCl_4$ のモル比が N，収率が n_{Si} となる．

物質収支をとると，

$$\begin{cases} Si : n_{SiCl_4} + n_{Si} = 1 \\ Cl : 4n_{SiCl_4} + n_{HCl} = 4 \\ H : n_{HCl} + 2n_{H_2} = 2N \end{cases} \Rightarrow \begin{cases} n_{SiCl_4} = 1 - n_{Si} \\ n_{HCl} = 4n_{Si} \\ n_{H_2} = N - 2n_{Si} \end{cases}$$

平衡定数は，$a_{Si} = 1$，$n_T = n_{SiCl_4} + n_{H_2} + n_{HCl}$（$n_T$ はガス成分の全モル数）とすると，

$$K = \frac{p_{HCl}^4}{p_{SiCl_4} \cdot p_{H_2}^2} = \frac{n_{HCl}^4}{n_T \cdot n_{SiCl_4} \cdot n_{H_2}^2}$$

となる．よって

$$K = \frac{256 n_{Si}^4}{(N + 1 + n_{Si})(1 - n_{Si})(N - 2n_{Si})^2}$$

K，N に各々の値を代入して n_{Si}（すなわち収率）を求め，表 1 に示す．これを図示したのが図 1 である．

表1

T (K)	1173	1373	1573
K $\diagdown$ N	2.105×10^{-4}	1.170×10^{-2}	2.307×10^{-1}
5	0.1009	0.2559	0.4738
10	0.1637	0.4028	0.6972
20	0.2643	0.608	0.8998
40	0.4176	0.8306	0.9829
60	0.5347	0.9239	0.9948
80	0.6275	0.9624	0.9978
100	0.7017	0.9795	0.9989

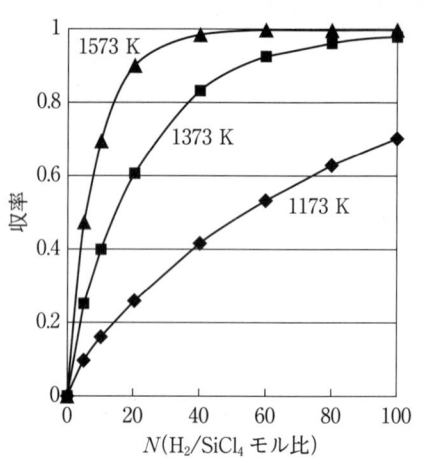

図1 収率と反応物比の関係

$H_2/SiCl_4$ が化学量論組成だと，Si の収率はきわめて悪く，実際には H_2 を過剰に加え，モル比 60〜100 で行う．

以前は $SiCl_4(g) + 2Zn(g) = Si(s) + 2ZnCl_2(s)$ による Si の製造も行われていたが，半導体用としては純度が不十分で生成する $ZnCl_2$ の処理が容易ではないので，半導体用 Si の製造プロセスとしては採用されなくなった．しかし最近（2010 年）は，太陽電池用 Si の製造プロセスとして見直しが行われている．

なお，現在半導体用 Si の製造方法は $SiHCl_3$ の水素還元や SiH_4 の熱分解が利用されている．

(参考文献) ref. 2, 310.

73

塩化 Al の不均化反応：量論計算による反応率算出

過去にアルミニウムの新製錬法として提案された Gross 法は次の不均化反応に基づいている．

$$2\mathrm{Al(l)} + \mathrm{AlCl_3(g)} = 3\mathrm{AlCl(g)} : \Delta G° = 386936 - 256.7T \quad (\mathrm{J}) \tag{1}$$

この反応が化学量論的，平衡論的に進行するものとし，温度 1073 K（800 ℃），1273 K（1000 ℃），1473 K（1200 ℃），全圧 1 atm，0.1 atm，0.01 atm で計算を行い，これらの因子の影響を論じ，新製錬法の骨子を説明せよ．

解

(1)式の平衡定数を K とすると，各温度について $\Delta G = \Delta G° + RT \ln K = 0$ の関係より

$$K_{1073} = 3.732 \times 10^{-6}$$
$$K_{1273} = 3.400 \times 10^{-3}$$
$$K_{1473} = 4.868 \times 10^{-1}$$

今，$n°_{\mathrm{AlCl_3}} = 1.0$ mol の $\mathrm{AlCl_3(g)}$ が $n°_{\mathrm{Al}}$ mol の $\mathrm{Al(l)}$ と接触し，$n_{\mathrm{AlCl_3}}$, n_{AlCl} mol の $\mathrm{AlCl_3(g)}$, $\mathrm{AlCl(g)}$ が生成したとする．反応後の $\mathrm{Al(l)}$ のモル数を n_{Al} とすれば，Al のバランスより

$$n°_{\mathrm{Al}} + n°_{\mathrm{AlCl_3}} = n_{\mathrm{Al}} + n_{\mathrm{AlCl_3}} + n_{\mathrm{AlCl}} \tag{2}$$

Cl のバランスより

$$3n°_{\mathrm{AlCl_3}} = 3n_{\mathrm{AlCl_3}} + n_{\mathrm{AlCl}} \tag{3}$$

$n°_{\mathrm{AlCl_3}} = 1$ より

$$n°_{\mathrm{Al}} - n_{\mathrm{Al}} = \frac{2}{3}n_{\mathrm{AlCl}}, \quad n_{\mathrm{AlCl_3}} = 1 - \frac{1}{3}n_{\mathrm{AlCl}} \tag{4}$$

ここで，$(n°_{\mathrm{Al}} - n_{\mathrm{Al}})$ が反応に関与したモル数となる．したがって反応後の気相中の全モル数 n_T は

$$n_\mathrm{T} = n_{\mathrm{AlCl}} + n_{\mathrm{AlCl_3}}$$
$$= n_{\mathrm{AlCl}} + \left(1 - \frac{1}{3}n_{\mathrm{AlCl}}\right)$$
$$= 1 + \frac{2}{3}n_{\mathrm{AlCl}}$$

ここで，全圧を P_T, 各々の分圧を $p_{\mathrm{AlCl_3}}$, p_{AlCl} で表すと，

$$p_{\mathrm{AlCl}} = \frac{n_{\mathrm{AlCl}}}{n_\mathrm{T}} P_\mathrm{T} = \frac{n_{\mathrm{AlCl}}}{1 + \frac{2}{3}n_{\mathrm{AlCl}}} P_\mathrm{T} = \frac{3n_{\mathrm{AlCl}}}{3 + 2n_{\mathrm{AlCl}}} P_\mathrm{T}$$

$$p_{\mathrm{AlCl_3}} = \frac{n_{\mathrm{AlCl_3}}}{n_\mathrm{T}} P_\mathrm{T} = \frac{1 - \frac{1}{3}n_{\mathrm{AlCl}}}{1 + \frac{2}{3}n_{\mathrm{AlCl}}} P_\mathrm{T} = \frac{3 - n_{\mathrm{AlCl}}}{3 + 2n_{\mathrm{AlCl}}} P_\mathrm{T}$$

したがって，$n_{\mathrm{AlCl}} = \alpha$ とおくと(1)式の平衡定数 K は

$$K = \frac{p_{\mathrm{AlCl}}^3}{a_{\mathrm{Al}}^2 p_{\mathrm{AlCl_3}}} = \frac{27\alpha^3}{a_{\mathrm{Al}}^2 (3-\alpha)(3+2\alpha)^2} P_\mathrm{T}^2 = \frac{27 P_\mathrm{T}^2 \alpha^3}{(3-\alpha)(3+2\alpha)^2}$$

ここで，$a_{\mathrm{Al}} = 1$ と考える．

73 塩化Alの不均化反応：量論計算による反応率算出

表1

T (K)	P_T (atm)	n_{AlCl} ($=\alpha$)	n_{AlCl_3}	$n°_{Al}-n_{Al}$	反応率*
1073	1.0	0.01560	0.9948	0.01040	0.0052
	0.1	0.07374	0.9754	0.04916	0.0246
	0.01	0.3706	0.8765	0.2470	0.1235
1273	1.0	0.1579	0.9474	0.1052	0.0526
	0.1	0.8416	0.7195	0.5610	0.2805
	0.01	2.7688	0.0771	1.845	0.9229
1473	1.0	0.9622	0.6793	0.6414	0.3207
	0.1	2.832	0.0560	1.887	0.9440
	0.01	2.998	0.0007	1.998	0.9993

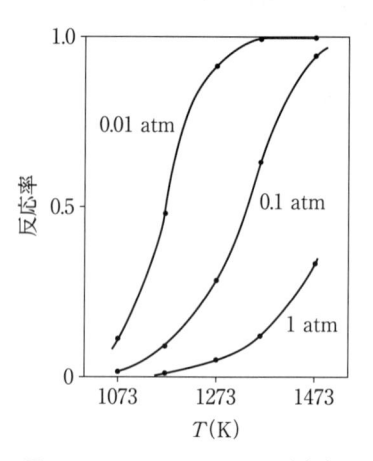

* 反応率は $(n°_{AlCl_3}-n_{AlCl_3})/n°_{AlCl_3}$ で与えられる

図1 $2Al+AlCl_3\rightarrow 3AlCl$ の反応率

上式に各温度における K, 各全圧 P_T を代入し α を求め，表1の結果を得る（式（4）も利用する）．

表1より1473 K (1200 ℃), 0.01 atm で反応を行わせると，1 mol の $AlCl_3(g)$ はほぼ 2 mol の $Al(l)$ と反応し，3 mol の $AlCl(g)$ が得られる．またこの反応は高温，低圧ほど進みやすいが，実用上は1473 K (1200 ℃), 0.01 atm 程度で十分である．なお反応率と温度の関係を図1に示す．

次に逆反応により $AlCl(g)$ より純溶融Alを回収する過程を考える．
与えられたデータより

$$3AlCl(g)=2Al(l)+AlCl_3(g):$$
$$\Delta G°=-386936+256.7T \text{ (J)} \tag{5}$$

同様に各温度における平衡定数 K は

$$K_{1073}=2.679\times 10^5$$
$$K_{1273}=2.941\times 10^2$$
$$K_{1473}=2.054$$

$AlCl(g)$ 1 mol を各温度，圧力に保ったときの各成分のモル数を n'_{Al}, n'_{AlCl_3}, n'_{AlCl} とすると
Alバランスより

$$n'_{Al}+n'_{AlCl_3}+n'_{AlCl}=1 \tag{6}$$

Clバランスより

$$3n'_{AlCl_3}+n'_{AlCl}=1 \tag{7}$$

（6），（7）より

$$n'_{AlCl_3}=\frac{1}{2}n'_{Al}, \quad n'_{AlCl}=1-\frac{3}{2}n'_{Al}$$

また気相中の全モル数 n'_T は

$$n'_T=n'_{AlCl_3}+n'_{AlCl}=1-n'_{Al}$$

したがって全圧を P'_T とし，$n'_{Al}=\beta$ とおくと各成分の分圧は

$$p'_{AlCl_3}=\frac{n'_{AlCl_3}}{n'_T}P'_T=\frac{\frac{1}{2}\beta}{1-\beta}P'_T=\frac{\beta}{2-2\beta}P'_T$$

$$p'_{AlCl} = \frac{n'_{AlCl}}{n'_T}P'_T = \frac{1-\frac{3}{2}\beta}{1-\beta}P'_T = \frac{2-3\beta}{2-2\beta}P'_T$$

ゆえに（5）式の平衡定数 K は

$$K = \frac{a_{Al}^2 p'_{AlCl_3}}{p'^3_{AlCl}}$$

$a_{Al}=1$ とすれば

$$K = \frac{4\beta(1-\beta)^2}{(2-3\beta)^3 \cdot P'^2_T} \quad (8)$$

したがって，（8）式に上記の各温度における平衡定数および全圧を代入して AlCl(g) 1 mol より得られる純 Al のモル数を求めると表2のようになる．

表2

全圧 \ T (K)	1073	1273	1473
1.0 atm	0.6632	0.6316	0.4528
0.1 atm	0.6503	0.4796	0.0373
0.01 atm	0.5843	0.0514	0.0004

（単位は mol）

表2より AlCl(g) 1 mol を 1073 K（800 ℃），1 atm に保てば，ほぼ 2/3 mol が純溶融 Al となり 1/3 mol が AlCl₃(g) となる．したがって Al の回収率は低温，高圧ほど高くなるといえる．図2に各全圧における AlCl(g) 1 mol からの純 Al の回収量（mol）の温度依存性を示す．

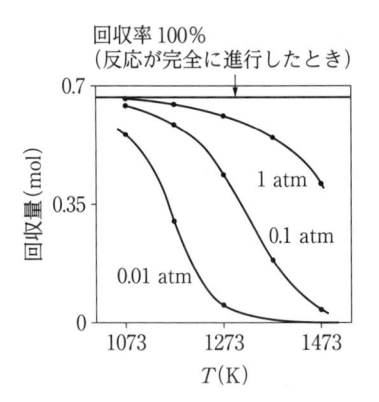

図2 各全圧における AlCl(g) 1 mol からの純 Al の回収量

以上の結果から，純度の低い粗 Al を，AlCl(g) を媒体として輸送することによって精製できることが分かる．

[**コメント**] このプロセスは実用上次のような問題があり，失敗した．
（1） 粗 Al(l) を得るためにエネルギーが必要．
（2） 装置の腐食．
（3） 輸送の問題…いかに異なった圧力間をガス輸送するか．
しかしこの問のような不均化反応（disproportionation reaction）

$$2Al(0 価) + AlCl_3(3 価) = 3AlCl(1 価)$$

を利用した製錬方法（気相輸送法とも呼ばれる）は In などのレアメタルへ応用されており，不均化製錬は新プロセスのヒントとなる．事実，半導体の製造には似たようなプロセスがよく使われている．

74

Pb 溶鉱炉：還元反応の熱力学的解析

鉛溶鉱炉溶錬帯の反応を簡略化して，平衡にあるものと考え，鉛メタル，マット（$a_{FeS}=0.4$ とする），スラグの 3 融体相と，[at %CO]＋[at %CO$_2$]＝25 % の全圧 1 atm のガス相とが，1473 K（1200 ℃）で平衡しているとする．

（ⅰ）$a_{FeO}=0.4$ としたとき，$a_{Fe}=1$ となるべき [at %CO]，[at %CO$_2$] を求めよ．
（ⅱ）このときの PbS，PbO の活量を求めよ．
（ⅲ）CO：CO$_2$＝1：1 のガスが融体と平衡するとき（$a_{FeO}=0.4$ とする），a_{Fe} を求めよ．またこのとき，スラグへ入る鉛量は上の場合に比べどうなるか．また，マット中の鉛量について考察せよ．
（ⅳ）同様に，CO：CO$_2$＝1：2 の場合について計算せよ．
（ⅴ）上の各 CO/CO$_2$ 比の場合について，$a_{Fe_3O_4}$ を求めよ．
（ⅵ）上の各 CO/CO$_2$ 比の場合において，マット中に $a_{Cu_2S}=0.04$ に相当する銅が存在していたとする．このとき，金属鉛相中へ入るべき平衡 [%Cu] を求めよ．ただし，銅はマット中では Cu$_2$S，金属相中では金属銅として存在し，鉛中の銅の Raoul 基準活量係数は，$\gamma^\circ_{Cu}=5$ であるとする．

計算に使用するデータ

表 1

	$\Delta G°$ (J)
$2Fe(s, l)+O_2(g)=2FeO(l)$	$-477560+97.06T$
$2CO(g)+O_2(g)=2CO_2(g)$	$-564840+173.30T$
$2Fe(s)+S_2(g)=2FeS(l)$	$-235220+67.28T$
$2Pb(l)+S_2(g)=2PbS(l)$	$-254380+122.78T$
$2Pb(l)+O_2(g)=2PbO(l)$	$-390200+155.40T$
$3/2Fe(s, l)+O_2(g)=1/2Fe_3O_4(s)$	$-547830+151.17T$
$4Cu(l)+S_2(g)=2Cu_2S(l)$	$-282000+74.52T$

解

（ⅰ）次の反応を考える．

$$Fe(s, l)+CO_2(g)=FeO(l)+CO(g):$$
$$\Delta G°=43640-38.12T \text{ (J)}$$

今，1473 K で，

$$\Delta G°_{1473}=-12510 \text{ (J)}$$

$$K_{1473}=\exp\left(-\frac{\Delta G°_{1473}}{RT}\right)=2.7773$$

$$\therefore K_{1473}=\frac{a_{FeO}\cdot p_{CO}}{a_{Fe}\cdot p_{CO_2}}=2.7773 \tag{1}$$

ところで，$a_{FeO}=0.4$ であり $a_{Fe}=1$ であるから，(1)式に代入して，

$$\frac{p_{CO}}{p_{CO_2}}=\frac{2.7773}{0.4}=6.943 \tag{2}$$

また，[at %CO]＋[at %CO$_2$]＝25 % のガス相であるから，全圧は 1 atm なので，
$$p_{CO}+p_{CO_2}=0.25 \text{ (atm)} \tag{3}$$
(2)，(3)式より p_{CO}, p_{CO_2} を求めると，
$$p_{CO}=2.185\times10^{-1} \text{ (atm)}$$
$$p_{CO_2}=3.147\times10^{-2} \text{ (atm)}$$
$$[at \%CO]=21.85(\%), \quad [at \%CO_2]=3.15(\%)$$

(ⅱ) 次の反応を考える．
$$PbS(l)+Fe(s)=Pb(l)+FeS(l):$$
$$\Delta G°=9580-27.75T \text{ (J)}$$
$$\therefore \Delta G°_{1473}=-31296 \text{ (J)}$$
$$K_{1473}=\exp\left(-\frac{\Delta G°_{1473}}{RT}\right)=12.878$$
よって，
$$K_{1473}=\frac{a_{Pb}\cdot a_{FeS}}{a_{PbS}\cdot a_{Fe}}=12.878 \tag{4}$$
ここで，題意により $a_{FeS}=0.4$ であり，また，金属 Pb 相中には Fe はほとんど溶解しないので，$a_{Pb}=1$ とすると，(4)式より，
$$a_{PbS}=0.03106$$
さらに a_{PbO} を求めるため，次の反応を考える．
$$PbO(l)+Fe(s,l)=Pb(l)+FeO(l):$$
$$\Delta G°=-43680-29.17T \text{ (J)}$$
$$\Delta G°_{1473}=-86647 \text{ (J)}$$
$$K_{1473}=\exp\left(-\frac{\Delta G°_{1473}}{RT}\right)=1.1823\times10^3$$
また，
$$K_{1473}=\frac{a_{Pb}\cdot a_{FeO}}{a_{PbO}\cdot a_{Fe}}=1.1823\times10^3 \tag{5}$$
ここで，$a_{Fe}=1$，$a_{Pb}=1$，$a_{FeO}=0.4$ なので，
$$a_{PbO}=3.383\times10^{-4}$$

(ⅲ) スラグ中へ入る Pb 量について考える．まず，(1)式より，Fe の活量 a_{Fe} を求めると，
$$a_{Fe}=\frac{a_{FeO}}{2.7773}\cdot\frac{p_{CO}}{p_{CO_2}} \tag{6}$$
(6)式で，$a_{FeO}=0.4$，$p_{CO}/p_{CO_2}=1$ であるので，
$$a_{Fe}=0.14402$$
この値ならびに $a_{FeO}=0.4$，$a_{Pb}=1$ を(5)式に代入し，
$$a_{PbO}=\frac{a_{Pb}\cdot a_{FeO}}{1.1823\times10^3\cdot a_{Fe}}=\frac{1\times0.4}{1.1823\times10^3\times0.14402}=2.349\times10^{-3}$$
この値を(ⅱ)の $a_{Fe}=1$ の場合（$a_{PbO}=3.383\times10^{-4}$）と比較すると，$a_{PbO}$ は約 7 倍の値となる．したがって，還元度（p_{CO}/p_{CO_2}）が下がれば，スラグに入る Pb は増加する．

次に，マット中に入る Pb 量について考える．このときの反応は，
$$PbS(l)+Fe(s)=Pb(l)+FeS(l)$$
（4）式より，この反応の平衡定数 K_{1473} は，
$$K_{1473}=\frac{a_{Pb} \cdot a_{FeS}}{a_{PbS} \cdot a_{Fe}}=12.878$$
今，$a_{Pb}=1$，$a_{Fe}=0.14402$，$a_{FeS}=0.4$ を代入すると，a_{PbS} は，
$$a_{PbS}=\frac{a_{Pb} \cdot a_{FeS}}{12.878 \cdot a_{Fe}}=\frac{1 \times 0.4}{12.878 \times 0.14402}=0.2157$$
この値を（ⅱ）の場合（$a_{PbS}=0.03106$）と比較すると，約 7 倍となり，Pb のマットロスも，還元度を下げると増加することが分かる．通常マット中の Pb 量は 15～25 % であるから，このときの p_{CO}/p_{CO_2} は約 1.0 程度であると考えられる．

（**注**）実際のスラグロス量を考える場合，活量係数が必要であり，今，$\gamma°_{PbO}$(in slag)=0.3 とし，この値を使用し，また，スラグ 100 g 当たりのモル数が約 1.5 mol（酸化物を MO_x と考える）であることを利用すれば，次のようにスラグロス量を求めることができる．
（ⅱ）の場合
$$a_{PbO}=\gamma°_{PbO} N_{PbO}=3.383 \times 10^{-4}$$
$$\therefore \quad N_{PbO}=N_{Pb}=1.128 \times 10^{-3}$$
よって，
$$[\%Pb]=0.350 \ (\%)$$
（ⅲ）の場合
$$a_{PbO}=\gamma°_{PbO} N_{PbO}=2.349 \times 10^{-3}$$
$$\therefore \quad N_{PbO}=N_{Pb}=7.830 \times 10^{-3}$$
よって，
$$[\%Pb]=2.434 \ (\%)$$

[コメント]
・フェライトスラグを使うと $\gamma°_{PbO}=3$ となり，Pb のスラグロスはシリケートスラグの 1/10 程度となる．
・ISP では還元度が高いため，$a_{Fe}=1$ に近い所になり，スラグ中の Pb は約 0.5 % 程度となる．
・Pb 溶錬炉で還元が弱いと，Pb 50 % 以上のマットを作ることがある．しかし，S 量に限りがあるため，Pb のすべてが PbS となってマットに入ることはない．
・Pb-Fe 系は相互溶解度をほとんどもたないが，反応をコントロールしているのは Fe である．酸素ポテンシャルが上昇すると a_{PbS} も上昇するが，これは，酸素ポテンシャルの上昇により a_{Fe} が下がり，Fe による PbS の還元が進行しなくなるからである．

（**ⅳ**）上と同様に $p_{CO}/p_{CO_2}=1/2$ のときの a_{Fe} を求める．（1）式に $a_{FeO}=0.4$ を代入すると，
$$a_{Fe}=\frac{a_{FeO} \cdot p_{CO}}{2.7773 \cdot p_{CO_2}}=0.07201$$
このときの a_{PbS}，a_{PbO} は，（4），（5）式より，
$$a_{PbS}=\frac{a_{Pb} \cdot a_{FeS}}{12.878 \cdot a_{Fe}}=\frac{1 \times 0.4}{12.878 \times 0.07201}$$
$$=0.4313$$
$$a_{PbO}=\frac{a_{Pb} \cdot a_{FeO}}{1.1823 \times 10^3 \cdot a_{Fe}}=\frac{1 \times 0.4}{1.1823 \times 10^3 \times 0.07201}$$
$$=4.698 \times 10^{-3}$$
すなわち，（ⅲ）の $p_{CO}/p_{CO_2}=1$ のケースに比べ，マット中の Pb 品位，スラグ中の Pb 品位ともに約 2 倍となる．

(v) 次の反応を考える.

$$4FeO(l) = Fe_3O_4(s) + Fe(s,l):$$
$$\Delta G° = -140540 - 108.22T \text{ (J)}$$
$$\therefore \Delta G°_{1473} = 18868 \text{ (J)}$$
$$K_{1473} = \exp\left(\frac{-\Delta G°_{1473}}{RT}\right) = 0.21423$$

また,この反応の K_{1473} は,$a_{FeO} = 0.4$ とすると,

$$K_{1473} = \frac{a_{Fe_3O_4} \cdot a_{Fe}}{a_{FeO}^4} = \frac{a_{Fe_3O_4} \cdot a_{Fe}}{0.0256}$$

$$\therefore a_{Fe_3O_4} = \frac{0.21423 \times 0.0256}{a_{Fe}} = \frac{5.4842 \times 10^{-3}}{a_{Fe}} \tag{7}$$

ここで,(7)式の a_{Fe} に,各場合での活量を代入すると,$a_{Fe_3O_4}$ が求められる.

$a_{Fe} = 1$ のとき($p_{CO}/p_{CO_2} = 6.943$ のとき) $a_{Fe_3O_4} = 5.484 \times 10^{-3}$

$a_{Fe} = 0.14402$ のとき($p_{CO}/p_{CO_2} = 1$ のとき) $a_{Fe_3O_4} = 3.808 \times 10^{-2}$

$a_{Fe} = 0.07201$ のとき($p_{CO}/p_{CO_2} = 1/2$ のとき) $a_{Fe_3O_4} = 7.616 \times 10^{-2}$

(注) 1473~1573 K では,スラグ中の FeO は液体基準で,Fe_3O_4 は固体基準で考える.

[別解]

次の反応を考える.

$$3FeO(l) + CO_2(g) = Fe_3O_4(s) + CO(g):$$
$$\Delta G° = -96900 + 70.10T$$
$$\therefore \Delta G°_{1473} = 6357 \text{ (J)}$$
$$K_{1473} = \frac{a_{Fe_3O_4} \cdot p_{CO}}{a_{FeO}^3 \cdot p_{CO_2}} = 0.5950$$

$$\therefore a_{Fe_3O_4} = 0.5951 \times (0.4)^3 \times \frac{p_{CO_2}}{p_{CO}} = 3.809 \times 10^{-2} \frac{p_{CO_2}}{p_{CO}}$$

よって,

$p_{CO}/p_{CO_2} = 6.943$ のとき $a_{Fe_3O_4} = 5.486 \times 10^{-3}$

$p_{CO}/p_{CO_2} = 1$ のとき $a_{Fe_3O_4} = 3.809 \times 10^{-2}$

$p_{CO}/p_{CO_2} = 1/2$ のとき $a_{Fe_3O_4} = 7.618 \times 10^{-2}$

(vi) 次の反応を考える.

$$Cu_2S(l) + Fe(s) = 2Cu(l) + FeS(l):$$
$$\Delta G° = 23390 - 3.62T$$
$$\therefore \Delta G°_{1473} = 18058$$
$$K_{1473} = 0.22888$$
$$K_{1473} = \frac{a_{Cu}^2 \cdot a_{FeS}}{a_{Cu_2S} \cdot a_{Fe}} = \frac{0.4 \cdot a_{Cu}^2}{0.04 \cdot a_{Fe}} = 0.22888$$

よって,

$$\therefore a_{Cu} = (2.2888 \times 10^{-2} a_{Fe})^{1/2} \tag{8}$$

ここで $\gamma_{Cu}^\circ = 5$ であるから，(8)式より N_{Cu} が求められ，これより金属相中の [%Cu] が次の式で求められる．

$$N_{Cu} = \frac{[\%Cu]/63.55}{(100-[\%Cu])/207.19 + [\%Cu]/63.55}$$

$$= \frac{[\%Cu]}{30.67 + 0.6933[\%Cu]}$$

$$\therefore \quad [\%Cu] = \frac{30.67 N_{Cu}}{1 - 0.6933 N_{Cu}}$$

上式より求めた結果を表2に示す．

表2

p_{CO}/p_{CO_2}	a_{Fe}	a_{Cu}	N_{Cu}	[%Cu]
6.9432	1	0.1513	3.026×10^{-2}	0.9480
1	0.1440	0.0574	1.148×10^{-2}	0.3549
1/2	0.07201	0.0406	8.120×10^{-3}	0.2505

以上の結果から，Cu は還元度が高ければ Pb メタル相へ，低ければマット相へ入ることが分かる．このときも，鍵となるのは a_{Fe} であり，Fe による Cu_2S の還元がどの程度進むかにより，メタル相中の Cu が決まる．すなわち，$p_{O_2} \rightarrow a_{Fe} \rightarrow a_{Cu}$ のように支配されている．

[コメント] 考えている酸素分圧域では a_{Cu_2O} はかなり小さく（およそ 1.4×10^{-6} 程度），スラグへの Cu の分配はほとんど問題とならず，Cu はほとんどマットもしくは Pb メタル相のいずれかに分配される．

$$Cu_2S + Fe = 2Cu + FeS, \quad K = \frac{a_{Cu}^2}{a_{Cu_2S}} \cdot \frac{a_{FeS}}{a_{Fe}}$$

において，$a_{FeS}=$ 一定で考えると，a_{Fe} が小さくなるほど a_{Cu}^2/a_{Cu_2S} は小さくなる．すなわち a_{Cu_2S} は a_{Cu} に対して大きくなる．つまり，Cu はマット相に入るということになる．なお，本問では $a_{FeS}=0.4$，$a_{Cu_2S}=0.04$ を固定して試算しているが，CO/CO_2 が小さくなると a_{FeS} は小さく，a_{PbS}，a_{Cu_2S} は大きくなるはずであり，厳密にはこれらの変化を考慮する必要がある．

(参考文献)
阿座上竹四，矢澤 彬，東北大学選鉱製錬研究所彙報, **21** (1965) 103.

75

Pb の softening：不純物の除去限界算出

鉛乾式精錬のソフニング（softening）は，柔鉛法とも称され，不純物として鉛中に入っている Zn，Sb，Bi などを除去する工程である．Zn，Sb，Bi の平衡論的な除去限界（i 〜 iii）を求めよ．ただし，鉛中における Zn の活量係数は $\gamma_{Zn}^\circ = 8.4$，Pb-Sb 系，Pb-Bi 系は理想溶液と見なしうるものとし，操業温度は 873 K（600 ℃）とする．

計算に使用するデータ

表 1

	ΔG° (J)
$2Pb(s, l) + O_2(g) = 2PbO(s)$	$-434300 + 193.22T$
$2Zn(l) + O_2(g) = 2ZnO(s)$	$-706260 + 213.96T$
$\frac{4}{3}Sb(l) + O_2(g) = \frac{2}{3}Sb_2O_3(l)$	$-446430 + 152.30T$
$\frac{4}{3}Bi(l) + O_2(g) = \frac{2}{3}Bi_2O_3(s)$	$-391210 + 188.70T$

解

（i） Zn の除去限界

$$2Pb(l) + O_2(g) = 2PbO(s) : \Delta G^\circ = -434300 + 193.22T \text{ (J)} \tag{1}$$

$$2Zn(l) + O_2(g) = 2ZnO(s) : \Delta G^\circ = -706260 + 213.96T \text{ (J)} \tag{2}$$

$\frac{1}{2} \times \{(2) - (1)\}$ により，

$$PbO(s) + Zn(l) = ZnO(s) + Pb(l) : \Delta G^\circ = -135980 + 10.37T \text{ (J)} \tag{3}$$

また，

$$\Delta G^\circ = -RT \ln \frac{a_{ZnO} \cdot a_{Pb}}{a_{PbO} \cdot a_{Zn}} \tag{4}$$

溶けた Pb 中の不純物の量はきわめて少ないと考えられるので，$a_{Pb} \cong 1$．PbO-ZnO 系状態図より，PbO，ZnO は 873 K においてほとんど固溶度をお互いにもたない固相として存在するのが分かる．したがって，$a_{PbO} \cong 1$，$a_{ZnO} \cong 1$ とおける．微量 Zn の活量 $a_{Zn} = \gamma_{Zn}^\circ N_{Zn}$ および(3)式を(4)式に代入し，さらに $T = 873$ K で整理すると，

$$a_{Zn} = \gamma_{Zn}^\circ N_{Zn} = 2.542 \times 10^{-8}$$

$\gamma_{Zn}^\circ = 8.4$ と与えられているから，$N_{Zn} = 3.026 \times 10^{-9}$．wt% に直すと，[%Zn] $= 9.553 \times 10^{-8}$ となる．

（ii） Sb の除去限界

$$\frac{4}{3}Sb(l) + O_2(g) = \frac{2}{3}Sb_2O_3(l) :$$
$$\Delta G^\circ = 446430 + 152.30T \text{ (J)} \tag{5}$$

$\frac{1}{2} \times \{(5)-(1)\}$ により,

$$\frac{2}{3}\text{Sb(l)} + \text{PbO(s)} = \frac{1}{3}\text{Sb}_2\text{O}_3(\text{l}) + \text{Pb(l)} :$$
$$\Delta G° = -6065 - 20.46T \quad (\text{J}) \tag{6}$$

また,

$$\Delta G° = -RT \ln \frac{a_{\text{Pb}} \cdot a_{\text{Sb}_2\text{O}_3}^{1/3}}{a_{\text{PbO}} \cdot a_{\text{Sb}}^{2/3}}$$

したがって, 平衡定数は $T = 873\,\text{K}$ において以下のようになる.

$$K_{873} = \frac{a_{\text{Pb}} \cdot a_{\text{Sb}_2\text{O}_3}^{1/3}}{a_{\text{PbO}} \cdot a_{\text{Sb}}^{2/3}} = 27.02$$

Sb の量は非常に微量であることを考慮し, $a_{\text{Pb}} \cong 1$, また Pb-Sb 融体は理想溶体として扱えるという仮定より, $a_{\text{Sb}} = N_{\text{Sb}}$. 上式を N_{Sb} について整理すると,

$$N_{\text{Sb}} = \left(\frac{a_{\text{Sb}_2\text{O}_3}^{1/3}}{27.01\,a_{\text{PbO}}}\right)^{3/2} = 7.124 \times 10^{-3} \frac{a_{\text{Sb}_2\text{O}_3}^{0.5}}{a_{\text{PbO}}^{1.5}} \tag{7}$$

ここで, Sb_2O_3 を含む PbO 融体の平衡を考えると, a_{PbO} は 1 に近く, Sb_2O_3 が酸性であるから塩基性の PbO 融体中で $a_{\text{Sb}_2\text{O}_3}$ は理想状態に比べ負に偏り, かなり小さいと思われる (ref.2, 135 参照). いま, $a_{\text{Sb}_2\text{O}_3}^{0.5}/a_{\text{PbO}}^{1.5} = 1/10$ の場合を考えると, (7) 式より, $N_{\text{Sb}} = 7.124 \times 10^{-4}$. すなわち, [%Sb] = 0.0419 wt%.

実際には, スラグのかき出し操作を繰り返すことによって約 0.003 wt%Sb まで低下させることができる.

(iii) Bi の除去限界

$$\frac{4}{3}\text{Bi(l)} + \text{O}_2(\text{g}) = \frac{2}{3}\text{Bi}_2\text{O}_3(\text{s}) :$$
$$\Delta G° = -391210 + 188.70T \quad (\text{J}) \tag{8}$$

$\frac{1}{2} \times \{(8)-(1)\}$ により,

$$\frac{2}{3}\text{Bi(l)} + \text{PbO(s)} = \frac{1}{3}\text{Bi}_2\text{O}_3(\text{s}) + \text{Pb(l)} :$$
$$\Delta G° = 21545 - 2.26T \quad (\text{J}) \tag{9}$$

(9) 式の平衡定数を 873 K で求めると,

$$K_{873} = \frac{a_{\text{Bi}_2\text{O}_3}^{1/3} \cdot a_{\text{Pb}}}{a_{\text{Bi}}^{2/3} \cdot a_{\text{PbO}}} = 6.744 \times 10^{-2}$$

Bi_2O_3, PbO が 873 K で, お互いにほとんど固溶度をもたないと考えて, $a_{\text{Bi}_2\text{O}_3} \cong 1$, $a_{\text{PbO}} \cong 1$ とする. また Pb-Bi 系は理想溶体と考えて, $a_{\text{Pb}} = N_{\text{Pb}}$, $a_{\text{Bi}} = N_{\text{Bi}}$ である. したがって,

$$\frac{N_{\text{Pb}}}{N_{\text{Bi}}^{2/3}} = 6.744 \times 10^{-2}$$

$N_{\text{Bi}} = 1 - N_{\text{Pb}}$ なので

$$N_{\text{Pb}}^3 - 3.067 \times 10^{-4} N_{\text{Pb}}^2 + 6.134 \times 10^{-4} N_{\text{Pb}} - 3.067 \times 10^{-4} = 0$$

上式を解いて, $N_{\text{Pb}} \cong 0.0645$, $N_{\text{Bi}} \cong 0.9355$. 濃度に直すと, [%Bi] = 93.60 となる. したがって, Bi は Pb より安定であり, 酸化では除去できない.

75 Pb の softening：不純物の除去限界算出

[**コメント**]

　上記のように，酸化による不純物の除去が不可能な場合，アルカリあるいはアルカリ土類化合物を添加して，不純物とアルカリあるいはアルカリ土類金属からなる，より安定な複合化合物を生成して不純物を除去する方法がとられる（ref.2, 137 参照）．ただし，日本などでは品質維持のため電解を行っているところが多い．

　Pb 製錬の溶鉱炉から得られた粗 Pb の乾式精錬では，Cu は酸化法では除去できないので，まず溶離法か硫化法で脱 Cu し，次に反射炉で酸化精錬にかける．温度を 700～900℃ に上昇し空気を吹き込むか，PbO を加えて不純物をリサージ・スラグ（litharge slag，スカムまたはドロスともいう）として酸化物にして溶解させる．不純物中で酸化しやすいものは Zn，Fe，Sn，As，Sb で，Sb がこの中では最も酸化しにくい．なお，Pb はある程度不純物の酸化物とともにスラグに入り損失する．この場合得られる Pb は柔らかくなっているので軟鉛（softened lead）といい，またこの酸化法を柔鉛（softening process）という．このほか Bi は酸化しようとすれば Pb はほとんど全部 PbO となってしまうので，Kroll-Betterton 法により，また，Au，Ag は Parkes 法によって回収する．

76

Zn の蒸留：$\Delta G°$ から残留 Zn 算出

亜鉛を含んだ鉛を 873 K（600 ℃）で真空処理し，亜鉛を分離しようとする．揮発ガス中の鉛分圧が亜鉛分圧の 1 % になる点を終点とするとき，平衡論的にいって溶鉛中の亜鉛はどの程度まで低下させうるか．

$$Zn(l) = Zn(g) : \Delta G° = 127277 + 24.39T \log T - 182.76T \text{ (J)}$$
$$Pb(l) = Pb(g) : \log P = -10130/T - 0.958 \log T + 8.28 \text{ (atm)}$$

ただし，溶鉛中の Zn の活量係数は $\gamma_{Zn}^° = 8.4$ とせよ．

解

純 Zn の 873 K での蒸気圧は，

$$\frac{p_{Zn}^°}{a_{Zn}} = \exp\left(-\frac{\Delta G°}{RT}\right)$$

より，$a_{Zn} = 1$ であるので，

$$p_{Zn}^° = 1.528 \times 10^{-2} \text{ (atm)}$$

また，純 Pb の 873 K での蒸気圧は，

$$\log p_{Pb}^° = -10130/873 - 0.958 \log 873 + 8.28 = -6.14$$
$$\therefore \quad p_{Pb}^° = 7.24 \times 10^{-7} \text{ (atm)}$$

揮発ガス中の Pb 分圧が Zn 分圧の 1 % であることにより，終点における Zn 分圧は，$a_{Pb} \cong 1$ より

$$p_{Zn} = p_{Pb}^° \cdot a_{Pb} \times 100 = 7.24 \times 10^{-5} \text{ (atm)}$$

したがって，終点における Zn の活量は，

$$a_{Zn} = \frac{p_{Zn}}{p_{Zn}^°} = \frac{7.24 \times 10^{-5}}{1.528 \times 10^{-2}} = 4.73 \times 10^{-3}$$

溶鉛中の Zn の活量係数 $\gamma_{Zn}^°$ は，$\gamma_{Zn}^° = 8.4$ なので，

$$\therefore \quad N_{Zn} = \frac{a_{Zn}}{\gamma_{Zn}^°} = \frac{4.73 \times 10^{-3}}{8.4} = 5.63 \times 10^{-4}$$

$$\therefore \quad [\%Zn] = \frac{65.4 \times 5.63 \times 10^{-4}}{207.2 \times (1 - 5.63 \times 10^{-4}) + 65.4 \times 5.63 \times 10^{-4}} \times 100$$
$$= 0.0178 \text{ (wt\%)}$$

77

真空溶解での酸化：$\Delta G°$ から酸化条件算出

$10^{-6} \sim 10^{-7}$ atm 程度の真空度で各種金属を真空溶解しようとする．次の問に答えよ．

（ⅰ）純粋な鉄を 1873 K（1600 ℃）で真空溶解すれば酸化を免れ難いという．次式からこれを説明せよ．

$$\frac{1}{2}O_2 = \underline{O}(\%) : \Delta G° = -117000 - 2.89T \text{ (J)}$$

（$\underline{O}(\%)$ は 1 wt% を標準状態としたヘンリー基準を採用するの意味）

（ⅱ）ニッケル，銅は酸化するだろうか．ニッケルは 1873 K，銅は 1473 K（1200 ℃）で検討せよ．

（ⅲ）純鉄ではなく，実際の鋼を溶解すると多くの場合脱酸が起こるという．その主反応を同じく 1873 K で説明せよ．

（ⅳ）1473 K で銅を溶解するとき，真空度を種々変えた場合につき，溶銅の酸化の問題を検討せよ．

計算に使用するデータ

表 1

	$\Delta G°$ (J)	$\log K$
$2Ni(l) + O_2(g) = 2NiO(s)$	$-498800 + 185.68T$	
$4Cu(l) + O_2(g) = 2Cu_2O(l)$	$-235200 + 78.20T$	
$CO(g) = \underline{C}(\%) + \underline{O}(\%)$		$-\dfrac{1160}{T} - 2.003$

解

（ⅰ）
$$\frac{1}{2}O_2 = \underline{O}(\%) : \Delta G° = -117000 - 2.89T \text{ (J)}$$

$$\Delta G°_{1873} = -122400 \text{ (J)}$$

$$K_{1473} = \frac{[\%O]}{p_{O_2}^{1/2}}$$

$$\therefore \quad [\%O] = 2.59 \times 10^3 \sqrt{p_{O_2}}$$

真空度 10^{-6} atm のとき（空気中とすると，$p_{O_2} = 10^{-6} \times 0.21$）

$$[\%O] = 2.59 \times 10^3 \sqrt{10^{-6} \times 0.21} = 1.19 \%$$

同様に真空度 10^{-7} atm のとき

$$[\%O] = 2.59 \times 10^3 \sqrt{10^{-7} \times 0.21} = 0.38 \%$$

図 1 に示した Fe-O 系状態図より，1873 K では酸素 0.2 % 以上で溶融鉄＋溶融酸化物の範囲となるので酸化は免れない．

（ⅱ）
（a）ニッケルの場合，Ni 中に酸素はほとんど溶解しないとして，

$$2Ni(l) + O_2(g) = 2NiO(s) : \Delta G° = -498800 + 185.68T \text{ (J)}$$

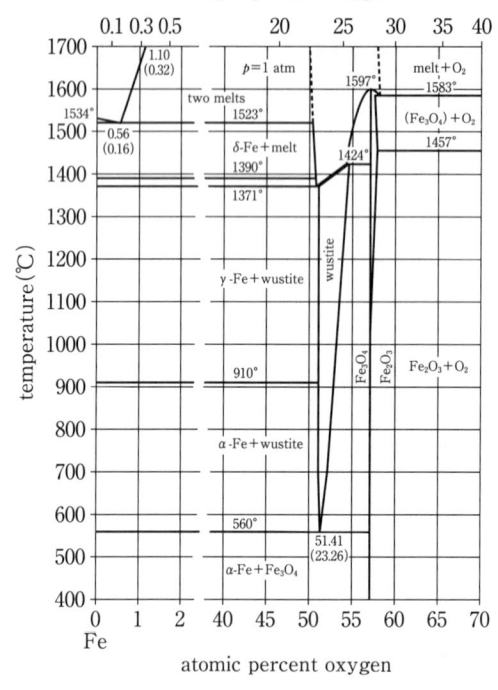

図1 Fe-O系状態図

$$\Delta G°_{1873} = -151000 \text{ (J)}$$

$$K_{1873} = \frac{a_{NiO}^2}{a_{Ni}^2 \cdot p_{O_2}} = 1.626 \times 10^4$$

$$\frac{a_{NiO}}{a_{Ni}} = 1.275 \times 10^2 \sqrt{p_{O_2}}$$

真空度 10^{-6} atm では,

$$\frac{a_{NiO}}{a_{Ni}} = 1.275 \times 10^2 \sqrt{10^{-6} \times 0.21} = 0.06$$

真空度 10^{-7} atm では,

$$\frac{a_{NiO}}{a_{Ni}} = 1.275 \times 10^2 \sqrt{10^{-7} \times 0.21} = 0.02$$

したがって,Niはこの条件では酸化しない.

(b) 銅の場合,同じく Cu 中には酸素はほとんど溶解しないとして,

$$4Cu(l) + O_2(g) = 2Cu_2O(l) : \Delta G° = -235200 + 78.20T \text{ (J)}$$

$$\Delta G°_{1473} = -120000 \text{ (J)}$$

$$K_{1473} = \frac{a_{Cu_2O}^2}{a_{Cu}^4 \cdot p_{O_2}} = 1.801 \times 10^4$$

$a_{Cu} = 1$ とすると,

$$a_{Cu_2O} = 1.342 \times 10^2 \sqrt{p_{O_2}}$$

真空度 10^{-6} atm では,

$$a_{Cu_2O} = 1.342 \times 10^2 \sqrt{10^{-6} \times 0.21} = 0.06$$

真空度 10^{-7} atm では，

$$a_{Cu_2O} = 1.342 \times 10^2 \sqrt{10^{-7} \times 0.21} = 0.02$$

したがって，Cu もこの条件では酸化しない．

(iii) $CO(g) = \underline{C}(\%) + \underline{O}(\%)$ なる反応を考える．

与えられたデータより，

$$\log K = -\frac{1160}{T} - 2.003$$

したがって，$K_{1873} = 2.386 \times 10^{-3}$

$$\therefore \quad [\%C][\%O] = 2.386 \times 10^{-3} \times p_{CO}$$

真空度の悪い 10^{-6} atm で考え，$p_{CO} = 10^{-6}$ atm とすると，

$$[\%C][\%O] = 2.386 \times 10^{-3} \times 10^{-6}$$
$$= 2.386 \times 10^{-9}$$

この場合，[%C] と [%O] が同程度とすれば [%O] は 10^{-5} のオーダーとなり，[%C] が [%O] より 1～2 オーダー小さくなっても [%O] は，10^{-4} 程度のオーダーなので脱酸は起こると考えられる．

(iv)
$$4Cu(l) + O_2(g) = 2Cu_2O(l) : \Delta G° = -235200 + 78.20T \text{ (J)}$$
$$\Delta G°_{1473} = -120000 \text{ (J)}$$
$$K_{1473} = \frac{a_{Cu_2O}^2}{a_{Cu}^4 \cdot p_{O_2}} = 1.801 \times 10^4$$

この系で酸化が起こるのは $a_{Cu_2O} = 1$ のところなので，$a_{Cu} = 1$，$a_{Cu_2O} = 1$ とおくと，

$$p_{O_2} = 5.55 \times 10^{-5} \text{ (atm)}$$

空気中であるとすれば，真空度は 2.64×10^{-4} atm である．したがって真空度が 2.64×10^{-4} atm よりよければ酸化は起こらない．

(注) $CO(g) = \underline{C}(\%) + \underline{O}(\%)$ の反応の $\Delta G°$ は，日本金属学会，鉄鋼製錬 (1979) 288 を引用．

78

Fe とシリカの平衡：$\Delta G°$ から酸化反応推定

純鉄（に限らず一般の鉄鋼も）の真空溶解を行う場合，シリカを含むるつぼ材料は，溶湯を酸化させる故に禁物とされる．次式を 1873 K（1600 ℃）で検討してその理由を解説せよ．

$$SiO_2(s) = SiO(g) + \frac{1}{2}O_2(g)$$

また銅を 1473 K（1200 ℃）で真空溶解させるにはシリカるつぼを用いてよいだろうか．
計算に使用するデータ

表 1

	$\Delta G°$ (J)
$2Si(s) + O_2(g) = 2SiO(g)$	$-214800 - 160.24T$
$Si(s) + O_2(g) = SiO_2(s)$	$-901640 + 171.46T$
$2Fe(l) + O_2(g) = 2\text{'FeO'}(l)$	$-477560 + 97.06T$
$4Cu(l) + O_2(g) = 2Cu_2O(s)$	$-324600 + 137.60T$

解

与えられたデータより，

$$2Si(s) + O_2(g) = 2SiO(g) : \Delta G° = -214800 - 160.24T \text{ (J)} \quad (1)$$

$$Si(s) + O_2(g) = SiO_2(s) : \Delta G° = -901640 + 171.46T \text{ (J)} \quad (2)$$

$(1) \times \frac{1}{2} - (2)$ より

$$SiO_2(s) = SiO(g) + \frac{1}{2}O_2(g) :$$

$$\Delta G° = 794240 - 251.58T \text{ (J)} \quad (3)$$

$\Delta G° = -RT \ln K$ より，(3) 式の平衡定数 $K_{(3)}$ は 1873 K で

$$K_{(3),1873} = \frac{p_{SiO(g)} p_{O_2}^{1/2}}{a_{SiO_2(s)}} = 9.793 \times 10^{-10}$$

ここで，O_2 がすべて SiO_2 に由来するとして $p_{SiO(g)} = 2p_{O_2}$ であり，また $a_{SiO_2} = 1$ と考えると

$$2p_{O_2}^{3/2} = 9.793 \times 10^{-10}$$

$$\therefore p_{O_2} = 6.21 \times 10^{-7} \text{ (atm)} \quad (4)$$

ここで，純鉄の酸化について

$$Fe(l) + \frac{1}{2}O_2(g) = \text{'FeO'}(l) :$$

$$\Delta G° = -238780 + 48.53T \text{ (J)} \quad (5)$$

したがって，(5) 式の平衡定数 $K_{(5)}$ は，

$$K_{(5),1873} = \frac{a_{\text{'FeO'}(l)}}{a_{Fe(l)} \cdot p_{O_2}^{1/2}} = 1.332 \times 10^4$$

(4) より

$$\frac{a_{\text{FeO'(l)}}}{a_{\text{Fe(l)}}} \cong 10.5$$

つまり Fe は酸化され 'FeO' となると考えられる.

次に Cu の場合,1473 K(1200 ℃)において

$$K_{(3),1473} = \frac{p_{\text{SiO(g)}} \cdot p_{\text{O}_2}^{1/2}}{a_{\text{SiO}_2(s)}} = 9.457 \times 10^{-16}$$

同様にして

$$p_{\text{O}_2} = 6.07 \times 10^{-11} \text{ (atm)}$$

また

$$2\text{Cu(l)} + \frac{1}{2}\text{O}_2(\text{g}) = \text{Cu}_2\text{O(s)}:$$
$$\Delta G° = -162300 + 68.80T \text{ (J)} \tag{6}$$

Fe の場合と同様にして

$$K_{(6),1473} = \frac{a_{\text{Cu}_2\text{O(s)}}}{a_{\text{Cu(l)}}^2 \cdot p_{\text{O}_2}^{1/2}} = 145.1$$

$$\therefore \frac{a_{\text{Cu}_2\text{O(s)}}}{a_{\text{Cu(l)}}^2} = 1.13 \times 10^{-3}$$

したがって,$a_{\text{Cu(l)}} \approx 1$ のときは $a_{\text{Cu}_2\text{O(s)}}$ は小さく,Cu はほとんど酸化されない.

[コメント] ここで生成した Cu_2O が何かにその場で連続的に吸収されるような場合には,活量が小さくとも,酸化が進行する場合がある.活量比というのは,その量的関係は必ずしも示していない.

[別解] (3)+(5)より

$$\text{Fe(l)} + \text{SiO}_2(\text{s}) = \text{SiO(g)} + \text{'FeO'(l)}:$$
$$\Delta G° = 555460 - 203.05T \text{ (J)} \tag{7}$$

$a_{\text{SiO}_2(s)} = 1$ と考えると,1873 K で

$$K_{(7),1873} = \frac{p_{\text{SiO}} \cdot a_{\text{FeO'}}}{a_{\text{Fe}}} = 1.303 \times 10^{-5}$$

$p_{\text{SiO(g)}} = 2p_{\text{O}_2(g)}$ と(4)より $p_{\text{SiO}} = 1.24 \times 10^{-6}$ (atm)であるから,

$$\frac{a_{\text{FeO'}}}{a_{\text{Fe}}} = 10.50$$

つまり Fe はかなり酸化され FeO になると考えられる.

同様に Cu について 1473 K(1200 ℃)で,(3)+(6)より

$$2\text{Cu(l)} + \text{SiO}_2(\text{s}) = \text{Cu}_2\text{O(s)} + \text{SiO(g)}:$$
$$\Delta G° = 631940 - 182.78T \text{ (J)} \tag{8}$$

$a_{\text{SiO}_2(s)} = 1$ とすると,$p_{\text{SiO}} = 1.214 \times 10^{-10}$ (atm)であるから,

$$K_{(8),1473} = \frac{a_{\text{Cu}_2\text{O(s)}}}{a_{\text{Cu(l)}}^2} \times p_{\text{SiO}} = 1.372 \times 10^{-13}$$

$$\therefore \frac{a_{\text{Cu}_2\text{O(s)}}}{a_{\text{Cu(l)}}^2} = 1.13 \times 10^{-3}$$

したがって $a_{\text{Cu(l)}} \approx 1$ のときは $a_{\text{Cu}_2\text{O(s)}}$ が小さくなり Cu はほとんど酸化されない.

79 溶銅の真空精製：不純物の蒸気圧比較

次の表は，1473 K（1200 ℃）における溶銅相中の不純物の活量あるいは活量係数と，それらが純粋な状態にあった場合の蒸気圧を示す．各々 0.1 % 含まれている場合に呈すべき蒸気圧を求め，真空溶解による除去の難易を述べよ．

表1

	Ag	Cu	Pb	Al	S (0.1 %)	O (0.1 %)
$\gamma°$	3.1	1	6	0.05	$a_{Cu_2S}=0.1$	$a_{Cu_2O}=0.1$
$p°$ (atm)	2×10^{-4}	5×10^{-6}	2×10^{-2}	2×10^{-5}		

ただし，S，O についてはこれらの成分が溶銅相中に 0.1 % 含まれているときに Cu_2S，Cu_2O の活量が 0.1 になるものとせよ．なお S，O が同時に 0.1 % ずつ共存している場合はどうなるかについても考察せよ．ただし，ref.2, 付表 1 ならびに 83 より

$$SO_2(g) = [\%S] + 2[\%O] \quad : \Delta G° = 128450 - 53.58T \text{ (J)}$$
$$4Cu(l) + S_2(g) = 2Cu_2S(l) \quad : \Delta G° = -282000 + 74.52T \text{ (J)}$$
$$4Cu(l) + O_2(g) = 2Cu_2O(l) : \Delta G° = -235200 + 78.20T \text{ (J)}$$

である．

解

溶銅中の不純物の活量を a とすると，a は

$$a = \gamma° N = \frac{p}{p°}$$

となり，これより不純物の呈する蒸気圧 p が求まる．

$$p = ap° = \gamma° N p° \tag{1}$$

そこで，次の各元素が 0.1 wt% 含まれていた場合について考える．

Ag：0.1 wt% をモル分率に換算すると

$$N = \frac{0.1}{107.87} \bigg/ \left(\frac{0.1}{107.87} + \frac{99.9}{63.54}\right) = 5.8928 \times 10^{-4}$$

よって，溶銅中の Ag の蒸気圧は（1）式より

$$p = \gamma° N p° = 3.1 \times 5.8928 \times 10^{-4} \times 2 \times 10^{-4} = 3.654 \times 10^{-7} \text{ (atm)}$$

Pb：
$$N = \frac{0.1}{207.19} \bigg/ \left(\frac{0.1}{207.19} + \frac{99.9}{63.54}\right) = 3.0688 \times 10^{-4}$$

$$p = 6 \times 3.070 \times 10^{-4} \times 2 \times 10^{-2} = 3.683 \times 10^{-5} \text{ (atm)}$$

Al：
$$N = \frac{0.1}{26.9815} \bigg/ \left(\frac{0.1}{26.9815} + \frac{99.9}{63.54}\right) = 2.3517 \times 10^{-3}$$

$$p = 0.05 \times 2.3517 \times 10^{-3} \times 2 \times 10^{-5} = 2.352 \times 10^{-9} \text{ (atm)}$$

S：次式を考える．

$$4Cu(l) + S_2(g) = 2Cu_2S(l) : \Delta G°_{1473} = -172232 \text{ (J)}$$

$$K = \frac{a_{\text{Cu}_2\text{S}}^2}{a_{\text{Cu}}^4 p_{\text{S}_2}} = \exp\left(-\frac{\Delta G^\circ}{RT}\right) = 1.282 \times 10^6$$

$a_{\text{Cu}_2\text{S}} = 0.1$，ならびに Cu の活量は 1 と近似すると，

$$p_{\text{S}_2} = \frac{0.1^2}{1 \times 1.282 \times 10^6} = 7.80 \times 10^{-9} \text{ (atm)}$$

O：次式を考える．

$$4\text{Cu(l)} + \text{O}_2(\text{g}) = 2\text{Cu}_2\text{O(l)} : \Delta G^\circ_{1473} = -120011 \text{ (J)}$$

$$K = \frac{a_{\text{Cu}_2\text{O}}^2}{a_{\text{Cu}}^4 p_{\text{O}_2}} = \exp\left(-\frac{\Delta G^\circ}{RT}\right) = 1.803 \times 10^4$$

同じく Cu の活量は 1 と近似して

$$p_{\text{O}_2} = \frac{0.1^2}{1 \times 1.804 \times 10^4} = 5.55 \times 10^{-7} \text{ (atm)}$$

以上の結果より，蒸気圧の大小関係は次のようになる．

$$\text{Al} < \text{S} < \text{Ag} < \text{O} < \text{Cu} < \text{Pb}$$

したがって，真空溶解により，Cu より蒸気圧の高い Pb は除去できる可能性があるが，Al，Ag は除去できない．

次に，S と O が同時に 0.1 % 存在するときを考える．このときの反応は，ref. 2, 83 より

$$\text{SO}_2(\text{g}) = [\%\text{S}] + 2[\%\text{O}]$$

$$\Delta G^\circ = 128450 - 53.58 T \text{ (J)}$$

$$\Delta G^\circ_{1473} = 49527 \text{ (J)}$$

$$K_{1473} = \frac{[\%\text{S}][\%\text{O}]^2}{p_{\text{SO}_2}} = \exp\left(\frac{-\Delta G^\circ_{1473}}{RT}\right) = 1.7524 \times 10^{-2}$$

ここで，$[\%\text{S}] = 0.1$，$[\%\text{O}] = 0.1$ とすると

$$p_{\text{SO}_2} = 0.05706 \text{ (atm)}$$

すなわち，S，O が，それぞれ単独で存在する場合は真空溶解によっても除去できないが，共存する場合，上のような反応により除去可能となる．

図 1 のようなポテンシャルダイアグラムを作ってみると，真空溶解によって，矢印の方向に反応を進ませて Cu を得るプロセスの可能性があることが分かる．

(参考文献)
亀田満雄，矢澤 彬，東北大学選鉱製錬研究所彙報，**19**（1963）57.

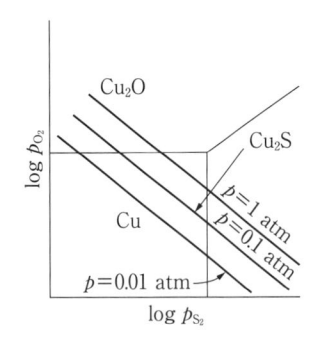

図1 Cu-Cu$_2$O-Cu$_2$S の相関

80

銅，鉛溶鉱炉の比較：$\Delta G°$ から SO_2 分圧を比較

銅の溶鉱炉排ガス中には CO_2，SO_2 は相当あるが CO はほとんどない（ⅰ）．一方，鉛の溶鉱炉の装入物には若干のイオウが入っているにもかかわらず，その排ガス中には SO_2 はほとんどない（ⅱ）．その理由を 1000 K（727 ℃）で計算して説明せよ．ただし，銅製錬の溶鉱炉の場合，実操業では，CO_2 は約 10 %，SO_2 は約 5 %，S_2 は 1 % 以下として定量的な考察を行え．また，鉛の溶鉱炉の場合にも溶錬帯の S_2 の分圧は，0.01 atm として定量的な評価を行え．

計算に使用するデータ

表1

	$\Delta G°$ (J)
$2CO(g) + O_2(g) = 2CO_2(g)$	$-564840 + 173.30T$
$\frac{1}{2}S_2(g) + O_2(g) = SO_2(g)$	$-362070 + 73.41T$

解

実際の炉中には，焼結鉱，コークスなどが存在しており，$SO_2(g) + C(s) = \frac{1}{2}S_2(g) + CO_2(g)$ などの反応も起こると考えられるが，ポテンシャル図上で考察しやすい次の反応で平衡状態を考える．

$$2CO(g) + O_2(g) = 2CO_2(g) : \Delta G° = -564840 + 173.30T \text{ (J)} \tag{1}$$

$$\frac{1}{2}S_2(g) + O_2(g) = SO_2(g) \quad : \Delta G° = -362070 + 73.41T \text{ (J)} \tag{2}$$

式(2)-(1)

$$\frac{1}{2}S_2(g) + 2CO_2(g) = SO_2(g) + 2CO(g) :$$

$$\Delta G° = 202770 - 99.89T \text{ (J)} \tag{3}$$

(3)式の平衡定数を $T = 1000$ K において計算すると，

$$K = \frac{p_{CO}^2 \cdot p_{SO_2}}{p_{S_2}^{1/2} \cdot p_{CO_2}^2} = 4.226 \times 10^{-6} \tag{4}$$

(ⅰ) 銅製錬の溶鉱炉の場合

CO_2：約 10 %，SO_2：約 5 % とおく．(4)式に代入して，

$$\frac{p_{CO}^2}{p_{S_2}^{1/2}} = 8.452 \times 10^{-7}$$

題意より p_{S_2} は実操業において，1 % 以下であるので，たとえ $p_{S_2} = 0.01$ atm としても，$p_{CO} = 2.907 \times 10^{-4}$ となり，CO ガスがほとんど存在しないのが分かる．

(ⅱ) 鉛製錬の溶鉱炉の場合

問題 74 の(ⅲ)の解に記されているように，CO：CO_2 の比は，鉛溶鉱炉溶錬帯においておよそ 1.0 程度と

考えられる．排ガス中では CO_2 量がさらに多くなると考えられるが，ここではこの値を用いて，(4)式を使い，

$$K = \frac{p_{SO_2}}{p_{S_2}^{1/2}} = 4.226 \times 10^{-6}$$

S_2 の分圧を 0.01 atm と考えると，上式より，

$$p_{SO_2} = 4.226 \times 10^{-7} \text{ (atm)}$$

すなわち，SO_2 はほとんど存在しないのが分かる．

[コメント]

銅溶鉱炉に関して，日本とヨーロッパとでは伝統的に考え方が異なっている．その違いを表2にまとめた．

表2

	操業方式	装入物	圧力	反応速度	排ガス SO_2	その他
日本	生鉱吹	生鉱	低	遅い	～5%	H_2SO_4 回収
ヨーロッパ	焼結吹	焼結鉱	高	速い	～0.2%	

日本では排ガス中の SO_2 濃度を高くし，H_2SO_4 の回収を容易にしようとしてきた．ヨーロッパでは焼結鉱を用いてきたが，この場合，本問とは異なり排ガス中の CO が高くなることも考えられる．しかし焼結の際の排ガスの処理が問題となるため現在ではほとんど焼結は行われていない．また銅溶鉱炉そのものがどんどん減少している．

鉛溶鉱炉では 2%S 程度の焼結鉱を用いるため，もともと S_2，SO_2 とも少なく，最終的にはフリーエアで $S_2 \rightarrow SO_2$ となって排出される．

81

銅のマット溶錬：Fe，Zn，Pb の分配

銅のマット溶錬において，各元素のマット-スラグ間の分配関係について 1473 K（1200 ℃）で検討し，次の各問に答えよ．ただし，スラグ中の FeO の活量は常に 0.35 にコントロールされ，図1にこの条件下でのマット中の Cu 濃度と各成分の活量のデータが与えられている．なお，活量係数 γ_i は，i が硫化物の場合はマット中の，i が酸化物の場合にはスラグ中の値を示す．

（ⅰ） 銅はほとんどマット相に濃縮されるが，鉄はマット-スラグに分かれて存在する．この差をもたらす原因について考え，FeS，FeO の活量が相等しい場合につき銅の分配の割合を算出せよ．ただし，$\gamma_{CuO_{0.5}}=3$ とし，$CuO_{0.5}$ の標準状態は純粋液体とする．また，計算簡略化のためスラグ 100 g は 1.5 mol に相当すると仮定せよ．

（ⅱ） （ⅰ）の条件に加え，もしナトリウムが存在した場合，同様に分配につき計算し説明せよ．ただし，参考文献 3）より，$\gamma_{Na_2S}/\gamma_{Na_2O}=10^7$ であるとする．Na_2S ならびに Na_2O の標準状態は純粋液体とする．

（ⅲ） 同様に FeS と FeO の活量が等しいときに鉛および亜鉛の分配について論ぜよ．ただし，参考文献 3）より，$\gamma_{PbS}/\gamma_{PbO}=3.33$，$\gamma_{ZnS}/\gamma_{ZnO}=2$ とせよ．PbS，PbO の標準状態は液体，ZnS，ZnO の標準状態は固体である．

（ⅳ） 一般に銅のマット溶錬炉のスラグには Cu_2O はあまり認められていないが，転炉スラグ（特に造鎔末期のもの）には存在するともいう．可能性を検討せよ．

（ⅴ） 同様な考え方でスラグ中の鉛量はマット溶錬スラグと転炉スラグとで差があるだろうか．

計算に使用するデータ

表1

	$\Delta G°$（J）
$4Cu(l)+O_2(g)=2Cu_2O(l)$	$-235200+78.20T$
$4Cu(l)+S_2(g)=2Cu_2S(l)$	$-282000+74.52T$
$2Fe(s)+O_2(g)=2FeO(l)$	$-477560+97.06T$
$2Fe(s)+S_2(g)=2FeS(l)$	$-235220+67.28T$
$4Na(g)+O_2(g)=2Na_2O(s,l)$	$-1126580+534.30T$
$4Na(g)+S_2(g)=2Na_2S(l)$	$-1257720+580.74T$
$2Pb(l)+O_2(g)=2PbO(l)$	$-390200+155.40T$
$2Pb(l)+S_2(g)=2PbS(l)$	$-254380+122.78T$
$2Zn(g)+O_2(g)=2ZnO(s)$	$-920880+396.64T$
$2Zn(g)+S_2(g)=2ZnS(s)$	$-733880+378.24T$

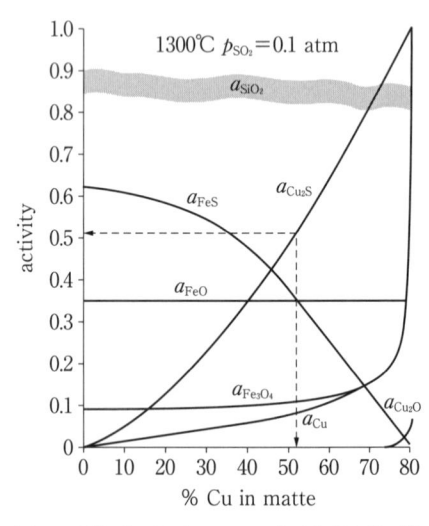

図1 実験データ（$a_{FeO}=0.35$）（参考文献 1））

[解]

（ⅰ） Cu-S-O 系および Fe-S-O 系のポテンシャル図から明らかなように Cu に比べ Fe の方がはるかに O に対する親和力が大きいため酸化されやすい．次に定量的に検討すると，

$$Cu_2O(l) + FeS(l) = Cu_2S(l) + FeO(l) : \Delta G° = -144570 + 13.05T \quad (J) \tag{1}$$

$$K = \frac{a_{Cu_2S} \cdot a_{FeO}}{a_{Cu_2O} \cdot a_{FeS}} = 2.787 \times 10^4 \tag{2}$$

K の値からこの反応の平衡が著しく右に偏っていること,すなわち Cu_2S, FeO が安定であり Fe の酸化が優先することが分かる.

また図1の実験データから,$a_{FeO}/a_{FeS}=1$ の条件により,

$$a_{Cu_2S} = 0.5, \quad [\%Cu(in\ matte)] = 52$$

と見積もる.(2)式より

$$a_{Cu_2O} = 1.794 \times 10^{-5}$$

ここで,$2CuO_{0.5} = Cu_2O : \Delta G° = 0$ より

$$\therefore \quad a_{CuO_{0.5}} = 4.236 \times 10^{-3}$$

ここで,$\gamma_{CuO_{0.5}}(in\ slag) = 3$,スラグ100g当たり $n_T = 1.5$ mol なので

$$a_{CuO_{0.5}} = \gamma_{CuO_{0.5}} \cdot N_{CuO_{0.5}}$$

$$= \gamma_{CuO_{0.5}} \cdot \frac{[\%Cu(in\ slag)]}{n_T \cdot M_{Cu}}$$

$$\therefore \quad [\%Cu(in\ slag)] = \frac{a_{CuO_{0.5}}}{\gamma_{CuO_{0.5}}} \times n_T \times M_{Cu} = \frac{4.236 \times 10^{-3}}{3} \times 1.5 \times 63.55$$

$$= 0.1346$$

したがって,スラグ-マット間の Cu の分配比 $L_{Cu}^{s/m}$ は

$$L_{Cu}^{s/m} = \frac{0.1346}{52} = 2.6 \times 10^{-3}$$

(ⅱ) $$Na_2O(l) + FeS(l) = Na_2S(l) + FeO(l) : \Delta G° = -186740 + 38.11T \quad (J) \tag{3}$$

$$K_{3,1473} = \frac{a_{Na_2S} \cdot a_{FeO}}{a_{Na_2O} \cdot a_{FeS}} = \frac{a_{Na_2S}}{a_{Na_2O}} = 4.280 \times 10^4 \tag{4}$$

$\gamma_{Na_2S}/\gamma_{Na_2O} = 10^7$ なので,(4)式より

$$\frac{a_{Na_2S}}{a_{Na_2O}} = \frac{\gamma_{Na_2S}}{\gamma_{Na_2O}} \cdot \frac{N_{Na_2S}}{N_{Na_2O}} = 4.280 \times 10^4$$

$$\therefore \quad \frac{N_{Na_2S}}{N_{Na_2O}} = 4.280 \times 10^4 \times 10^{-7} = 4.280 \times 10^{-3}$$

したがって,Na のほとんどはスラグ中に入る.

(ⅲ) 一般に次の反応を考える($a_{FeO}/a_{FeS}=1$ のとき).

$$MO + FeS = MS + FeO$$

$$K = \frac{a_{MS} \cdot a_{FeO}}{a_{MO} \cdot a_{FeS}} = \frac{a_{MS}}{a_{MO}} = \frac{\gamma_{MS}}{\gamma_{MO}} \cdot \frac{N_{MS}}{N_{MO}} \tag{5}$$

(a) $$PbO(l) + FeS(l) = PbS(l) + FeO(l) : \Delta G° = -53260 - 1.42T \quad (J)$$

$$K = (\gamma_{PbS}/\gamma_{PbO})(N_{PbS}/N_{PbO}) = 91.81$$

ここで,$\gamma_{PbS}/\gamma_{PbO} = 3.33$ なので,

$$\frac{N_{PbS}}{N_{PbO}} = 27.54$$

このように Pb はマットの方に1桁多く入る.

（b） $\quad$ ZnO(s)＋FeS(l)＝ZnS(s)＋FeO(l)：$\Delta G°＝-27670＋5.69T$ （J）

（5）式より

$$K＝(\gamma_{ZnS}/\gamma_{ZnO})(N_{ZnS}/N_{ZnO})＝4.830$$

ここで，$\gamma_{ZnS}/\gamma_{ZnO}＝2$ なので，

$$\frac{N_{ZnS}}{N_{ZnO}}＝2.415$$

このように亜鉛は両相に分配される．

（iv） （i）～（iii）においては $a_{FeO}/a_{FeS}＝1$ で，マット溶錬炉から転炉における造鈹初期を想定していたが，FeS の酸化が進む転炉造鈹末期では，マット中の Cu 品位は上がり，(2)式の a_{FeO}/a_{FeS} は大となり，結果的には N_{Cu_2S}/N_{Cu_2O} が小さくなり，スラグへの Cu の酸化ロスは増える．したがってマット溶錬では FeS をある程度残してマットに入れることで棄却スラグを得ている．これを図1のデータを用いておおよその a_{FeO}/a_{FeS} ならびに a_{Cu_2S} を読みとり定量的に検討すると表2のようになる．

表2

マット品位	a_{FeO}/a_{FeS}	a_{Cu_2S}	a_{Cu_2O}	$a_{CuO_{0.5}}$	[%Cu]	$L_{Cu}^{s/m}$
52	1	0.5	1.794×10^{-5}	4.236×10^{-3}	0.1346	2.6×10^{-3}
70	2.8	0.83	8.339×10^{-5}	9.132×10^{-3}	0.2901	4.1×10^{-3}
$a_{Cu_2S}＝1$	おおよそ100	1.0	3.588×10^{-3}	5.990×10^{-2}	1.903	2.4×10^{-2}

（v） $K＝(a_{PbS}/a_{PbO})(a_{FeO}/a_{FeS})$ より，Cu の場合と同様 a_{FeO}/a_{FeS} が大きくなるほど a_{PbS}/a_{PbO} は小さくなる．銅溶鉱炉スラグでは Pb 0.22 %，銅自溶炉スラグでは Pb 0.25 % 程度であるが，転炉スラグでは Pb 1.25 % 程度になる（もちろんこの値は原料にも大きく依存する）．

（参考文献）

1) A. Yazawa, "Thermodynamic Considerations of Copper Smelting", Canadian Metallurgical Quarterly, **13**, 3 (1974) 443.
2) A. Yazawa, "Extractive Metallurgical Chemistry with Special Reference to Copper Smelting", The 28th Congress of IUPAC in Vancouver, August (1981).
3) 矢澤　彬，阿座上竹四，「銅溶錬における不純物除去に関する熱力学的考察」，東北大学選鉱製錬研究所彙報，**23** (1967) 67.
4) A. Yazawa and T. Azakami, "Thermodynamics of Removing Inpoures During Copper Smelting", Canadian Metallurgical Quarterly, **8** (1969) 257.

[**コメント1**] 図1の右端では Cu_2S と Cu が純粋状態で共存しており，$p_{SO_2}＝0.1$ とすると，このような状態では，a_{FeO}/a_{FeS} は（iv）の検討よりはるかに大きくおよそ 570 となる．
[**コメント2**] （ii）について，$Na_2O(l)＋FeS(l)＝Na_2S(l)＋FeO(l)$：$\Delta G°＝-186740＋38.11T$ （J）より，$K_{1473}＝4.280\times10^4$ と Na は圧倒的に硫化物になりやすいと思われがちであるが，$Na_2O:SiO_2＝1:1$ の二元系スラグで考えると，$Na_2O(l)＋SiO_2(s)＝Na_2SiO_3(l)$，$K_{1473}＝4.986\times10^8$ において $a_{Na_2SiO_3}＝1$，$N_{Na_2O}＝0.5$ であり，$a_{SiO_2}＝0.1$ と仮定すると，$\gamma_{Na_2O}＝4.011\times10^{-8}$ と極端に小さな値となり，存在量としては Na_2O の方が多くなる．その他，スラグ/マットへの分配は，元素によってはマットへの酸化物としての溶解，スラグへの硫化物としての溶解も考慮する必要がある．例えば，Na は硫化物としてもスラグへかなり溶解するので，実際には（ii）の結果よりもスラグ中に多く溶解する．
[**コメント3**] 転炉造鈹期には，次問に述べるマグネタイトの問題があるため，実際には $a_{FeO}/a_{FeS}＝10～20$ で吹き止める．

82

銅溶錬におけるマグネタイト：生成消失の因子解析

銅溶錬における溶融 FeS の酸化生成物としては，FeO(l) と Fe_3O_4(s) が考えられる．マグネタイトの生成消失に及ぼす各因子（下記（ⅰ）～（ⅲ））の影響について論ぜよ．

（参考）　金属製錬技術ハンドブック（朝倉書店）464，および ref. 2, 81.

次の反応を 1473 K（1200 ℃）と 1573 K（1300 ℃）で検討する．

$$FeS(l) + 3Fe_3O_4(s) = 10FeO(l) + SO_2(g)：$$
$$\Delta G° = 654720 - 381.95T \quad (J) \quad\quad (ref. 2, 81 より)$$
$$K_{1473} = 5.415 \times 10^{-4}$$
$$K_{1573} = 1.620 \times 10^{-2}$$
$$K = \frac{a_{FeO}^{10} \cdot p_{SO_2}}{a_{FeS} \cdot a_{Fe_3O_4}^3}$$

（ⅰ）　$p_{SO_2}=0.1$ で $a_{FeO}=0.4$ のスラグを生成するときの FeS と Fe_3O_4 の活量の関係を求めると，表1のようになる．

表1

a_{FeS}		0.02	0.05	0.1	0.2	0.5	0.8	1.0
$a_{Fe_3O_4}$	1473 K	0.99	0.73	0.58	0.46	0.34	0.29	0.27
	1573 K	0.32	0.23	0.19	0.15	0.11	0.09	0.09

（ⅱ）　造鋏期末期におけるマット中 FeS とスラグ中 FeO の関係を Fe_3O_4 飽和の条件で求めると，表2のようになる（$a_{Fe_3O_4}=1$, $p_{SO_2}=0.1$）．

表2

a_{FeS}		0.001	0.005	0.01	0.05	0.1	0.2
a_{FeO}	1473 K	0.30	0.35	0.37	0.44	0.47	0.51
	1573 K	0.42	0.49	0.53	0.62	0.66	0.71

（ⅲ）　FeO と Fe_3O_4 の活量の関係を a_{FeS} 一定（=0.75），$p_{SO_2}=0.1$ の下で求めると，表3のようになる．

表3

a_{FeO}		0.2	0.3	0.4	0.5	0.6	0.7
$a_{Fe_3O_4}$	1473 K	0.03	0.11	0.30	0.62	>1.0	
	1573 K	0.01	0.04	0.10	0.20	0.37	0.61

（ⅰ），（ⅱ），（ⅲ）の結果（表1～3）を，各々図1～3に示す．また，関連する状態図を図4～6に活量のデータとともに示す．

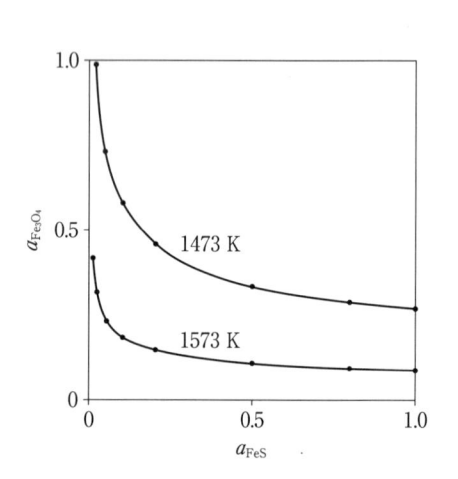

図1 a_{FeS} と $a_{Fe_3O_4}$ の関係
($a_{FeO}=0.4$, $p_{SO_2}=0.1$)

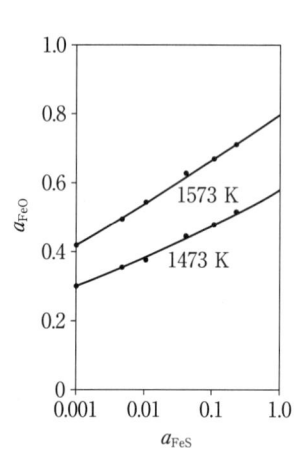

図2 a_{FeS} と a_{FeO} の関係
($a_{Fe_3O_4}=1$, $p_{SO_2}=0.1$)

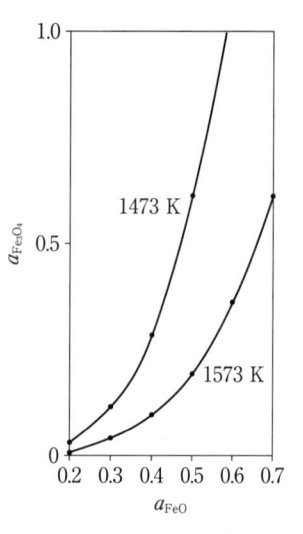

図3 a_{FeO} と $a_{Fe_3O_4}$ の関係
($a_{FeS}=0.75$, $p_{SO_2}=0.1$)

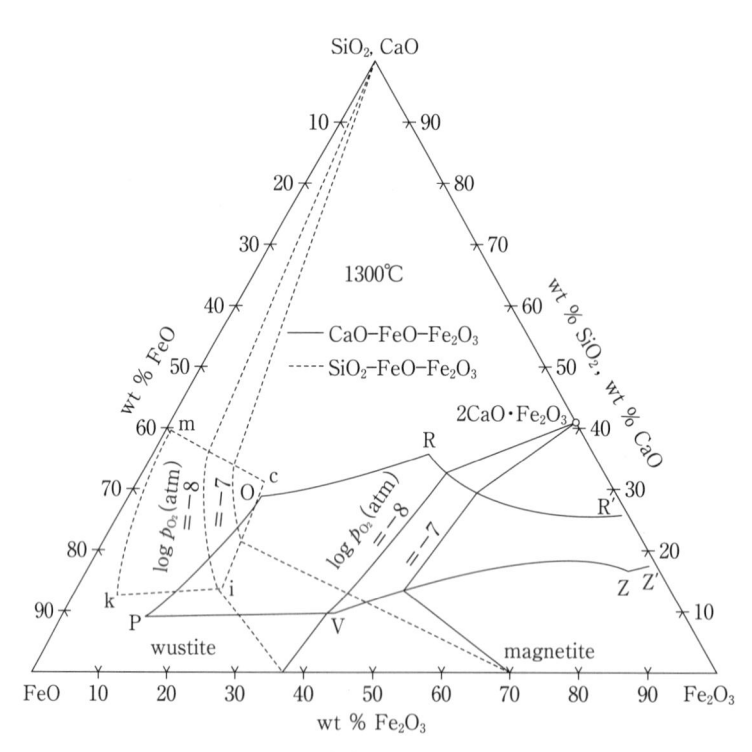

図4 $FeO-Fe_2O_3-CaO$ 系融体と $FeO-Fe_2O_3-SiO_2$ 系融体の比較

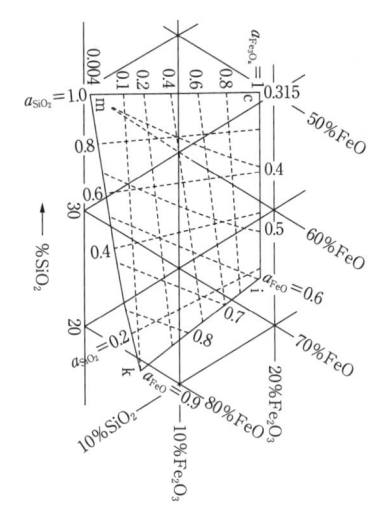

図5 FeO-Fe$_2$O$_3$-SiO$_2$ 三元系における FeO, Fe$_3$O$_4$, SiO$_2$ の等活量線（1300℃）

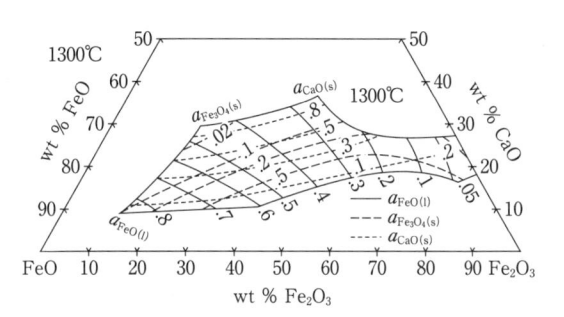

図6 FeO(l), Fe$_3$O$_4$(s), CaO(s) の活量

解

（ⅰ）より

a_{FeS} が大きいとき（マット品位の低いとき）は $a_{Fe_3O_4}$ は小さいが，白鈹に近くなる（$a_{FeS}<0.1$）と $a_{Fe_3O_4}$ が急増すること，温度は低い方が Fe$_3$O$_4$ を析出しやすいことが分かる（図1）.

（ⅱ）より

Fe$_3$O$_4$ が析出するときのマット中の a_{FeS} を下げるためには，a_{FeO} を下げればよいことが分かる（図2）. 実際には SiO$_2$ を加えて a_{FeO} を下げているが，シリケートスラグでは，a_{FeO} は 0.3 程度にしか下がらない（図5）. フラックスとして CaO を用いると，融体範囲が広がり（図4, 6），その範囲内でかなり a_{FeO} を下げることができる.

（ⅲ）より

a_{FeO} の比較的小さな低下が，$a_{Fe_3O_4}$ の大きな低下をもたらすことが分かる. また，平衡定数の式より，p_{SO_2} が低いほど $a_{Fe_3O_4}$ は低くなることが分かるが，実際問題として p_{SO_2} を低くするのは，トータルガス量や H$_2$SO$_4$ 回収の点で不利となる.

以上をまとめると，マグネタイトが析出しにくい条件とは（1）高温，（2）低 a_{FeO}，（3）高 a_{FeS}，（4）低 p_{SO_2} である.

銅転炉造銅期：Pb の挙動解析

銅転炉造銅期における溶銅中の鉛量を次の各場合（ⅰ），（ⅱ），（ⅲ）について求めよ．ただし温度は 1473 K（1200 ℃），$a_{PbO}=0.01$，溶銅中の鉛の活量係数を $\gamma_{Pb}^\circ=6$ とする．次いで，（ⅳ）に関する問に答えよ．

（ⅰ） この場合の脱鉛の極限値．
（ⅱ） 酸素を 0.5 wt% 含む溶銅中の鉛の概略値．

計算に使用するデータ（佐野幸吉，坂尾　弘，日本金属学会誌，**19**（1955）431 より）

$$\frac{1}{2}O_2 = \underline{O} \text{ (in Cu)}$$

$$\log K = \frac{3950}{T} - 0.584, \quad \log f_O^{(O)} = -\frac{311.3}{T} \cdot [\%O]$$

（ⅲ） 溶銅と白鈹の二相共存の期間のときの鉛量．ただし，このとき $p_{SO_2}=0.1$ とする．
（ⅳ） 造銅期中の溶銅相の Cu，S，O，Pb% の変化を製錬時間の経過を横軸にとり，半定量的に描け．ただし，通常転炉では，0.05 wt%S 以下，0.3 wt%O 以上の組成で終点となることに留意せよ．

計算に使用するデータ（ref. 2 より）

表1

	$\Delta G°$ (J) = A + BT log T + CT		
	A	B	C
2Pb(l) + O$_2$(g) = 2PbO(l)	−390200	—	155.40
4Cu(l) + O$_2$(g) = 2Cu$_2$O(l)	−235200	—	78.20
$\frac{1}{2}$S$_2$(g) + O$_2$(g) = SO$_2$(g)	−362070	—	73.41
4Cu(l) + S$_2$(g) = 2Cu$_2$S(l)	−282000	—	74.52

また，Cu-O，Cu$_2$S-Cu の状態図（図 1, 2）を参考のために示す．

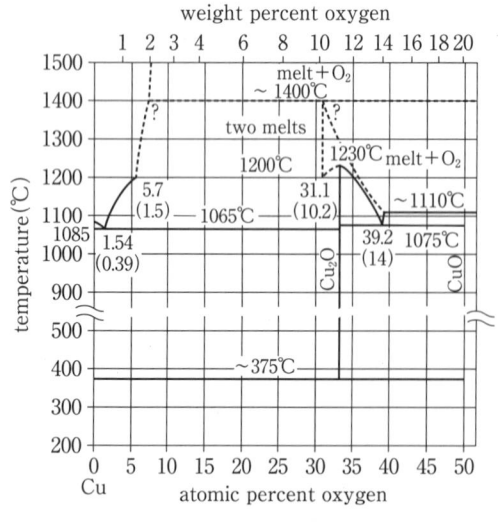

図1 Cu-O 系状態図

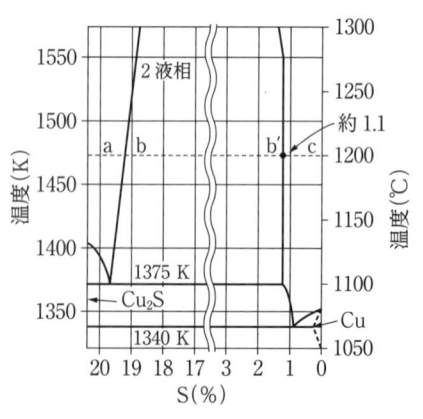

図2 Cu$_2$S-Cu 系状態図

解

(i) 表1より

$$2Pb(l) + O_2(g) = 2PbO(l) :$$
$$\Delta G° = -390200 + 155.4T \quad (J) \tag{1}$$

$$4Cu(l) + O_2(g) = 2Cu_2O(l) :$$
$$\Delta G° = -235200 + 78.2T \quad (J) \tag{2}$$

$\{(1)-(2)\} \times \dfrac{1}{2}$ より

$$Pb(l) + Cu_2O(l) = 2Cu(l) + PbO(l) :$$
$$\Delta G° = -77500 + 38.6T \quad (J) \tag{3}$$

(3)式の平衡定数を K とすれば，$\Delta G°_{1473} = -RT \ln K$ より

$$K = \exp\left(-\frac{\Delta G°_{1473}}{RT}\right) = 5.395$$

$$\therefore \quad \frac{a_{Cu}^2 \cdot a_{PbO}}{a_{Pb} \cdot a_{Cu_2O}} = 5.395 \tag{4}$$

ここで，条件より $a_{PbO} = 0.01$，造銅期なので Cu の純度が高く $a_{Cu} = 1$ と考えると，

$$a_{Pb} \cdot a_{Cu_2O} \approx 1.85 \times 10^{-3} \tag{5}$$

したがって，脱鉛の極限値は a_{Pb} の最小値に対応するから $a_{Cu_2O} = 1$ として

$$a_{Pb} = 1.85 \times 10^{-3}$$

ゆえに，$\gamma°_{Pb} = 6$ より求める鉛の極限値は

$$N_{Pb} = 3.09 \times 10^{-4}$$

重量%に換算すると $[\%Pb] = 0.101$ (wt%)

(ii) 溶銅中の S を無視して考える．溶銅中への O の溶解について，

$$\log \frac{a_O}{p_{O_2}^{1/2}} = \frac{3950}{T} - 0.584$$

$$\log f_O^{(O)} \cdot [\%O] = \frac{3950}{T} - 0.584 + \frac{1}{2} \log p_{O_2}$$

$$\therefore \quad \log p_{O_2} = -\frac{7900}{T} + 1.168 - \frac{622.6}{T} \cdot [\%O] + 2\log[\%O]$$

溶銅は 0.5 wt% O_2 を含むので $T = 1473$ K より

$$\log p_{O_2} = -5.009 \tag{6}$$

$$\therefore \quad p_{O_2} = 9.8 \times 10^{-6} \quad (atm)$$

(2)より

$$K_{(2),1473} = \frac{a_{Cu_2O}^2}{a_{Cu}^4 \cdot p_{O_2}} = 1.8 \times 10^4$$

ここで，$a_{Cu} = 1$，$p_{O_2} = 9.8 \times 10^{-6}$ を代入すると

$$a_{Cu_2O} = 0.42$$

求める Pb 量は，(4)より

$$a_{Pb} = \frac{a_{PbO} \cdot a_{Cu}^2}{5.395 \cdot a_{Cu_2O}} = \frac{0.01}{5.395 \times 0.42} = 4.41 \times 10^{-3}$$

$$N_{Pb} = \frac{a_{Pb}}{\gamma_{Pb}^\circ} = 7.35 \times 10^{-4} \quad (\text{Pbのモル分率})$$

したがって，重量％に換算すると

$$[\%Pb] = 0.24 \ (\text{wt}\%)$$

[別解]

Cu-O系状態図（図1）より [%O]=1.5 で $a_{Cu_2O}=1$ となる．溶銅中の Cu_2O の活量がヘンリーの法則に従うとすれば

$$0.5\ \text{wt}\% \ \text{では} \ a_{Cu_2O} = 0.333$$

ゆえに，(4)より

$$a_{Pb} = \frac{a_{PbO} \cdot a_{Cu}^2}{5.395 \cdot a_{Cu_2O}}$$

$a_{Cu}=1$, $a_{PbO}=0.01$, $a_{Cu_2O}=0.333$ を代入

$$N_{Pb} = 5.56 \times 10^{-3}$$

$\gamma_{Pb}^\circ = 6$ より

$$N_{Pb} = 9.28 \times 10^{-4}$$

ゆえに，[%Pb]=0.3

$$[\%Pb] = 0.3 \ (\text{wt}\%)$$

(iii) ref.2 より

$$\frac{1}{2}S_2(g) + O_2(g) = SO_2(g):$$
$$\Delta G^\circ = -362070 + 73.41T \ (\text{J}) \tag{7}$$

$$4Cu(l) + S_2(g) = 2Cu_2S(l):$$
$$\Delta G^\circ = -282000 + 74.52T \ (\text{J}) \tag{8}$$

$\left\{(7) - (8) \times \frac{1}{2}\right\} - (1)$ より

$$Cu_2S(l) + 2PbO(l) = 2Cu(l) + 2Pb(l) + SO_2(g):$$
$$\Delta G^\circ = 169130 - 119.25T \ (\text{J}) \tag{9}$$

したがって

$$K_{(10),1473} = \frac{a_{Cu}^2 \cdot a_{Pb}^2 \cdot p_{SO_2}}{a_{Cu_2S} \cdot a_{PbO}^2} = 1.7037$$

ここで，$a_{PbO}=0.01$, $p_{SO_2}=0.1$ であり，図2から Cu_2S と Cu の相互溶解度が小さいため，a_{Cu_2S}, a_{Cu} は1と近似すると

$$a_{Pb} = 4.13 \times 10^{-2}$$

$\gamma_{Pb}^\circ = 6$ より

$$N_{Pb} = 6.88 \times 10^{-3}$$
$$(\text{Pb は 2.2 wt}\%)$$

(iv) 造銅期は白鈹-粗銅共存期と Cu_2S が酸化され消失した後の仕上期に分けられる（ref.2, 83参照）．$p_{SO_2}=0.1$ で造銅期反応が進むとすると

（a）二相共存期

（iii）より Pb 量は 2.2 wt% 程度である．また，$\left\{(7)-(8)\times\frac{1}{2}\right\}$ より

$$Cu_2S(l)+O_2(g)=2Cu(l)+SO_2(g):$$
$$\Delta G°=-221070+36.15T \text{ (J)} \tag{10}$$

$$\therefore K_{(10),1473}=\frac{a_{Cu}^2 \cdot p_{SO_2}}{a_{Cu_2S} \cdot p_{O_2}}=8.94\times10^5$$

$a_{Cu}=1$, $a_{Cu_2S}=1$, $p_{SO_2}=0.1$ とすると

$$p_{O_2}=1.12\times10^{-7}$$
$$(\log p_{O_2}=-6.95)$$

（ii）より S との相互作用を無視すると $T=1473$ K で

$$\log p_{O_2}=-4.195-0.423\cdot[\%O]+2\log[\%O]$$
$$\log p_{O_2}=-6.95 \text{ より } [\%O]=0.043$$

次に溶銅中の S については二相共存時には，図 2 よりほぼ 1.1 wt% になる．

（b）仕　上　期

Cu_2S が酸化され消失すると，酸素ポテンシャルが上昇し溶銅中の S が減少し，O が増加する仕上期になる．転炉では通常 0.05 wt%S 以下，0.3 wt%O 以上の組成で終点となるので，定性的には図 3 のようになる．

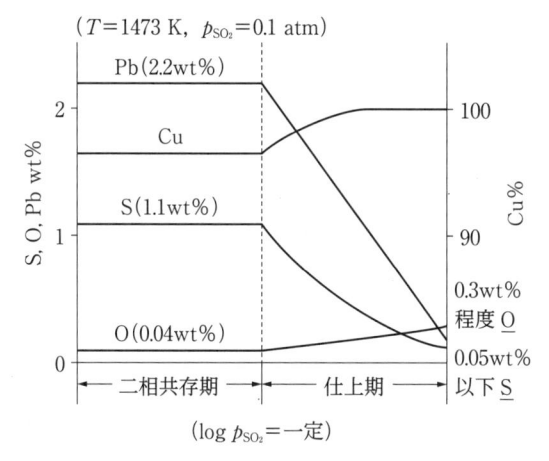

図 3　転炉造銅期中の Pb, Cu, S, O の濃度
（iv）の二相共存期の O は S の相互作用を無視している値であり，相互作用のある場合は ref. 2, 84 より約 0.06〜0.07 wt% 程度となる．

84

Cu–S–O 系：溶銅相のポテンシャル図（転炉工程）

溶銅中の S, O の平衡と相互作用に関し，次の報告がある（佐野幸吉, 坂尾　弘, 日本金属学会誌, **19** (1955) 431, 435, 504, 655).

$$\frac{1}{2}O_2(g) = \underline{O} \text{ (in Cu)} \qquad \log K_O = \frac{3950}{T} - 0.584$$

$$\frac{1}{2}S_2(g) = \underline{S} \text{ (in Cu)} \qquad \log K_S = \frac{5440}{T} - 0.815$$

$$\log f_O^{(O)} = -\frac{311.3}{T} \cdot [\%O] \qquad \log f_O^{(S)} = -\frac{242.6}{T} \cdot [\%S]$$

$$\log f_S^{(S)} = -\frac{281.6}{T} \cdot [\%S] \qquad \log f_S^{(O)} = -\frac{485.2}{T} \cdot [\%O]$$

ここで，$f_A^{(B)}$ は溶質 A に対する第 2 の溶質 B の相互作用係数（interaction coefficient）である．例えば O のヘンリー基準の活量係数 f_O は次のように与えられる．

$$f_O = f_O^{(O)} \cdot f_O^{(S)}$$

これらの結果および，Cu_2S, Cu_2O に関する $\Delta G°$ 値を用い，1473 K（1200 ℃）における Cu–S–O 系の平衡関係を $\log p_{S_2}$ と $\log p_{O_2}$ を両軸とする図の上に示せ．なお，その結果を利用して転炉造銅期反応の基本を説明せよ．

解

一般に，S, O の相互作用を無視してポテンシャル図を描くと，Cu–Cu_2S および Cu–Cu_2O の境界は直線となる．しかし，本問では，S, O の相互作用を考慮し，S, O の量が増加した場合，互いに影響を及ぼし合い，曲線となる場合の図を求める．

$$\frac{1}{2}O_2(g) = \underline{O} \text{ (in Cu)} \qquad \log K_O = \frac{3950}{T} - 0.584$$

1473 K では

$$\log K_O = \log \frac{a_O}{p_{O_2}^{1/2}} = \log \frac{f_O \cdot [\%O]}{p_{O_2}^{1/2}} = \frac{3950}{1473} - 0.584 = 2.098$$

$$\therefore \quad \log(f_O \cdot [\%O]) = \frac{1}{2}\log p_{O_2} + 2.098 \tag{1}$$

一方，$\log f_O = \log f_O^{(O)} + \log f_O^{(S)}$ より，

$$\log f_O^{(O)} = -\frac{311.3}{T} \cdot [\%O] = -0.2113 \cdot [\%O]$$

$$\log f_O^{(S)} = -\frac{242.6}{T} \cdot [\%S] = -0.1647 \cdot [\%S]$$

$$\therefore \quad \log f_O = -0.2113 \cdot [\%O] - 0.1647 \cdot [\%S] \tag{2}$$

(1), (2)式より，

$$\log p_{O_2} = 2\log[\%O] - 0.4226 \cdot [\%O] - 0.3294 \cdot [\%S] - 4.196 \tag{3}$$

同様に，$\log p_{S_2}$ と [%S] の関係を求める．

表1

wt%O	wt%S	$\log p_{O_2}$	$\log p_{S_2}$	wt%O	wt%S	$\log p_{O_2}$	$\log p_{S_2}$
1.5	1	−4.807	−7.127	0.05	1	−7.149	−6.171
1.5	0.5	−4.642	−7.537	0.05	0.5	−6.984	−6.582
1.5	0.1	−4.511	−8.782	0.05	0.1	−6.852	−7.827
1.5	0.05	−4.444	−9.365	0.05	0.05	−6.836	−8.410
1.5	0.01	−4.481	−10.748	0.05	0.01	−6.822	−9.793
1.5	0.005	−4.479	−11.348	0.05	0.005	−6.821	−10.393
1.5	0.001	−4.478	−12.745	0.05	0.001	−6.820	−11.789
1	1	−4.948	−6.797	0.01	1	−8.530	−6.145
1	0.5	−4.783	−7.208	0.01	0.5	−8.365	−6.556
1	0.1	−4.652	−8.453	0.01	0.1	−8.233	−7.801
1	0.05	−4.635	−9.036	0.01	0.05	−8.217	−8.384
1	0.01	−4.622	−10.419	0.01	0.01	−8.204	−9.766
1	0.005	−4.620	−11.019	0.01	0.005	−8.202	−10.367
1	0.001	−4.619	−12.415	0.01	0.001	−8.201	−11.763
0.5	1	−5.339	−6.468	0.005	1	−9.130	−6.142
0.5	0.5	−5.174	−6.879	0.005	0.5	−8.965	−6.553
0.5	0.1	−5.042	−8.124	0.005	0.1	−8.833	−7.798
0.5	0.05	−5.026	−8.707	0.005	0.05	−8.817	−8.380
0.5	0.01	−5.013	−10.089	0.005	0.01	−8.803	−9.763
0.5	0.005	−5.011	−10.689	0.005	0.005	−8.802	−10.363
0.5	0.001	−5.010	−12.086	0.005	0.001	−8.801	−11.760
0.1	1	−6.568	−6.204	0.001	1	−10.526	−6.139
0.1	0.5	−6.403	−6.615	0.001	0.5	−10.361	−6.550
0.1	0.1	−6.271	−7.860	0.001	0.1	−10.229	−7.795
0.1	0.05	−6.255	−8.443	0.001	0.05	−10.213	−8.378
0.1	0.01	−6.242	−9.826	0.001	0.01	−10.200	−9.760
0.1	0.005	−6.240	−10.426	0.001	0.005	−10.198	−10.361
0.1	0.001	−6.239	−11.822	0.001	0.001	−10.197	−11.757

$$\frac{1}{2}S_2(g) = \underline{S} \text{ (in Cu)} \qquad \log K_S = \frac{5440}{T} - 0.815$$

1473 K では

$$\log K_S = \log \frac{a_S}{p_{S_2}^{1/2}} = \log \frac{f_S \cdot [\%O]}{p_{S_2}^{1/2}} = 2.878$$

$$\therefore \quad \log f_S \cdot [\%S] = \frac{1}{2} \log p_{S_2} + 2.878 \qquad (4)$$

$$\log f_S = \log f_S^{(O)} + \log f_S^{(S)} = -\frac{485.2}{1473} \cdot [\%O] - \frac{281.6}{1473} \cdot [\%S]$$

$$= -0.3294 \cdot [\%O] - 0.1912 \cdot [\%S] \qquad (5)$$

よって，(4)，(5)式より，

$$\log p_{S_2} = 2\log[\%S] - 0.6588 \cdot [\%O] - 0.3824 \cdot [\%S] - 5.756 \qquad (6)$$

ここで，問83のCu₂S-Cu系，Cu-O系状態図より，S, Oの溶解度をそれぞれ1.0, 1.5 wt%と仮定する．(3)，(6)式に，各[%O]，[%S]を代入し，$\log p_{S_2}$,

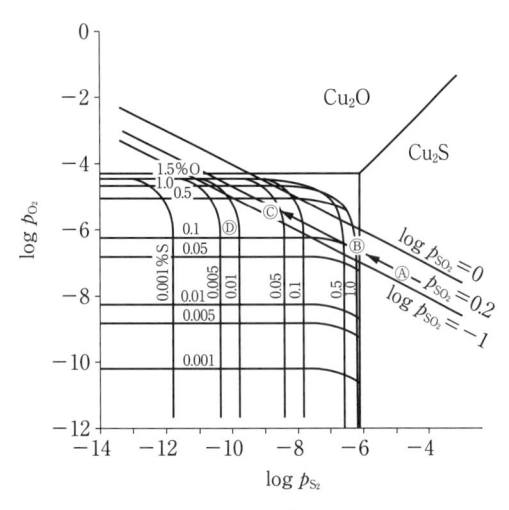

図1 Cu-S-O系のポテンシャル図

$\log p_{O_2}$ を求めた結果を表1に示す．また，以上の結果を図1に示す．

次式より Cu_2S，Cu_2O，Cu の活量を1としたときの，Cu-Cu_2S および Cu-Cu_2O の境界を求める．

$$4Cu(l) + S_2(g) = 2Cu_2S(l): \Delta G° = -282000 + 74.52T \quad (J)$$

$$\Delta G°_{1473} = -172232 \quad (J), \quad K_{1473} = 1.2817 \times 10^6 = \frac{a_{Cu_2S}^2}{a_{Cu}^4 \cdot p_{S_2}}$$

$$\therefore \quad \log p_{S_2} = -6.108$$

$$4Cu(l) + O_2(g) = 2Cu_2O(l): \Delta G° = -235200 + 78.20T \quad (J)$$

$$\Delta G°_{1473} = -120011 \quad (J), \quad K_{1473} = 18027 = \frac{a_{Cu_2O}^2}{a_{Cu}^4 \cdot p_{O_2}}$$

$$\therefore \quad \log p_{O_2} = -4.256$$

これらを図1に合わせて示す．Cu-Cu_2S 境界は S＝1.0 wt％ 線，Cu-Cu_2O 境界は O＝1.5 wt％ 線にほぼ相当する．

今，転炉造銅期反応が，p_{SO_2}＝0.2 の下で進むと考えると，図の A—B—C のように表される．すなわち，造銅期の初め，白鈹は A 点辺りから酸化されて Fe と S の一部を失い B 点に至ると溶銅との二相共存となり，酸化を続けてもここにしばらく止まる．このときの溶銅は約 1 wt％S，0.1 wt％O を含む．相律の面からは三成分三相で温度と p_{SO_2} が決まっていると変化が許されない状態である．やがて白鈹相が酸化しつくされてなくなると，溶銅中の O が増えて S が減る変化が可能になり，C 点辺りで終点とする．なお，この溶銅は精製炉に移され，S，O を減らし，図の D 点辺りの状態で陽極に鋳造される．

（注） 文献（佐野幸吉，坂尾 弘，日本金属学会誌，**19**（1955））では，S，O の低濃度域での実験値より相互作用係数を求めたもので，飽和に近い領域で適用できるかは別途検証が必要である．

85

ZnS の酸化による直接製錬：化学ポテンシャル図作成，量論計算による評価

多量の ZnS が 1473 K（1200 ℃），1 atm で 100 mol の空気により酸化される．平衡論的に反応が起こった場合，次の問に答えよ．ZnS の揮発は無視せよ．

（ⅰ） $\log p_{O_2}$ と $\log p_{S_2}$ を両軸にとり，1473 K での Zn-S-O 化学ポテンシャル図を作り，凝縮相と気相の関係を説明せよ．
（ⅱ） 反応生成物として金属亜鉛ガスは得られるか．
（ⅲ） 反応生成物の各モル数と亜鉛の回収率を求めよ．
（ⅳ） 9 mol O_2，91 mol N_2 gas により酸化された場合につき，同様の計算を行え．
（ⅴ） 1573 K（1300 ℃）において同様の計算を行え．
（ⅵ） 1573 K，100 mol の空気で反応したガス中の亜鉛は低温になると形を変える．873 K（600 ℃）における最終的なガス組成を求めよ．

計算に使用するデータ（ref. 2 より）

表 1

	$\Delta G°$ (J)
$2Zn(g)+O_2(g)=2ZnO(s)$	$-920880+396.64T$
$2Zn(l)+O_2(g)=2ZnO(s)$	$-706260+213.96T$
$2Zn(g)+S_2(g)=2ZnS(s)$	$-733880+378.24T$
$2Zn(l)+S_2(g)=2ZnS(s)$	$-502920+183.26T$
$\frac{1}{2}S_2(g)+O_2(g)=SO_2(g)$	$-362070+73.41T$
$S_2(g)+O_2(g)=2SO(g)$	$-115100-10.63T$

［解］

（ⅰ），（ⅱ） 与えられたデータより，

$$2Zn(g)+O_2(g)=2ZnO(s)：\Delta G°=-920880+396.64T \text{ (J)}$$

したがって，

$$\log K_1 = \log \frac{a_{ZnO(s)}^2}{p_{Zn(g)}^2 \cdot p_{O_2(g)}} = \frac{48095}{T} - 20.715 \tag{1}$$

ここで，

$$2Zn(l)+O_2(g)=2ZnO(s)：\Delta G°=-706260+213.96T \text{ (J)}$$

したがって，

$$\log K_2 = \log \frac{a_{ZnO(s)}^2}{a_{Zn(l)}^2 \cdot p_{O_2(g)}} = \frac{36896}{T} - 11.175 \tag{2}$$

ここで，

$$2Zn(g)+S_2(g)=2ZnS(s)：\Delta G°=-733880+378.24T \text{ (J)}$$

したがって
$$\log K_3 = \log \frac{a_{ZnS(s)}^2}{p_{Zn(g)}^2 \cdot p_{S_2(g)}} = \frac{38328}{T} - 19.754 \tag{3}$$

ここで,
$$2Zn(l) + S_2(g) = 2ZnS(s) : \Delta G° = -502920 + 183.26T \text{ (J)}$$

したがって
$$\log K_4 = \log \frac{a_{ZnS(s)}^2}{a_{Zn(l)}^2 \cdot p_{S_2(g)}} = \frac{26266}{T} - 9.5711 \tag{4}$$

(1)−(3)より
$$2ZnS(s) + O_2(g) = 2ZnO(s) + S_2(g) : \Delta G° = -187000 + 18.4T \text{ (J)}$$

したがって
$$\log K_5 = \log \frac{a_{ZnO(s)}^2 \cdot p_{S_2(g)}}{a_{ZnS(s)}^2 \cdot p_{O_2(g)}} = \frac{9766.5}{T} - 0.9610 \tag{5}$$

ここで,
$$\frac{1}{2} S_2(g) + O_2(g) = SO_2(g) : \Delta G° = -362070 + 73.41T \text{ (J)}$$

したがって
$$\log K_6 = \log \frac{p_{SO_2(g)}}{p_{S_2(g)}^{1/2} \cdot p_{O_2(g)}} = \frac{18910}{T} - 3.8340 \tag{6}$$

(1)〜(6)式において,$T = 1473$ K, $a_{ZnO(s)} = 1$, $a_{ZnS(s)} = 1$ とおくと,

(1): $\log p_{O_2(g)} = -2 \log p_{Zn(g)} - 11.94$

(2): $\log p_{O_2(g)} = -13.87$

(3): $\log p_{S_2(g)} = -2 \log p_{Zn(g)} - 6.27$

(4): $\log p_{S_2(g)} = -8.26$

(5): $\log p_{O_2(g)} = 2 \log p_{S_2(g)} - 5.67$

(6): $\log p_{O_2(g)} = -\frac{1}{2} \log p_{S_2(g)} + \log p_{SO_2(g)} - 9.00$

これらの関係式を図中に $\log p_{O_2(g)}$ と $\log p_{S_2(g)}$ の関数として書き入れると,図1のように表される.

この化学ポテンシャル図より SO_2 0.1 atm 前後の下で,ZnS→ZnO の酸化を起こそうとすると,金属亜鉛ガスが約 0.02 atm 程度は存在しているのが分かる.

また,凝縮相としては ZnO(s),ZnS(s),Zn(l) とが考えられる.

(iii) 過剰に ZnS が存在するときに,空気中の酸素ガスにより ZnS が酸化される場合を考える.ここで問題となる成分は以下のようになる.

　　　反応物質:ZnS,O_2
　　　生成物質:ZnO,Zn,S_2,SO_2,SO,O_2
反応系と生成系の間で物質量のバランスを各元素

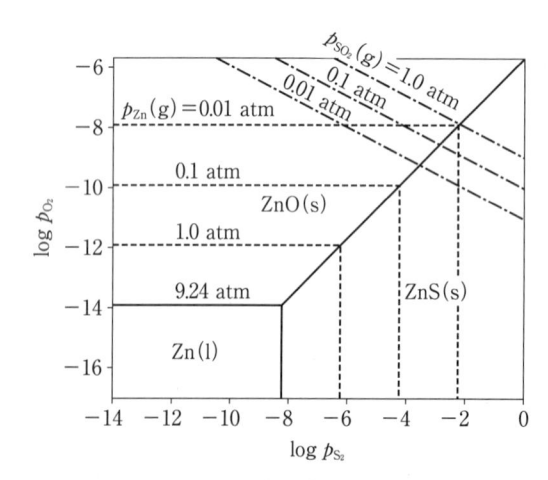

図1 Zn-O-S 系のポテンシャル図

について考える（上記の物質の他に，反応しない N_2 ガス，過剰の ZnS が考えられる）．生成系の各物質のモル数を n で書き，反応に関与した ZnS のモル数を n_{ZnS} とおく．また反応前に存在した酸素ガスおよび窒素ガスのモル数をそれぞれ $n_{O_2}^{\circ}$, $n_{N_2}^{\circ}$ とおく．

$$\text{Zn}: n_{ZnS} = n_{ZnO} + n_{Zn} \tag{7}$$

$$\text{S}: n_{ZnS} = 2n_{S_2} + n_{SO_2} + n_{SO} \tag{8}$$

$$\text{O}: 2n_{O_2}^{\circ} = n_{ZnO} + 2n_{SO_2} + n_{SO} + 2n_{O_2} \tag{9}$$

気相を構成する全モル数 n_T を考えると，

$$n_T = n_{N_2}^{\circ} + n_{O_2} + n_{Zn} + n_{S_2} + n_{SO_2} + n_{SO} \tag{10}$$

平衡定数の関係を使うと，（1）式より，

$$p_{Zn}^2(g) \cdot p_{O_2}(g) = \frac{1}{K_1}$$

$p_{Zn(g)} = \frac{n_{Zn}}{n_T}$, $p_{O_2(g)} = \frac{n_{O_2}}{n_T}$ を代入して

$$\frac{n_T^3}{n_{Zn}^2 \cdot n_{O_2}} = K_1$$

$$\therefore n_{O_2} = \frac{1}{K_1} \cdot \frac{n_T^3}{n_{Zn}^2} \tag{11}$$

同様にして，（3）式より，

$$K_3 = \frac{n_T^3}{n_{Zn}^2 \cdot n_{S_2}}$$

$$\therefore n_{S_2} = \frac{1}{K_3} \cdot \frac{n_T^3}{n_{Zn}^2} \tag{12}$$

同様に，（6）式より，

$$K_6 = \frac{n_T^{1/2} \cdot n_{SO_2}}{n_{S_2}^{1/2} \cdot n_{O_2}}$$

$$\therefore n_{SO_2} = K_6 \cdot \frac{n_{S_2}^{1/2} \cdot n_{O_2}}{n_T^{1/2}}$$

この式に(11)，(12)式を代入して，整理すると

$$n_{SO_2} = \frac{K_6}{K_1 \cdot K_3^{1/2}} \cdot \frac{n_T^4}{n_{Zn}^3} \tag{13}$$

与えられたデータより

$$S_2(g) + O_2(g) = 2SO(g): \Delta G^\circ = -115100 - 10.63T$$

$$\log K_{14} = \frac{6011.3}{T} + 0.55518 \tag{14}$$

$$K_{14} = \frac{p_{SO(g)}^2}{p_{S_2(g)} \cdot p_{O_2(g)}} = \frac{n_{SO}^2}{n_{S_2} \cdot n_{O_2}}$$

$$\therefore n_{SO} = K_{14}^{1/2} \cdot (n_{S_2} \cdot n_{O_2})^{1/2}$$

(11)，(12)式を代入して，整理すると，

$$n_{SO} = \left(\frac{K_{14}}{K_1 \cdot K_3}\right)^{1/2} \cdot \frac{n_T^3}{n_{Zn}^2} \tag{15}$$

（7），（8）式より，

$$n_{ZnO} + n_{Zn} = 2n_{S_2} + n_{SO_2} + n_{SO}$$

上式を使って，(9)式より n_{ZnO} を消去すると，
$$2(n_{S_2}+n_{O_2}+n_{SO})+3n_{SO_2}-n_{Zn}=2n^\circ_{O_2}$$
上式に(11)〜(13)式および(15)式を代入する．
$$2C_1\cdot\frac{n_T^3}{n_{Zn}^2}+3C_2\cdot\frac{n_T^4}{n_{Zn}^3}-n_{Zn}=2n^\circ_{O_2}$$
ここで，
$$C_1=\frac{1}{K_1}+\frac{1}{K_3}+\left(\frac{K_{14}}{K_1\cdot K_3}\right)^{1/2}, \quad C_2=\frac{K_6}{K_1\cdot K_3^{1/2}} \tag{16}$$

$P=\dfrac{n_{Zn}}{n_T}$ とおくと，
$$\frac{2C_1 n_T}{P^2}+\frac{3C_2 n_T}{P^3}-n_T P=2n^\circ_{O_2}$$
上式を整理して，
$$n_T(-P^4+2C_1 P+3C_2)=2n^\circ_{O_2}P^3 \tag{17}$$
(10)式に(11)〜(13)式および(15)式を代入し，(16)式を使って整理すると，
$$n_T=n^\circ_{N_2}+C_1\frac{n_T^3}{n_{Zn}^2}+C_2\frac{n_T^4}{n_{Zn}^3}+n_{Zn}$$
$$n_T=n^\circ_{N_2}+C_1\frac{n_T}{P^2}+C_2\frac{n_T}{P^3}+n_T P$$
$$n_T(-P^4+P^3-C_1 P-C_2)=n^\circ_{N_2}P^3 \tag{18}$$
(17), (18)式より n_T を消去すると，
$$n^\circ_{N_2}P^3(-P^4+2C_1 P+3C_2)=2n^\circ_{O_2}P^3(-P^4+P^3-C_1 P-C_2)$$
上式を P について整理すると，
$$(n^\circ_{N_2}-2n^\circ_{O_2})P^4+2n^\circ_{O_2}P^3-2C_1(n^\circ_{O_2}+n^\circ_{N_2})P-C_2(2n^\circ_{O_2}+3n^\circ_{N_2})=0 \tag{19}$$
$T=1473$ K において，
  (1)式より：$K_1=8.6308\times10^{11}$
  (3)式より：$K_3=1.8466\times10^6$
  (6)式より：$K_6=1.0087\times10^9$
  (14)式より：$K_{14}=4.3268\times10^4$
上の値を(16)式に代入して，
$$C_1=7.0630\times10^{-7}, \quad C_2=8.6005\times10^{-7}$$
100 mol の空気を使用した場合
$$n^\circ_{N_2}=100\times0.794=79.4\text{（mol）}, \quad n^\circ_{O_2}=100\times0.206=20.6\text{（mol）}$$
(19)式に代入して，
$$38.2P^4+41.2P^3-1.4126\times10^{-4}P-2.403\times10^{-4}=0$$
この4次式を解くと，$P\cong1.7964\times10^{-2}$（atm）
  (18)式より：$n_T=95.49$（mol）
  ゆえに　　：$n_{Zn}=1.715$（mol）
  (11)式より：$n_{O_2}=3.428\times10^{-7}$（mol）
  (12)式より：$n_{S_2}=1.602\times10^{-1}$（mol）
  (13)式より：$n_{SO_2}=14.17$（mol）

(15)式より：$n_{SO}=4.875\times10^{-2}$（mol）
(8)式より：$n_{ZnS}=14.54$（mol）
(7)式より：$n_{ZnO}=12.82$（mol）

したがって，Zn の回収率は，

$$\frac{n_{Zn}}{n_{ZnS}}=0.118$$

(ⅳ) 問題より

$$n_{N_2}^\circ=91\text{（mol）}, \quad n_{O_2}^\circ=9\text{（mol）}$$

(ⅲ)と同様にして，(19)式より

$$73P^4+18P^3-1.4126\times10^{-4}P-2.5028\times10^{-4}=0$$

上式を近似を使い解くと，$P\cong2.3432\times10^{-2}$（atm）

(18)式より：$n_T=100.17$（mol）
ゆえに　　：$n_{Zn}=2.347$（mol）
(11)式より：$n_{O_2}=2.114\times10^{-7}$（mol）
(12)式より：$n_{S_2}=9.880\times10^{-2}$（mol）
(13)式より：$n_{SO_2}=6.697$（mol）
(15)式より：$n_{SO}=3.006\times10^{-2}$（mol）
(8)式より：$n_{ZnS}=6.924$（mol）
(7)式より：$n_{ZnO}=4.577$（mol）

したがって，Zn の回収率は，

$$\frac{n_{Zn}}{n_{ZnS}}=0.339$$

(ⅴ) 1573 K において，
(1)式より：$K_1=7.2499\times10^9$
(3)式より：$K_3=4.0943\times10^4$
(6)式より：$K_6=1.5403+10^8$
(14)式より：$K_{14}=2.3808+10^4$
(16)式より：$C_1=3.3380\times10^{-5}$
　　　　　　$C_2=1.0500\times10^{-4}$

・100 mol の空気を使用した場合

$$n_{N_2}^\circ=79.4\text{（mol）}, \quad n_{O_2}^\circ=20.6\text{（mol）}$$

(19)式より：$38.2P^4+41.2P^3-6.6760\times10^{-3}P-2.9337\times10^{-2}=0$
したがって：$P\cong8.7577\times10^{-2}$
(18)式より：$n_T=105.62$（mol）
ゆえに　　：$n_{Zn}=9.250$（mol）
(11)式より：$n_{O_2}=1.900\times10^{-6}$（mol）
(12)式より：$n_{S_2}=3.363\times10^{-1}$（mol）
(13)式より：$n_{SO_2}=16.51$（mol）
(15)式より：$n_{SO}=1.233\times10^{-1}$（mol）

(8)式より：$n_{ZnS}=17.31$（mol）
(7)式より：$n_{ZnO}=8.056$（mol）

Znの回収率は，

$$\frac{n_{Zn}}{n_{ZnS}}=0.534$$

- 91 mol N_2 gas, 9 mol O_2 gas の場合

  (19)式より：$73P^4+18P^3-6.6760\times10^{-3}P-3.0555\times10^{-2}=0$
  したがって：$P\cong1.066\times10^{-1}$
  (18)式より：$n_T=113.21$（mol）
  ゆえに　　：$n_{Zn}=12.072$（mol）
  (11)式より：$n_{O_2}=1.373\times10^{-6}$（mol）
  (12)式より：$n_{S_2}=2.432\times10^{-1}$（mol）
  (13)式より：$n_{SO_2}=9.803$（mol）
  (15)式より：$n_{SO}=8.916\times10^{-2}$（mol）
  (8)式より：$n_{ZnS}=10.38$（mol）
  (7)式より：$n_{ZnO}=-1.690<0$（mol）

n_{ZnO} が負の値を示すことは，ZnSがすべてZnに変化したということであり，$n_{ZnO}=0$とおき，$n_{ZnS}=n_{Zn}$として，上の連立方程式を解きなおす必要があることが分かる．すなわち，(7)，(9)式は以下のように変形される．

$$n_{ZnS}=n_{Zn} \tag{7'}$$
$$2n_{O_2}^\circ=2n_{SO_2}+n_{SO}+2n_{O_2} \tag{9'}$$

(7)′，(8)式より

$$n_{Zn}=2n_{S_2}+n_{SO_2}+n_{SO}$$

(12)，(13)，(15)式を上式に代入して，

$$n_{Zn}=\frac{2}{K_3}\frac{n_T^3}{n_{Zn}^2}+\frac{K_6}{K_1\cdot K_3^{1/2}}\frac{n_T^4}{n_{Zn}^3}+\left(\frac{K_{14}}{K_1\cdot K_3}\right)^{1/2}\frac{n_T^3}{n_{Zn}^2}$$

$P=n_{Zn}/n_T$とおいて，整理すると，

$$P^4-\left\{\frac{2}{K_3}+\left(\frac{K_{14}}{K_1\cdot K_3}\right)^{1/2}\right\}P-\frac{K_6}{K_1\cdot K_3^{1/2}}=0$$

$$\therefore\ P^4+5.7804\times10^{-5}P-1.0500\times10^{-4}=0$$

上式を解いてPを求めると，$P\cong1.026\times10^{-1}$（atm）
(9)′式に(12)，(13)，(15)式を代入すると，

$$2n_{O_2}^\circ=\frac{2K_6}{K_1\cdot K_3^{1/2}}\frac{n_T^4}{n_{Zn}^3}+\left\{\left(\frac{K_{14}}{K_1\cdot K_3}\right)^{1/2}+\frac{2}{K_1}\right\}\frac{n_T^3}{n_{Zn}^2}$$

$n_{Zn}=P\cdot n_T$ を代入し，整理すると，

$$2n_{O_2}^\circ P^3=\left[\frac{2K_6}{K_1\cdot K_3^{1/2}}+\left\{\left(\frac{K_{14}}{K_1\cdot K_3}\right)^{1/2}+\frac{2}{K_1}\right\}P\right]n_T$$

上式より　　$n_T=92.247$（mol）
ゆえに　　：$n_{Zn}=9.467$（mol）
(11)式より：$n_{O_2}=1.208\times10^{-6}$（mol）
(12)式より：$n_{S_2}=2.139\times10^{-1}$（mol）

85 ZnSの酸化による直接製錬：化学ポテンシャル図作成，量論計算による評価

表2 空気を使用した場合の計算結果

	1473 K		1573 K	
	mol	atm	mol	atm
N_2	79.4	8.32×10^{-1}	79.4	7.52×10^{-1}
O_2	3.43×10^{-7}	3.58×10^{-9}	1.90×10^{-6}	1.80×10^{-1}
S_2	1.60×10^{-1}	1.68×10^{-3}	3.36×10^{-1}	3.18×10^{-3}
SO_2	14.17	1.48×10^{-1}	16.51	1.56×10^{-1}
SO	4.87×10^{-2}	5.10×10^{-4}	1.23×10^{-1}	1.16×10^{-3}
Zn	1.72	1.80×10^{-21}	9.25	8.76×10^{-1}
全モル数	95.49		105.62	
	mol		mol	
ZnS 反応量	14.54		17.31	
ZnO 生成量	12.82		8.06	
Zn の回収率	11.80 %		53.44 %	

表3 91 mol N_2，9 mol O_2 混合ガスを使用した場合の計算結果

	1473 K		1573 K	
	mol	atm	mol	atm
N_2	91.0	9.08×10^{-1}	91.0	9.87×10^{-1}
O_2	2.11×10^{-7}	2.11×10^{-9}	1.21×10^{-6}	1.31×10^{-8}
S_2	9.88×10^{-2}	9.87×10^{-4}	2.14×10^{-1}	2.32×10^{-3}
SO_2	6.70	6.69×10^{-2}	8.96	9.72×10^{-2}
SO	3.01×10^{-2}	3.00×10^{-2}	7.78×10^{-2}	8.51×10^{-4}
Zn	2.35	2.34×10^{-2}	9.46	1.03×10^{-1}
全モル数	100.17		92.22	
	mol		mol	
ZnS 反応量	6.92		9.47	
ZnO 生成量	4.58		0.0	
Zn の回収率	33.90 %		100 %	

(13)式より：$n_{SO_2} = 8.961$（mol）

(15)式より：$n_{SO} = 7.844 \times 10^{-2}$（mol）

(8)式より：$n_{ZnS} = 9.4672$（mol）

Zn の回収率は，

$$\frac{n_{Zn}}{n_{ZnS}} = 100\%$$

表2，3 に示された結果より，Zn の回収率は高温ほどよく，また酸素分圧の低いガスを使用した方がよいことが分かる．

［コメント］

・銅の転炉では Zn の揮発が起こるが，その機構としては，この酸化揮発が主であると考えられる．$ZnS \rightarrow Zn + \frac{1}{2}S_2$ の分解，あるいは ZnS(g)，ZnO(g) としての揮発はごくわずかである．

・HgS, CdS では，同様の酸化揮発はさらに起こりやすく，特に HgS では実用化されている．CdS は Hg に比べると，Zn ほどではないにしても，逆反応を起こしやすい．しかし，実用化は可能であろう．ただし精鉱としての CdS は得られていない．

(**vi**) 1573 K における反応で生成したガスを 873 K まで冷却する場合を考える．
1573 K での平衡ガス組成（前問の結果より）

N_2 : 79.4 (mol)
O_2 : 1.900×10^{-6} (mol)
S_2 : 3.363×10^{-1} (mol)
SO_2 : 16.51 (mol)
SO : 1.233×10^{-1} (mol)
$Zn(g)$: 9.250 (mol)

急冷後，平衡に達したガスの組成 n を以下の各ガス相および凝縮相について考える．

$$\text{ガス相：} O_2, S_2, SO_2, SO, Zn(g)$$
$$\text{凝縮相：} ZnO, ZnS, Zn(l)$$

ここで急冷前後の物質収支を考える．

Zn : $9.250 = n_{Zn(g)} + n_{ZnO} + n_{ZnS} + n_{Zn(l)}$
S : $2 \times 0.3363 + 16.51 + 0.1233 = 2n_{S_2} + n_{SO_2} + n_{SO} + n_{ZnS}$
O : $2 \times 1.900 \times 10^{-6} + 2 \times 16.51 + 0.1233 = 2n_{O_2} + 2n_{SO_2} + n_{SO} + n_{ZnO}$

しかしながら，このようにして解いていくと，$n_{Zn(l)}$ が負の値を示すのが分かる．そこで，$n_{Zn(l)} = 0$ とし，Zn の液相を考えない物質収支を考える．

$$Zn : 9.250 = n_{Zn(g)} + n_{ZnO} + n_{ZnS} \tag{20}$$
$$S : 17.306 = 2n_{S_2} + n_{SO_2} + n_{SO} + n_{ZnS} \tag{21}$$
$$O : 33.143 = 2n_{O_2} + 2n_{SO_2} + n_{SO} + n_{ZnO} \tag{22}$$

ガスの全モル数 n_T は次式で与えられる．

$$n_T = n_{O_2} + n_{S_2} + n_{SO_2} + n_{SO} + n_{Zn(g)} + 79.4 \tag{23}$$

(20)〜(22)式で，n_{ZnO}，n_{ZnS} を消去すると，

$$n_{Zn(g)} + 41.199 = 2(n_{S_2} + n_{O_2} + n_{SO}) + 3n_{SO_2}$$

(11)〜(13)，(15)，(16)式を上式に代入し，$P = n_{Zn(g)}/n_T$ を使い整理すると，

$$n_T \left(P - \frac{2C_1}{P^2} - \frac{3C_2}{P^3} \right) = -41.199 \tag{24}$$

(23)式に(11)〜(13)，(15)，(16)式，P を代入し，整理すると，

$$\left(1 - P - \frac{C_1}{P^2} - \frac{C_2}{P^3} \right) n_T = 79.4 \tag{25}$$

(24)，(25)式より n_T を消去し，P について整理すると，

$$38.201 P^4 + 41.199 P^3 - 199.999 C_1 P - 279.399 C_2 = 0$$
$$\therefore\ 38.201 P^4 + 41.199 P^3 - 1.4740 \times 10^{-22} P - 6.5779 \times 10^{-27} = 0$$

上式を解いて $P \cong 5.423 \times 10^{-10}$

(25)式より，$n_T = 93.13$ (mol)

$$\therefore\ n_{Zn} = 5.066 \times 10^{-8} \text{ (mol)}$$

(11)式より：$n_{O_2} = 1.322 \times 10^{-14}$ (mol)
(12)式より：$n_{S_2} = 2.229 \times 10^{-4}$ (mol)
(13)式より：$n_{SO_2} = 13.73$ (mol)
(15)式より：$n_{SO} = 9.020 \times 10^{-6}$ (mol)

(21)式より：$n_{ZnS}=3.573$（mol）

(22)式より：$n_{ZnO}=5.677$（mol）

873 K における平衡ガス組成および凝縮相生成量をまとめると，表4のとおりである．

表4

	モル数（mol）	分圧（atm）
N_2	79.4	8.53×10^{-1}
O_2	1.32×10^{-14}	1.42×10^{-16}
S_2	2.23×10^{-4}	2.39×10^{-6}
SO_2	13.73	1.47×10^{-1}
SO	9.027×10^{-6}	9.69×10^{-8}
Zn	5.05×10^{-8}	5.42×10^{-2}
全モル数	93.13	
ZnS 生成量	3.57 mol	
ZnO 生成量	5.68 mol	
Zn(l) 生成量	0.0 mol	

ZnO の CO 還元：量論計算による Zn 分圧算出

過剰に存在する ZnO が 1273 K（1000 ℃）で CO ガスにより還元されるとき，反応後のガス中の Zn 濃度と全圧の関係を図示せよ．また，1073 K（800 ℃），1473 K（1200 ℃）ではどうか．

計算に使用するデータ

表 1

	$\Delta G°$ (J)
$ZnO(s) + CO(g) = Zn(g) + CO_2(g)$	$178020 - 111.67T$
$C(s) + CO_2(g) = 2CO(g)$	$170460 - 174.43T$

[解]

考慮すべき反応は次の(1)，(2)式である．

$$ZnO(s) + CO(g) = Zn(g) + CO_2(g):$$
$$\Delta G° = 178020 - 111.67T \tag{1}$$

表 2

T (K)	$\Delta G°$ (J)	$K_1 = p_{Zn} \cdot p_{CO_2}/p_{CO}$
1073	58198	1.4681×10^{-3}
1273	35864	3.3755×10^{-2}
1473	13530	3.3127×10^{-1}

$$C(s) + CO_2(g) = 2CO(g):$$
$$\Delta G° = 170460 - 174.43T \tag{2}$$

表 3

T (K)	$\Delta G°$ (J)	$K_2 = p_{CO}^2/p_{CO_2} \cdot a_C$
1073	-16703	6.5038
1273	-51589	130.89
1473	-86475	1165.8

まず，(2)式の Boudouard 反応を無視して解く．

$$\begin{cases} P_T = p_{Zn} + p_{CO} + p_{CO_2} & (3) \\ p_{Zn} \cdot p_{CO_2}/p_{CO} = K_1 & (4) \\ p_{Zn} = p_{CO_2} & (5) \end{cases}$$

(4)，(5)式より

$$p_{CO} = \frac{1}{K_1} p_{Zn}^2 \tag{6}$$

(5)，(6)式を(3)式に代入

$$P_T = p_{Zn} + \frac{1}{K_1} p_{Zn}^2 + p_{Zn}$$

$$p_{Zn}^2 + 2K_1 \cdot p_{Zn} - K_1 \cdot P_T = 0 \tag{7}$$

(7)式の K_1, P_T に各値を代入して次の反応ガス中の Zn 濃度 [%Zn(g)] を得る（表4）．

表4

P_T (atm)	1073 K		1273 K		1473 K	
	p_{Zn}	[%Zn(g)]	p_{Zn}	[%Zn(g)]	p_{Zn}	[%Zn(g)]
1.0	3.688×10^{-2}	3.688	1.530×10^{-1}	15.30	3.328×10^{-1}	33.28
0.1	1.074×10^{-2}	10.74	3.344×10^{-2}	33.44	4.671×10^{-2}	46.71
0.01	2.635×10^{-3}	26.35	4.676×10^{-3}	46.76	4.963×10^{-3}	49.63
0.001	4.354×10^{-4}	43.54	4.964×10^{-4}	49.64	4.996×10^{-4}	49.96

表4の値を用いて，p_{CO}, p_{CO_2}, a_c を計算すると，表5を得る．

表5

	1073 K			
	p_{Zn}	p_{CO}	p_{CO_2}	a_c
1	3.688×10^{-2}	9.262×10^{-1}	3.688×10^{-2}	3.577
0.1	1.074×10^{-2}	7.853×10^{-2}	1.074×10^{-2}	8.830×10^{-2}
0.01	2.635×10^{-3}	4.730×10^{-3}	2.635×10^{-3}	1.305×10^{-3}
0.001	4.354×10^{-4}	1.291×10^{-4}	4.354×10^{-4}	5.889×10^{-6}
	1273 K			
	p_{Zn}	p_{CO}	p_{CO_2}	a_c
1	1.530×10^{-1}	6.939×10^{-1}	1.530×10^{-1}	2.404×10^{-2}
0.1	3.344×10^{-2}	3.312×10^{-2}	3.344×10^{-2}	2.507×10^{-4}
0.01	4.676×10^{-3}	6.478×10^{-4}	4.676×10^{-3}	6.855×10^{-7}
0.001	4.964×10^{-4}	7.298×10^{-6}	4.964×10^{-4}	8.199×10^{-10}
	1473 K			
	p_{Zn}	p_{CO}	p_{CO_2}	a_c
1	3.328×10^{-1}	3.344×10^{-1}	3.328×10^{-1}	2.881×10^{-4}
0.1	4.671×10^{-2}	6.585×10^{-3}	4.671×10^{-2}	7.964×10^{-7}
0.01	4.963×10^{-3}	7.435×10^{-5}	4.963×10^{-3}	9.554×10^{-10}
0.001	4.996×10^{-4}	7.535×10^{-7}	4.996×10^{-4}	9.748×10^{-13}

表5の計算結果より各条件における a_c を求めると，1073 K，1 atm のときは1を超えてしまうため，この条件ではCの析出が起こる．よって（2）式の反応も考慮しなくてはならない．

この場合は

$$\begin{cases} P_T = p_{Zn} + p_{CO} + p_{CO_2} & (8) \\ p_{Zn} \cdot p_{CO_2}/p_{CO} = K_1 & (9) \\ p_{CO}^2/p_{CO_2} = K_2 & (10) \end{cases}$$

この連立方程式を解く．(8)～(10)式より p_{CO}, p_{CO_2} を消去して

$$p_{Zn}^3 - P_T \cdot p_{Zn}^2 + K_1 \cdot K_2 \cdot p_{Zn} + K_1^2 \cdot K_2 = 0$$

これより，$P_T=1$，$T=1073$ K においては $p_{Zn}=1.095\times10^{-2}$

$$\therefore \quad [\%Zn(g)]=1.1$$

以上の結果を図1に示す．

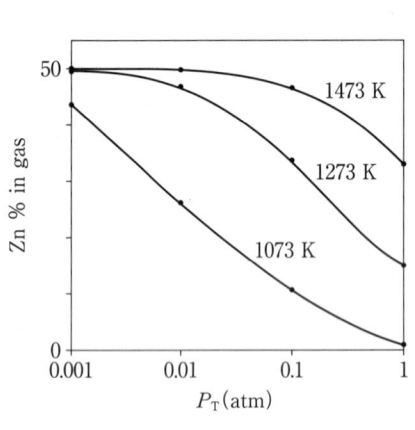

図1 ガス中の Zn 濃度と全圧の関係

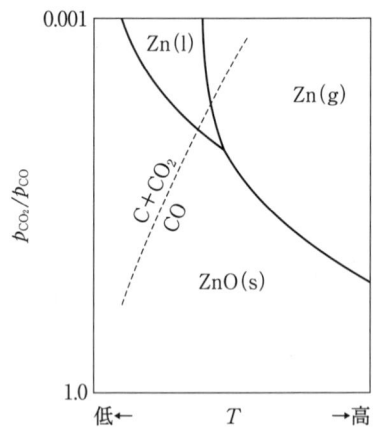

図2 Zn-C-O 系の還元平衡図
($ZnO(s)$-$Zn(l)$-$Zn(g)$) の交点は，温度 $T=1179$ K，$p_{CO_2}/p_{CO}=0.011$)

[コメント1] 低温においては Boudouard 反応により p_{CO} は低く限定される．
[コメント2] ポテンシャル図などから，どのような反応を考慮すべきかを考える必要がある．図2のような 800～1500 K の温度範囲で描いた還元平衡図を見ると，条件によっては $Zn(l)$ も考慮しなければならないことが分かる．

87

ZnO の C 還元：量論計算による Zn 分圧算出

ZnO が密閉レトルト中で過剰の固体炭素で還元される．1073 K（800 ℃）から 1673 K（1400 ℃）における平衡亜鉛蒸気圧と全圧とを求めよ．ただし，最初レトルト内にあった空気は無視する．その結果から炭素による ZnO の還元過程について論ぜよ．

計算に使用するデータ（ref. 2 より）

表 1

	$\Delta G°$ (J)
ZnO(s)+CO(g)=Zn(g)+CO$_2$(g)	$178020-111.67T$
C(s)+CO$_2$(g)=2CO(g)	$170460-174.43T$

[解]

ZnO が C によって還元される反応は次のように示される．
$$ZnO(s)+C(s)=Zn(g)+CO(g)$$
しかし，実際は次の二つの反応が同時に起こっていると考えられる．

$$ZnO(s)+CO(g)=Zn(g)+CO_2(g) : \Delta G°=178020-111.67T \text{ (J)} \tag{1}$$

$$K_1=\frac{p_{Zn}\cdot p_{CO_2}}{a_{ZnO}\cdot p_{CO}}$$

$$C(s)+CO_2(g)=2CO(g) : \Delta G°=170460-174.43T \text{ (J)} \tag{2}$$

$$K_2=\frac{p_{CO}^2}{a_C\cdot p_{CO_2}}$$

n_{ZnO}（mol）の ZnO が還元されたとし，気相中の Zn, CO, CO$_2$ のモル数を n_{Zn}, n_{CO}, n_{CO_2} とすると，密閉系で初めレトルト内にあった空気を無視するから，O バランスを考えると，

$$n_{ZnO}=n_{CO}+2n_{CO_2} \tag{3}$$

$$\therefore \quad p_{Zn}=p_{CO}+2p_{CO_2} \tag{4}$$

$a_C=1$, $a_{ZnO}=1$ とすると，

$$K_1=\frac{p_{Zn}\cdot p_{CO_2}}{p_{CO}} \tag{5}$$

$$K_2=\frac{p_{CO}^2}{p_{CO_2}} \tag{6}$$

（5），（6）式より，

$$K_1=\frac{(p_{CO}+2p_{CO_2})\cdot p_{CO_2}}{p_{CO}}=\frac{(p_{CO}+2p_{CO}^2/K_2)\cdot(p_{CO}^2/K_2)}{p_{CO}} \tag{7}$$

整理して，

$$2p_{CO}^3+K_2\cdot p_{CO}^2-K_1K_2^2=0 \tag{8}$$

また，全圧は

$$P_T=p_{Zn}+p_{CO}+p_{CO_2} \tag{9}$$

(1),(2)式より求めた K_1, K_2 を(8)式に代入し p_{CO} を求め,(5),(6),(9)式で p_{Zn}, P_T を求める.その結果を表2,図1に示す.

表2

T (K)	K_1	K_2	p_{CO}	p_{CO_2}	p_{Zn}	P_T
1073	1.468×10^{-3}	6.503	9.629×10^{-2}	1.423×10^{-3}	9.933×10^{-2}	0.1970
1173	8.046×10^{-3}	33.16	0.5088	7.804×10^{-3}	0.5246	1.041
1273	3.375×10^{-2}	130.8	2.069	3.270×10^{-2}	2.135	4.237
1373	0.1149	423.0	6.861	0.1113	7.084	14.06
1473	0.3312	1165	19.33	0.3204	19.98	39.63
1573	0.8346	2824	47.75	0.8070	49.98	97.93
1673	1.883	6156	105.9	1.818	109.6	217.3

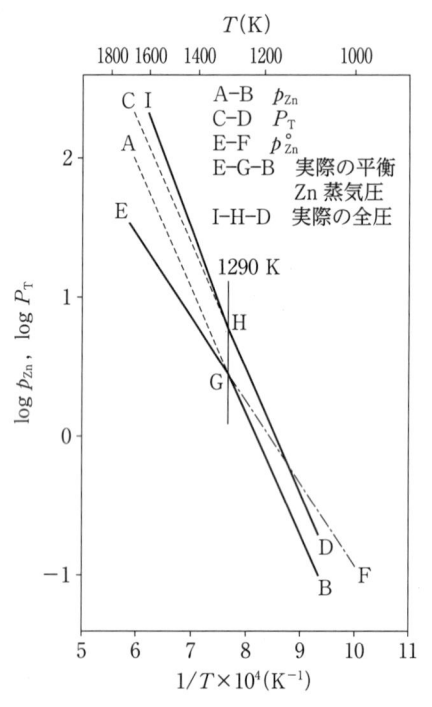

図1 平衡亜鉛蒸気圧・全圧と温度の関係

次に純粋な Zn の蒸気圧を表3に示す.

これを図1中に E-F で示すが,これは p_{Zn} の線(A-B)と 1290 K で交わる.この温度以上では $p_{Zn} > p_{Zn}^\circ$ となるが,実際にはこの超える分は凝縮して Zn(l) になるので,1290 K 以上では p_{Zn} と p_{Zn}° の線は同じ線となる.

そこで 1290 K 以上についての P_T の計算をやり直す.
(5)式で p_{Zn} と p_{Zn}° を置き換えて

$$K_1 = \frac{p_{Zn}^\circ \cdot p_{CO_2}}{p_{CO}} \tag{10}$$

(10)と(6)式より

表3

温度 (K)	蒸気圧 (atm)	温度 (K)	蒸気圧 (atm)
600	6.61×10^{-6}	1200	1.21
700	2.56×10^{-4}	1300	2.94
800	3.36×10^{-3}	1400	6.22
900	2.45×10^{-2}	1500	11.8
1000	1.18×10^{-1}	1600	20.7
1100	4.23×10^{-1}	1700	33.7
1180	1.00		

(NIST-JANAF 4th edition より)

$$p_{CO} = \frac{K_1 \cdot K_2}{p°_{Zn}} \tag{11}$$

(6)式より

$$p_{CO_2} = \frac{p_{CO}^2}{K_2} \tag{12}$$

また，

$$P_T = p°_{Zn} + p_{CO} + p_{CO_2} \tag{13}$$

この計算結果を表4に示す．

表4

T (K)	K_1	K_2	$p°_{Zn}$	p_{CO}	p_{CO_2}	P_T
1300	4.786×10^{-2}	182.8	2.937	2.978	4.851×10^{-2}	5.964
1400	0.1552	564.2	6.220	14.07	0.3508	20.64
1500	0.4303	1497	11.84	54.40	1.976	68.22
1600	1.050	3519	20.70	178.5	9.054	208.3
1700	2.307	7478	33.72	511.6	35.00	580.3

この結果得られた全圧を図1中のH-Iで示す．
以上により，次の結果が得られた．

平衡Zn蒸気圧　　図1中のB-G-E
全　圧　　　　図1中のD-H-I

また，1290 K における p_{Zn} は 2.65 atm である．

　図1に示した全圧の線より，Cによって還元が行われる最低温度を知ることができる．例えば，1気圧では1170 K以上の温度で還元でき，10気圧では1340 K以上，0.2気圧では1045 K以上の温度が必要であり，全圧が低いほど低い温度で還元できる．しかし，低温では還元速度が遅いのである程度以上の温度は必要である．

　また，平衡Zn蒸気圧の線より，G点より左方では直接液体亜鉛が得られることになるが，これを実際行おうとすると収率が低く難しい．Cu(l)を循環し，Cu-Zn合金として回収するというアイデアもあるが，この反応だけでは実用化は難しく，石炭ガス化プロセスの副業として考えられる．

88 Zn-Cd の蒸留：沸点データから蒸留挙動解析

亜鉛・カドミウム溶液の1気圧における沸点ならびにそのときの液相，気相のモル分率が，次のように得られた．

表1

x (N_{Cd} in liquid)	0	0.05	0.1	0.2	0.3	0.4	0.5	0.6	0.7	0.8	0.9	1.0
y (N_{Cd} in vapor)	0	0.34	0.535	0.69	0.74	0.785	0.825	0.865	0.90	0.93	0.96	1.00
沸点 (K)	1180	1145	1118	1091	1081	1073	1066	1060	1055	1050	1045	1038

（ⅰ）50 mol% Cd を含む液の半分が蒸留された蒸溜液はどのような組成をもっているか．

（ⅱ）同様な最初の組成の溶液は残液が 10 mol% Cd 組成をもつまで蒸留された．蒸溜液はおよそどのような組成をもつか．

（ⅲ）Cd モル分率 0.05 の液から Cd モル分率 0.95 の蒸溜液を得るために理論的に何段階を要するか推定せよ．

解

回分蒸留に関する Rayleigh の式（ref. 2, 125）を利用して，検討する．

$$\ln \frac{L_1}{L_2} = \int_{x_2}^{x_1} \frac{dx}{y-x} \tag{1}$$

ここで，L_1，L_2 は溶液のモル数である．x は溶液中の N_{Cd} を意味し，また y は蒸気中の N_{Cd} である．

（ⅰ）条件より $x_1=0.5$，$L_2=\frac{1}{2}L_1$ であるから（1）より

$$\int_{x_2}^{0.5} \frac{dx}{y-x} = \ln 2 = 0.693 \tag{2}$$

与えられたデータより表2を計算し，x と $\frac{1}{y-x}$ の相関図（図1）を作成する．

表2

x	0.05	0.1	0.2	0.3	0.4	0.5	0.6	0.7	0.8	0.9
y	0.34	0.535	0.69	0.74	0.785	0.825	0.865	0.90	0.93	0.96
$\frac{1}{y-x}$	3.45	2.30	2.04	2.27	2.60	3.08	3.77	5.00	7.69	16.7

また，図1より（2）式を満足するおおよその x_2 を求めると，$x_2 \approx 0.225$ となる．

したがって，求める蒸留液のモル数を L_3 ならびに N_{Cd} を x_3 とすると

$$L_3 = \frac{1}{2}L_1$$

$$x_3 = \frac{L_1 x_1 - L_2 x_2}{L_3} = \frac{0.5 - 0.5 \times 0.225}{0.5} = 0.775$$

ゆえに，蒸留液は Cd を 77.5 mol% 含む．

88 Zn–Cd の蒸留：沸点データから蒸留挙動解析

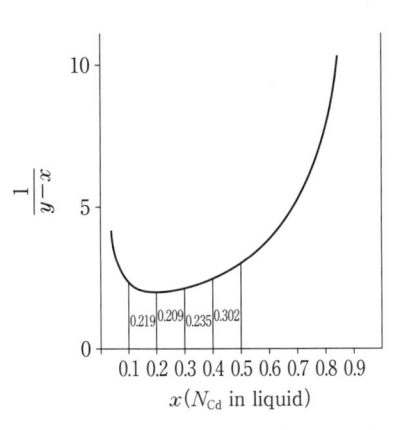

図1 Rayleigh の式の応用

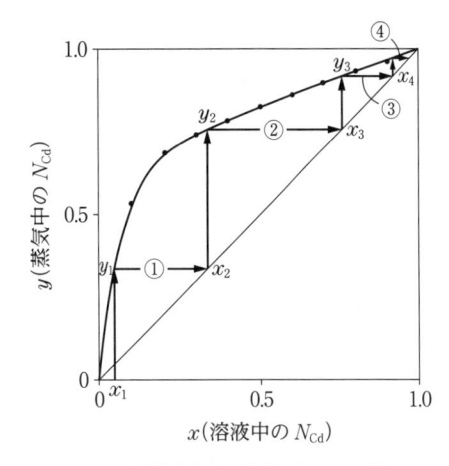

図2 溶液中およびガス中の Cd 量

（ⅱ）（ⅰ）と同様に，Cd を 50 mol% 含む液 L_1 から 10 mol% 含む液 L_2 に蒸留されたとすると，図1より

$$\ln \frac{L_1}{L_2} = \int_{0.1}^{0.5} \frac{dx}{y-x} = 0.965 (= 0.302 + 0.235 + 0.209 + 0.219)$$

$$\therefore \quad L_2 = 0.381 L_1$$

よって，求める蒸留液はその N_{Cd} を x_3 とすると

$$L_3 = L_1 - L_2$$

$$x_3 = \frac{L_1 x_1 - L_2 x_2}{L_3} = \frac{0.5 - 0.1 \times 0.381}{1 - 0.381} = 0.746$$

したがって，74.6 mol% の Cd を含む．

（ⅲ）溶液中の Cd と蒸気中の Cd の関係を図2に示す（x-y 線図）．

図において x_1 の溶液と平衡する蒸気の組成は y_1 になり，これを凝縮させると液 x_2 になる．蒸留はこの操作を順次繰り返すことであり，$x=0.05$ から $x=0.95$ の蒸留を得るためには，だいたい 4 段階蒸留が必要であることが図2から分かる（ref. 2, 126）．

[**コメント**]（ⅰ）ならびに（ⅱ）での考察は回分蒸留によるものである．回分蒸留では蒸留に伴い液相中の濃度は変化する．Rayleigh の式は，このような液量ならびに液相中の濃度変化を考慮した回分蒸留の式である．

（**参考文献**）的場幸雄他編，金属製錬技術ハンドブック（朝倉書店）534.

Ni 乾式製錬：還元，硫化，転炉反応

ニッケル製錬に関し，次の諸問題に答えよ．

（ⅰ）銅，ニッケル，コバルト，鉄の酸化物が混在するとき，CO-CO$_2$ 混合ガスを用いて分別還元しようとする．金属間化合物ならびに，金属と C もしくは O との固溶体が形成されないと考え，平衡論的に分別還元が可能であればその条件を示せ．計算は 673 K（400 ℃）で行うものとする．

（ⅱ）NiO が CaSO$_4$ により Ni$_3$S$_2$ に変わる反応を 1100 K（827 ℃）で検討せよ．

（ⅲ）スラグ中 FeO の活量が 0.4，マット中の FeS，Ni$_3$S$_2$，Cu$_2$S の活量がそれぞれ，0.4，0.2，0.2 であるとき，1573 K（1300 ℃）でスラグ中の NiO，Cu$_2$O の活量を計算し，ニッケルと銅のスラグロスを比較せよ．ただし，それぞれの活量の標準状態は，NiO を除いて純粋な液体であるとする．NiO に関しては，純粋な固体の NiO を標準状態と考えよ．また，スラグ中の NiO，Cu$_2$O の活量はヘンリー則に従い，活量係数は $\gamma_{CuO_{0.5}}=3$，$\gamma_{NiO}=2.5$ とせよ．さらにニッケルの場合は，$p_{SO_2}=1.0\times10^{-2}$（atm）と平衡する場合，もしくは金属鉄と共存する場合の異なる二つの酸化雰囲気において考察せよ．

（ⅳ）ニッケルマットの転炉製錬は精鈹で止められ，金属ニッケルは製造しない．1473 K（1200 ℃）で平衡計算を行い，銅の転炉製錬と比較して説明せよ．

ただし，それぞれの生成のギブズエネルギーは以下のように与えられる（ref. 2）．

Cu$_2$O(s)： $4Cu(s)+O_2(g)=2Cu_2O(s)$　　$\Delta G°=-334800+144.8T$

CuO(s)： $2Cu(s)+O_2(g)=2CuO(s)$　　$\Delta G°=-311700+180.34T$

Cu$_2$O(l)： $4Cu(l)+O_2(g)=2Cu_2O(l)$　　$\Delta G°=-235200+78.20T$

Cu$_2$S(l)： $4Cu(l)+S_2(g)=2Cu_2S(l)$　　$\Delta G°=-282000+74.52T$

NiO(s)： $2Ni(s)+O_2(g)=2NiO(s)$　　$\Delta G°=-469800+169.36T$

Ni$_3$S$_2$(l)： $3Ni(s)+S_2(g)=Ni_3S_2(l)$　　$\Delta G°=-242300+66.48T$

NiS(s)： $2Ni(s)+S_2(g)=2NiS(s)$　　$\Delta G°=-292710+143.97T$

CoO(s)： $2Co(s)+O_2(g)=2CoO(s)$　　$\Delta G°=-470960+143.10T$

Co$_3$O$_4$(s)： $\frac{3}{2}Co(s)+O_2(g)=\frac{1}{2}Co_3O_4(s)$　　$\Delta G°=-451600+197.19T$

FeO(s)： $2Fe(s)+O_2(g)=2FeO(s)$　　$\Delta G°=-528860+129.46T$

Fe$_3$O$_4$(s)： $\frac{3}{2}Fe(s)+O_2(g)=\frac{1}{2}Fe_3O_4(s)$　　$\Delta G°=-547830+151.17T$

Fe$_2$O$_3$(s)： $\frac{4}{3}Fe(s)+O_2(g)=\frac{2}{3}Fe_2O_3(s)$　　$\Delta G°=-542530+167.36T$

FeS(l)： $2Fe(s)+S_2(g)=2FeS(l)$　　$\Delta G°=-235220+67.28T$

FeO(l)： $2Fe(s)+O_2(g)=2FeO(l)$　　$\Delta G°=-477560+97.06T$

CaSO$_4$(s)：$CaO(s)+SO_3(g)=CaSO_4(s)$　　$\Delta G°=-477600-174.1T\log T+776.59T$

CaS(s)： $2Ca(s)+S_2(g)=2CaS(s)$　　$\Delta G°=-1084070+192.13T$

CO(g)： $2C(s)+O_2(g)=2CO(g)$　　$\Delta G°=-223920-175.56T$

CO$_2$(g)： $C(s)+O_2(g)=CO_2(g)$　　$\Delta G°=-394380-1.13T$

$SO_2(g)$:　　$\frac{1}{2}S_2(g)+O_2(g)=SO_2(g)$　　　　$\Delta G°=-362070+73.41T$

$SO_3(g)$:　　$\frac{1}{3}S_2(g)+O_2(g)=\frac{2}{3}SO_3(g)$　　　$\Delta G°=-304650+107.86T$

解

(ⅰ)

銅の場合

それぞれの 673 K での生成のギブズエネルギーは，

$$Cu_2O : 4Cu(s)+O_2(g)=2Cu_2O(s) \quad \Delta G°_{673}=-237350 \text{ (J)}$$
$$CuO : 2Cu(s)+O_2(g)=2CuO(s) \quad \Delta G°_{673}=-190331 \text{ (J)}$$

Cu と O_2 の合計モル数が 1 mol になるように反応式を書き換え，それをプロットする．この変換に伴う生成ギブズエネルギー変化を Δg_T と表す（以下同じ）．

$$Cu_2O : \frac{4}{5}Cu(s)+\frac{1}{5}O_2(g)=\frac{2}{5}Cu_2O(s) \quad \Delta g°_{673}=-79117 \text{ (J)}$$
$$CuO : \frac{2}{3}Cu(s)+\frac{1}{3}O_2(g)=\frac{2}{3}CuO(s) \quad \Delta g°_{673}=-63444 \text{ (J)}$$

図 1 より，Cu_2O を還元できれば Cu を得ることができることが分かる．

$$Cu_2O(s)+CO(g)=2Cu(s)+CO_2(g)$$
$$\Delta G°=-115020+14.25T \quad \therefore \quad \Delta G°_{673}=-105430 \text{ (J)}$$

この反応が 673 K で右へ進行するためには

$$\Delta G=\Delta G°+RT\ln K=\Delta G°+RT\ln\frac{p_{CO_2}}{p_{CO}}<0$$

これより

$$\frac{p_{CO_2}}{p_{CO}}<\exp\left(-\frac{\Delta G°}{RT}\right)=\exp\left(\frac{105430}{8.314\times 673}\right)=1.525\times 10^8$$

この分圧比は，$p_{O_2}=3.782\times 10^{-19}$ atm に相当する．

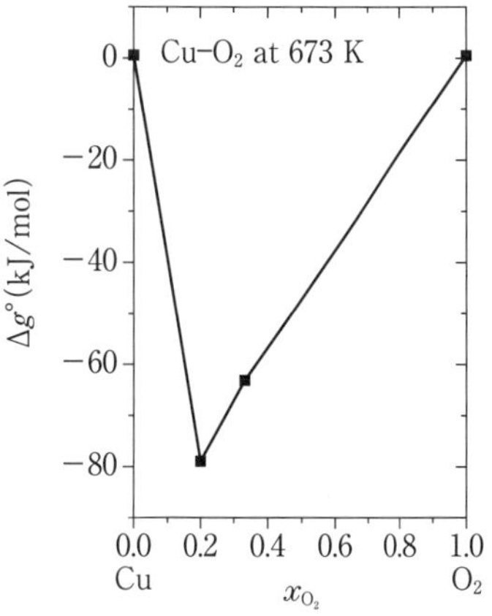

ニッケルの場合

NiO が還元される場合，次の反応を考える．

$$NiO(s)+CO(g)=Ni(s)+CO_2(g)$$
$$\Delta G°=-47520+1.97T$$
$$\Delta G°_{673}=-46194 \text{ (J)}$$
$$\therefore \quad \frac{p_{CO_2}}{p_{CO}}<\exp\left(-\frac{\Delta G°}{RT}\right)=3.850\times 10^3$$

この分圧比は，

$$p_{O_2}<2.411\times 10^{-28} \text{ atm}$$

に相当し，この条件を満たすとき，NiO は Ni に還元される．

コバルトの場合

それぞれの 673 K での生成のギブズエネルギーは，

$$CoO : 2Co(s)+O_2(g)=2CoO(s) \quad \Delta G°_{673}=-374654 \text{ (J)}$$

図 1 Cu-O_2 系の混合のギブズエネルギー変化

$$Co_3O_4 : \frac{3}{2}Co(s) + O_2(g) = \frac{1}{2}Co_3O_4(s) \qquad \Delta G°_{673} = -318891 \text{ (J)}$$

CoとO$_2$の合計モル数が1 molになるように反応式を書き換え，それをプロットする．

$$CoO : \frac{2}{3}Co(s) + \frac{1}{3}O_2(g) = \frac{2}{3}CoO(s) \qquad \Delta g°_{673} = -124885 \text{ (J)}$$

$$Co_3O_4 : \frac{3}{5}Co(s) + \frac{2}{5}O_2(g) = \frac{1}{5}Co_3O_4(s) \qquad \Delta g°_{673} = -127556 \text{ (J)}$$

図2より，CoOを還元できれば，Coを得ることができることが分かる．

$$CoO(s) + CO(g) = Co(s) + CO_2(g)$$

$$\Delta G° = -46940 + 15.1\,T$$

$$\Delta G°_{673} = -36778 \text{ (J)}$$

$$\therefore \frac{p_{CO_2}}{p_{CO}} < \exp\left(-\frac{\Delta G°}{RT}\right) = 7.155 \times 10^2$$

また，

$$p_{O_2} < 8.325 \times 10^{-30} \text{ atm}$$

この条件を満たすとき，CoOはCoに還元される．

鉄の場合

それぞれの673 Kでの生成のギブズエネルギーは，

FeO: $\quad 2Fe(s) + O_2(g) = 2FeO(s) \qquad \Delta G°_{673} = -441733$ (J)

$Fe_3O_4 : \frac{3}{2}Fe(s) + O_2(g) = \frac{1}{2}Fe_3O_4(s) \qquad \Delta G°_{673} = -446093$ (J)

$Fe_2O_3 : \frac{4}{3}Fe(s) + O_2(g) = \frac{2}{3}Fe_2O_3(s) \qquad \Delta G°_{673} = -429897$ (J)

FeとO$_2$の合計モル数が1 molになるように反応式を書き換え，それをプロットする．

FeO: $\quad \frac{2}{3}Fe(s) + \frac{1}{3}O_2(g) = \frac{2}{3}FeO(s) \qquad \Delta g°_{673} = -147244$ (J)

$Fe_3O_4 : \frac{3}{5}Fe(s) + \frac{2}{5}O_2(g) = \frac{1}{5}Fe_3O_4(s) \qquad \Delta g°_{673} = -178437$ (J)

$Fe_2O_3 : \frac{4}{7}Fe(s) + \frac{3}{7}O_2(g) = \frac{2}{7}Fe_2O_3(s) \qquad \Delta g°_{673} = -184242$ (J)

図3より，FeOがFe$_3$O$_4$とFeに不均化反応することが予想される．実際，

$$2FeO(s) = \frac{1}{2}Fe(s) + \frac{1}{2}Fe_3O_4(s) \qquad \Delta G°_{673} = -4360 \text{ (J)}$$

で与えられるように，不均化反応が進行する．よって，Fe$_3$O$_4$を還元できればFeを得ることができることが分かる．

$$\frac{1}{2}Fe_3O_4(s) + 2CO(g) = \frac{3}{2}Fe(s) + 2CO_2(g)$$

$$\Delta G° = -17010 + 22.13T$$

$$\Delta G°_{673} = -2117 \text{ (J)}$$

$$\therefore \frac{p_{CO_2}}{p_{CO}} < \left\{\exp\left(-\frac{\Delta G°}{RT}\right)\right\}^{1/2} = 1.208$$

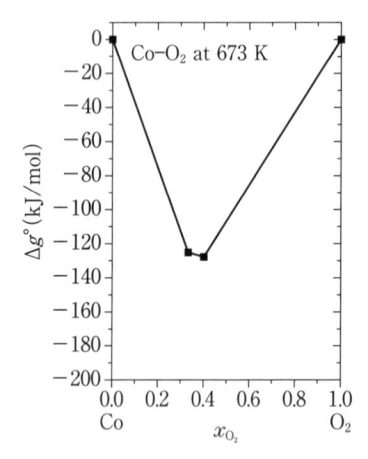

図2 Co-O$_2$系の混合のギブズエネルギー変化

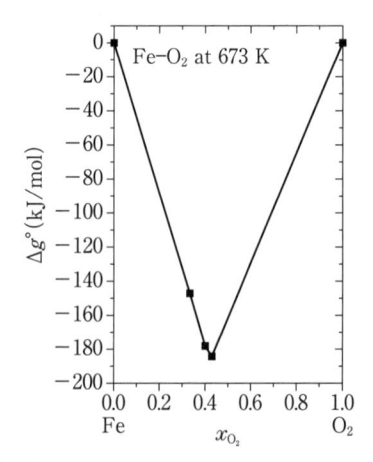

図3 Fe-O$_2$系の混合のギブズエネルギー変化

また，（2）式より
$$p_{O_2} < 2.373 \times 10^{-35} \text{ atm}$$
この条件を満たすとき，Fe_3O_4 は Fe に還元される．

以上の結果より，各元素の還元される酸素分圧を比較すると

$$\begin{array}{cccc}
\text{Fe} & <\text{Co} & <\text{Ni} & <\text{Cu}
\end{array}$$

$$p_{O_2} = 2.373 \times 10^{-35} < 8.325 \times 10^{-30} < 2.411 \times 10^{-28} < 3.782 \times 10^{-19} \text{ (atm)}$$
$$p_{CO_2}/p_{CO} = 1.208 \quad < 7.155 \times 10^{2} \quad < 3.850 \times 10^{3} \quad < 1.525 \times 10^{8}$$

これより，Cu, Ni, Co, Fe の順に還元しやすいことが分かり，弱還元雰囲気でこれらの混合物を還元すれば，Fe は酸化物のまま，他はメタルに還元することができる．ただし，$p_{CO_2}/p_{CO} \approx 1000$ 付近でのコントロールは難しく，Fe 以外の選択還元は困難である．

応用例その他

（1） ラテライト（酸化鉱）の還元（Nicaro process）

このプロセスは 920 K 付近で Ni を還元し，Co, Fe は酸化物（Fe は Fe_3O_4）で残し，Ni-Fe 合金から $(NH_3)_2CO_3$ を用いてアミン錯体（$Ni(NH_3)_6^{2+}$）を作り，Ni を浸出する方法である．このとき，Co はごく一部メタルになる．

（2） モンドニッケル（カルボニル法）

この方法は Co 濃度の高い Ni 鉱の処理に適し，次の反応を利用したプロセスである．

$$Ni(CO)_4(g) \underset{\text{低温}}{\overset{\text{高温}}{\rightleftarrows}} Ni(s) + 4CO(g)$$

低温（約 340 K）で CO ガスを作用させ粗ニッケルよりカルボニルを作り，同時に生成する Fe, Co カルボニルは蒸気圧の差を利用し分離した後，高温（約 470 K）で $Ni(CO)_4$ を Ni(s) と CO(g) に分解し Ni を得るプロセスである．このときの CO は繰り返し使用される．この方法に使用する粗ニッケルを作るとき，Co は還元せず Ni のみを分別還元することもあり，Co が混入しないメリットがある．しかし，Cu が存在すると Cu も同時に還元されるため，分別還元前に Cu は酸リーチングなどで除いておく必要がある．なお，$Ni(CO)_4$ は毒性が非常に高く，実験室での利用にはこの点に留意する必要がある．

（3） Moa Bay process

このプロセスは Co に富んだラテライト系の鉱石処理に適する．この方法は酸化物を高温で希硫酸によりリーチングする方法で，Co の収率が高いという特徴をもつ．

（ii） NiO が $CaSO_4$（石こう）により Ni_3S_2 に変わる反応は
$$6NiO(s) + 4CaSO_4(s) = 2Ni_3S_2(l) + 4CaO(s) + 9O_2(g)$$
$$\Delta G° = 4663100 + 696.4T \log T - 4128.64T$$
$$1100 \text{ K では } \Delta G°_{1100} = 2451424 \text{ (J)}$$

上の反応が右へ進むためには
$$\Delta G = \Delta G° + RT \ln K = \Delta G° + RT \ln p_{O_2}^9 < 0$$
よって
$$p_{O_2} < 1.162 \times 10^{-13} \text{ atm}$$
また，$2CO + O_2 = 2CO_2 : K_{1100} = 5.894 \times 10^{17}$ より

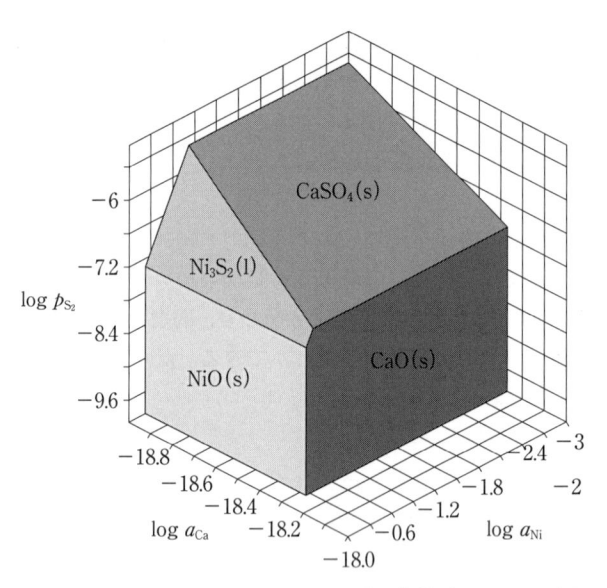

図 4 1100 K における Ni-Ca-S_2-O_2 系の化学ポテンシャル図
（$p_{SO_2}=10^{-13}$ (atm) に固定）

$$\frac{p_{CO_2}}{p_{CO}} < 261.7$$

この条件であれば NiO を $CaSO_4$ により Ni_3S_2 としてマットに濃縮することができる．また，図 4 の $p_{O_2}=10^{-13}$ atm での Ni-Ca-S_2-O_2 系の化学ポテンシャル図から分かるように，この酸素分圧では NiO と $CaSO_4$ は共存できず，どちらかが消滅するまで CaO ならびに Ni_3S_2 の生成反応の進行が予想される．また，さらに与えられた熱力学データではさらに酸素分圧を下げると，例えば，$p_{O_2}=10^{-15}$ atm で CaO/Ni_3S_2/CaS 平衡，もしくは CaO/Ni_3S_2/Ni 平衡が考えられ，過剰の反応物は，Ni もしくは CaS に還元されることも分かる．

[**コメント**] ケイ酸鉱であるガーニエライト鉱からマットをつくる場合，イオウ源として石こう，ボウ硝（Na_2SO_4）を用いる．ガーニエライト鉱 + 硫化鉱としてもよい．

(iii) 銅のスラグロスを検討する場合

$$Cu_2S(l) + FeO(l) = Cu_2O(l) + FeS(l)$$
$$\Delta G° = 144570 - 13.05T$$
$$1573 \text{ K では } \Delta G°_{1573} = 124042 \text{ (J)}$$

平衡定数 K は

$$K = \exp\left(-\frac{\Delta G°}{RT}\right) = \frac{a_{Cu_2O} \cdot a_{FeS}}{a_{Cu_2S} \cdot a_{FeO}} = 7.600 \times 10^{-5}$$

今，$a_{FeO}=0.4$, $a_{FeS}=0.4$, $a_{Cu_2S}=0.2$ であるので，

$$a_{Cu_2O} = 1.520 \times 10^{-5} \quad (a_{CuO_{0.5}} = \sqrt{a_{Cu_2O}} = 3.899 \times 10^{-3})$$

今，$\gamma_{CuO_{0.5}}=3$ 程度であるとすると，$N_{CuO_{0.5}}=1.300\times 10^{-3}$ となり

$$[\%Cu] = 63.54 \times \frac{a_{CuO_{0.5}}}{\gamma_{CuO_{0.5}}} \times \frac{1.5}{100} \times 100 = 0.124 \text{ (wt\%)}$$

(**注**) ここで，1.5/100 という項は，「100 g のスラグの MO_x の総モル数は近似的に 1.5 mol と見なすことができる」という近似を用いている．すなわち，スラグ 1 mol 当たりの質量は 100/1.5 g であると見なし，[% Cu] を算出している（ref. 2, 69 も参照）．

ニッケルの場合も Cu と同様に考える．

$$3Ni_3S_2(l) + 7FeO(l) + SO_2(g) = 9NiO(s) + 7FeS(l)$$

$$\Delta G° = -176940 + 385.04T$$

1573 K では $\Delta G°_{1573} = 428728$ （J）

平衡定数 K は

$$K = \exp\left(-\frac{\Delta G°}{RT}\right) = \frac{a_{NiO}^9 \cdot a_{FeS}^7}{a_{Ni_3S_2}^3 \cdot a_{FeO}^7 \cdot p_{SO_2}} = 5.790 \times 10^{-15}$$

今，$a_{FeO} = 0.4$, $a_{FeS} = 0.4$, $a_{Ni_3S_2} = 0.2$ である．ここで，系の SO_2 分圧が $p_{SO_2} = 0.1$ atm であるときを考えると，

$$a_{NiO} = 0.01186$$

今，$\gamma_{NiO} = 2.5$ であるので，$N_{NiO} = 4.744 \times 10^{-3}$ となり

$$[\%Ni] = 58.71 \times \frac{a_{NiO}}{\gamma_{NiO}} \times \frac{1.5}{100} \times 100 = 0.4178 \text{ (wt\%)}$$

次に，前反応式を金属 Fe が関与している反応式に書き換えると反応式は

$$Ni_3S_2(l) + 3FeO(l) = 3NiO(s) + 2FeS(l) + Fe(s)$$

$$\Delta G° = 18720 + 109.25T$$

1573 K では $\Delta G°_{1573} = 190570$ （J）

平衡定数 K は

$$K = \frac{a_{NiO}^3 \cdot a_{FeS}^2 \cdot a_{Fe}}{a_{Ni_3S_2} \cdot a_{FeO}^3} = 4.694 \times 10^{-7}$$

今，$a_{FeS} = 0.4$, $a_{FeO} = 0.4$, $a_{Ni_3S_2} = 0.2$ である．また，金属 Fe が出現する限界，つまり $a_{Fe} = 1$ であるような還元性の強い雰囲気でつくる場合には，

$$a_{NiO} = 3.349 \times 10^{-3}$$

ここで，$\gamma_{NiO} = 2.5$ であるので $\gamma_{NiO} = 1.340 \times 10^{-3}$ となり，

$$[\%Ni] = 58.71 \times \frac{a_{NiO}}{\gamma_{NiO}} \times \frac{1.5}{100} \times 100 = 0.1180 \text{ (wt\%)}$$

以上より，Ni のマット溶錬の場合，$SO_2(g)$ が出るような雰囲気で溶錬するより，金属 Fe が出現する限界くらいの還元性の強い雰囲気で溶錬を行う方がスラグロスが少なくなることが分かる．この二つのどちらを適用するかは，現場の状況を見て判断する．

[**コメント**] Ni と Cu のスラグロスの比較

Ni は Cu に比べスラグへ入りやすいが，改めて還元雰囲気下でクリーニングを行うと Cu の場合より回収しやすい．したがって Ni の場合，酸化溶錬を行い，錬鍛炉で Ni を回収する手法もとられている．このことは，図 5 に，1673 K (1400℃) における，Cu, Ni のスラグロスと活量の関係（「硫化鉱製錬におけるスラグの役割」，学振 69 委員会，第 1 回非鉄冶金シンポジウム（1976）29 参照）を各酸素分圧で示したが，同じ酸素分圧で比較すると，この図からも p_{O_2} の高いところでは Ni の方がスラグロスが大きく，p_{O_2} の低いところでは，逆に Cu のスラグロスが大きいことが分かる．

（iv）硫化物の酸化製錬は，O_2 分圧を上げることによって S_2 分圧を下げ，硫化物を金属に転換する製錬法である．しかし，O_2 分圧を上げた結果，金属の酸化物が析出しては目的を逸する．したがって，許容される最大の酸素分圧は，金属/金属酸化物平衡によって決定される．また，出発原料が硫化物である場合，

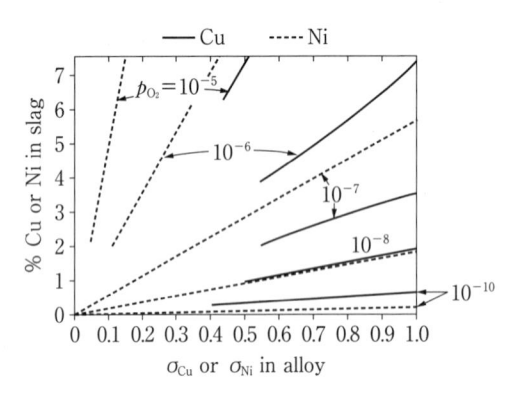

図5 溶融スラグ-合金系の平衡に及ぼす酸素分圧と合金中の活量の関係
（1673 K，38 % SiO_2 スラグ）

S_2 分圧は金属/金属硫化物平衡で決定される．したがって，製錬限界での各分圧は，金属/金属酸化物/金属硫化物平衡の三相平衡における分圧に相当する．

次に実際の製錬プロセスを考えた場合，酸素は，空気またはこれに準じる組成の酸素を含むガスが使用される．例えば，仮に空気を供給した場合，大量の硫化物が存在すると，平衡論的に決定される酸素分圧まで空気中の酸素が消費され，代わりに供給した空気中の酸素と同じ分圧，すなわち 0.2 atm 程度の SO_2 分圧が生じる．この SO_2 分圧が，上記，三相平衡で決定される S_2 分圧ならびに O_2 分圧から計算できる SO_2 分圧よりも大きい場合，硫化物と酸化物の二相平衡でなければこのような大きな SO_2 分圧を達成することができず，金属を製造することができない．つまり，硫化物と金属との二相平衡は成立できず，さらには三相平衡すらも成立しようがない．酸素濃度が薄いガスを供給した場合には，反応の進行が熱力学的に可能になる場合もあるが，極端に小さな酸素濃度では生産速度に問題が生じる．また，そのような場合には転炉の熱バランスも問題になる．

このような理由から，金属/金属酸化物/金属硫化物平衡の三相平衡における SO_2 分圧を計算することによって，転炉反応の可否が判断される．

ニッケルの場合

$$Ni_3S_2(l) + 4NiO(s) = 7Ni(s) + 2SO_2(g)$$
$$\Delta G° = 457760 - 258.88T$$

1473 K では $\Delta G°_{1473} = 76430$ （J）

平衡定数 K は

$$K = \exp\left(-\frac{\Delta G°}{RT}\right) = \frac{a_{Ni}^7 \cdot p_{SO_2}^2}{a_{Ni_3S_2} \cdot a_{NiO}^4} = 1.948 \times 10^{-3}$$

仮に凝縮相が純粋とすると，求める SO_2 分圧は次のようになる．

$$p_{SO_2} = 4.41 \times 10^{-2} \text{（atm）}$$

また，この平衡における酸素分圧は，

$$2Ni(s) + O_2(g) = 2NiO(s)$$
$$\Delta G° = -469800 + 169.36T$$

から，$\Delta G°_{1473} = -220333$ （J）

平衡定数 K は

$$K = \exp\left(-\frac{\Delta G°}{RT}\right) = \frac{a_{NiO}^2}{a_{Ni}^2 \cdot p_{O_2}} = 6.510 \times 10^7$$

よって，

$$p_{O_2} = 1.536 \times 10^{-8} \text{ (atm)}$$

である．

銅の場合

$$Cu_2S(l) + 2Cu_2O(s) = 6Cu(l) + SO_2(g)$$
$$\Delta G° = 14130 - 42.05T$$
1473 K では $\Delta G°_{1473} = -47810$ (J)

平衡定数 K は

$$K = \exp\left(-\frac{\Delta G°}{RT}\right) = \frac{a_{Cu}^6 \cdot p_{SO_2}}{a_{Cu_2S} \cdot a_{Cu_2O}^2} = 49.60$$

$$p_{SO_2} = 49.60 \text{ (atm)}$$

また，この平衡における酸素分圧は，

$$4Cu(s) + O_2(g) = 2Cu_2O(s)$$
$$\Delta G° = -334800 + 144.8T$$
から，$\Delta G°_{1473} = -121510$ (J)

平衡定数 K は

$$K = \exp\left(-\frac{\Delta G°}{RT}\right) = \frac{a_{Cu_2O}^2}{a_{Cu}^4 \cdot p_{O_2}} = 2.037 \times 10^4$$

よって，

$$p_{O_2} = 4.908 \times 10^{-5} \text{ (atm)}$$

である．

以上より，空気程度の酸素分圧の高いガスを用いると，生成する SO_2 分圧は高々 0.2 atm 程度であるので，Cu の場合には金属酸化物析出を防ぐ上で余裕があるが，Ni の場合には，SO_2 分圧は，1473 K では 4.41×10^{-2} (atm) 以下にしなければ金属を得ることはできず，これより SO_2 分圧が高いと酸化ニッケルの生成が起こる．よって，Ni の場合には，供給する酸素分圧もこの分圧以下にしなければならない．より高温，例えば 1723 K（1450℃）では，$Ni/NiO/Ni_3S_2$ の三相平衡の SO_2 分圧は 0.66 atm となる．しかし，それでも本プロセスはかなり厳しい．つまり，上記の考察ではニッケル硫化物の活量は 1 として考察したが，図 6 に示す $Ni-Ni_3S_2$ 系の状態図でも分かるように，Ni は Ni_3S_2 相には相当量溶解する．Ni の融点は，1455℃であり，状態図からは，1450℃では Ni と Ni_3S_2 はほぼ全率にわたり溶解すると考えてよい．

文献（資源・素材学会編，「非鉄金属製錬技術の伝承」小委員会成果報告書（2005）471）における，1450℃における p_{S_2}-p_{O_2} の化学ポテンシャル図によると，S 濃度が 2% の Ni を得るためには，p_{SO_2} 分圧が 0.1 atm のときには，酸素分圧をおよそ $\log p_{O_2} = -6.3$ としなければいけない．このとき，$2Ni(s) + O_2(g) = 2NiO(s)$ の平衡より，NiO の活量はおよそ 0.35 となり，スラグへロスされる Ni が相当な量となる．一方，図 6 に示すように，$Cu-Cu_2S$ 系は二液相分離型の状態図を示しており，ほぼ $a_{Cu} = 1$，$a_{Cu_2S} = 1$ である．したがって，Cu に関する本問の考察を満足する領域であれば Cu を製造することができる．しかも，空気程度の酸素濃度で酸化する場合，製錬限界の p_{SO_2} に対しては大きな余裕があるため，a_{Cu_2O} も小さくできスラグロスも少なくなる．

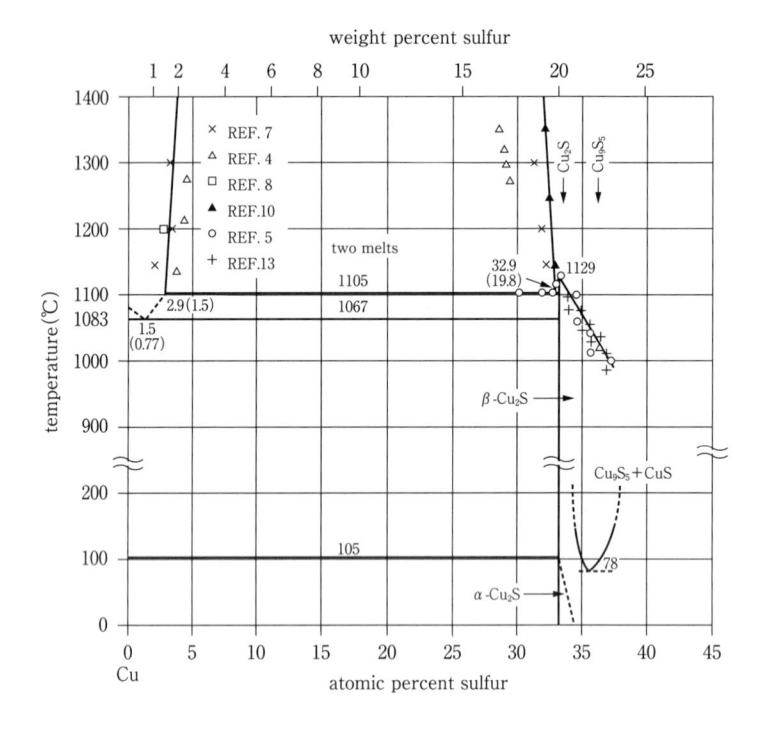

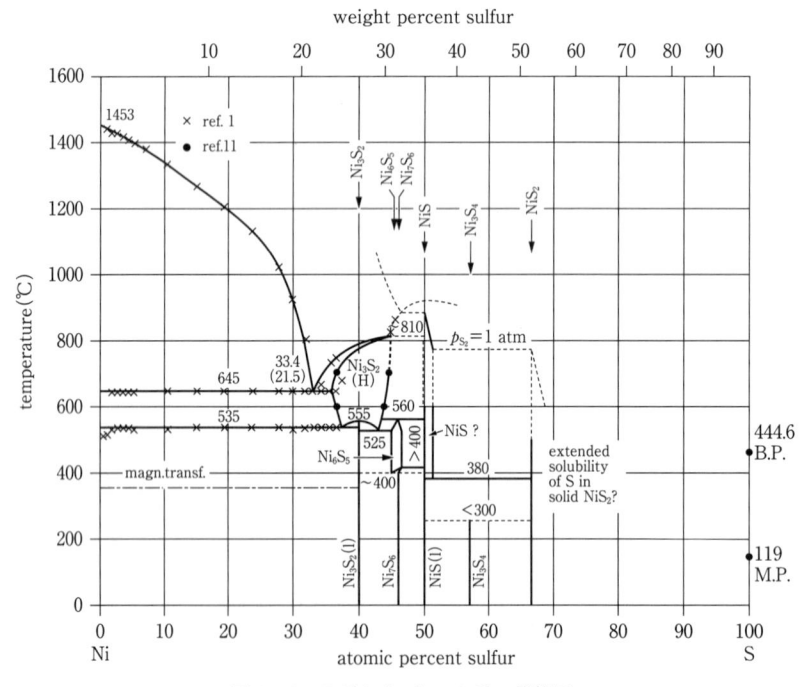

図6 Cu-S系およびNi-S系の状態図
(Constitution of Binary Alloys second edition より)

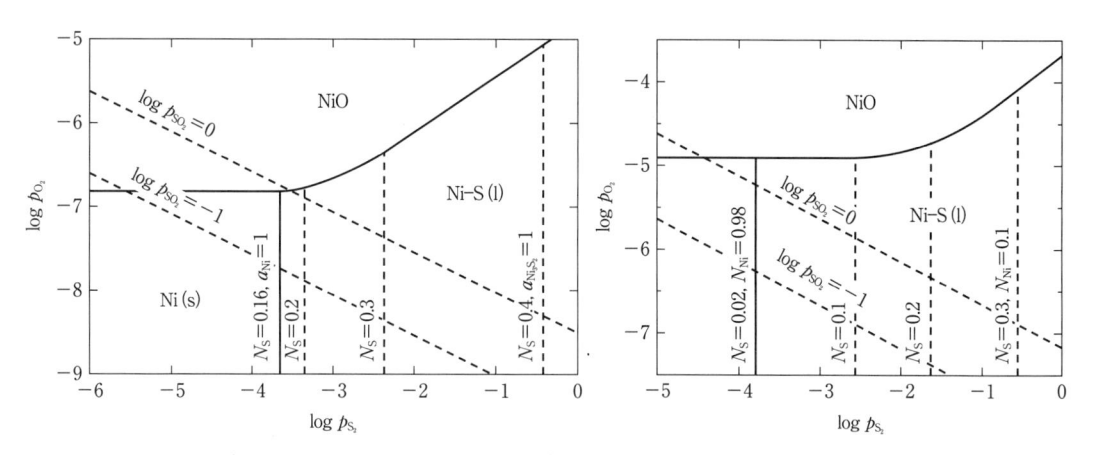

図7 p_{O_2}-p_{S_2} ポテンシャル図．（a）1250℃，（b）1450℃ （N_{Ni}, N_S は，Ni ならびに S のモル分率）

したがって，Ni マットの転炉製錬は精鈹で止められ Cu の転炉製錬では金属銅まで作られている．

また，過去にインコ社では，高温では金属 Ni が安定となることを利用し，TBRC（Top Blown Rotary Converter）を用いて直接金属を得る試験を行ったというニュースがあったが，上記の理由で相当な Ni のスラグロスが起こったものと推測される．

90 フェロアロイ製錬：還元しやすさの解析

フェロアロイ製造に関連し，次の問に答えよ．

（ⅰ） フェロシリコンは，温度上昇に制限のある溶鉱炉（例えば，1873 K（1600 ℃）が最高温度の炉）でも 20 %Si 以下の低 Si 含有のものは比較的容易に作れるが，それ以上の高濃度になると急激に困難が増し，電気炉を用いなければ不可能となる．理由を熱力学的に説明せよ．

計算に使用するデータ（ref. 2 より）．

$$Si(l) + O_2(g) = SiO_2(s):$$
$$\Delta G° = -946480 + 197.74T \quad (J) \tag{1}$$
$$2C(s) + O_2(g) = 2CO(g):$$
$$\Delta G° = -223920 - 175.56T \quad (J) \tag{2}$$

（ⅱ） フェロマンガン製造におけるスラグ中の CaO はスラグの融点調節のほか，スラグ構成成分の活量に関連して重要な意義をもっているように思われる．どのような効果をもつと考えれば CaO の効能を強調し得るだろうか．

（ⅲ） これらの製造過程で SiO_2 や MnO の還元に対し，CO ガスによる間接還元は実際上起こっているだろうか．

計算に使用するデータ（ref. 2 より）．

$$2CO(g) + O_2(g) = 2CO_2(g):$$
$$\Delta G° = -564840 + 173.30T \quad (J) \tag{3}$$

[解]

（ⅰ） フェロシリコンの製造反応は

$$SiO_2(s) + 2C(s) = Si(l) + 2CO(g) \tag{4}$$

で示され，還元された Si は共存する鉄と合金化し，フェロシリコンを作る．
｛（2）−（1）｝式より，（4）式のギブズエネルギー変化は以下で与えられる．

$$\Delta G° = 722560 - 373.30T \tag{5}$$

仮に溶鉱炉の最高温度を 1873 K とすると，（4）式の反応の平衡定数は以下のようになる．

$$K = \frac{a_{Si} \cdot p_{CO}^2}{a_{SiO_2} \cdot a_C^2} = 0.223$$

$a_{SiO_2} = 1$，$a_C = 1$，$p_{CO} = 1$ とすると，$a_{Si} = 0.223$

図 1 に示されるような，Fe-Si 系活量図より，$a_{Si} = 0.223$ に対応する Si の濃度は約 46 at% である．すなわち重量 % で約 30 wt%Si になり，30 wt% 以上の Si を含むフェロシリコン合金は作るのが難しいことが分かる．

［コメント］ フェロシリコン製造の反応は（1）式だけでは済まず，SiC の生成，$SiC-SiO_2$ の相互反応，SiO(g) の生成など，かなり重要な副次反応を考慮しなければならない．特に高温で高シリコンを狙うような場合は，SiO の分圧はかなり大きな値となる．事実，フェロシリコン製造電炉の排ガス中のダストは主として気相に揮発した SiO が，低温で SiO_2 となった微粉からなっている．電炉はいうまでもなく関与ガスを極少化できる溶錬炉であるが，溶鉱炉は

本質的に多量のコークスを空気燃焼させることにより熱を得るので，膨大なガスを伴う．したがって，もし2000℃以上にも上がる溶鉱炉ができて高シリコン吹きを狙ったとしても，多量のガスが多量のSiOを運び出し，Siを主体とする合金融体を得ることは難しい．

一時期話題になったアルミニウム溶鉱炉製錬も基本的に同じ問題で実現は難しい．アルミニウム炭化物の分解には2000℃以上が必要だから，原料のAl-Fe-Si-O系のうちSiは上へ揮ぶ．Alもsuboxideで同様な問題があり，carbide分解のためもあって，Alの活量を低下させざるを得ず，Al-Fe合金としての採取なら可能ということになる．したがって得られた合金からFeを除くため，高温で多量のPbを使うという難しい操業を強いられることになる．

このように，この問題では電気炉と溶鉱炉の特性を理解してもらうことが一つの狙いとなっている．

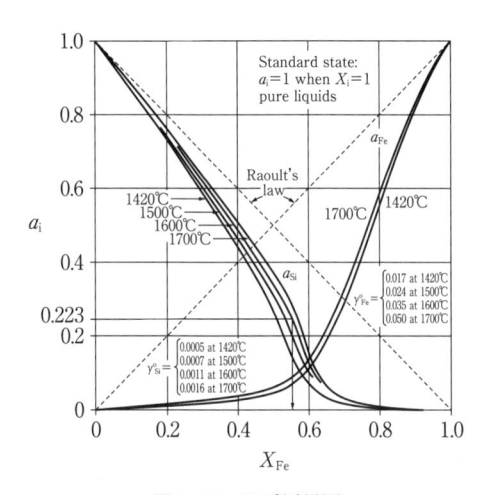

図1 Fe-Si系活量図
(Thermochemistry for Steelmaking, vol. 2 by J. F. Elliott, M. Gleisten and V. Ramakrishna より)

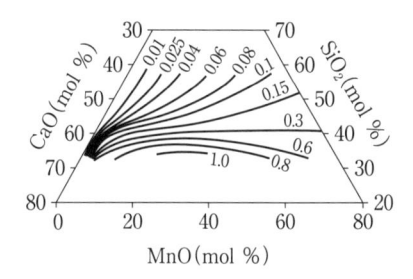

図2 MnOの等活量線図
("冶金物理化学と製錬基礎論"，金属工学講座2（朝倉書店）より)

(ⅱ) 図2に示すCaO-MnO-SiO_2系融体におけるMnOの等活量曲線に見られるように，CaOの存在によって，MnOの活量が増すのが分かる．すなわちCaOの添加によってMnOのスラグロスが少なくなる．

(ⅲ) (3)-(1)より
$$SiO_2(s) + 2CO(g) = Si(l) + 2CO_2(g):$$
$$\Delta G° = 381640 + 24.44T \text{ (J)} \tag{6}$$

また，
$$\Delta G° = -RT \ln \frac{a_{Si} \cdot p_{CO_2}^2}{a_{SiO_2} \cdot p_{CO}^2}$$

a_{SiO_2}とし，$a_{Si}=0.223$とし，$T=1873\,K, 2073\,K, 2273\,K$について$p_{CO_2}/p_{CO}$比を求める．

$p_{CO_2}/p_{CO} = 4.389 \times 10^{-5}$ at 1873 K

$p_{CO_2}/p_{CO} = 1.431 \times 10^{-4}$ at 2073 K

$p_{CO_2}/p_{CO} = 3.792 \times 10^{-4}$ at 2273 K

したがって，CO_2ガス分圧が低い状態でなければ，反応がほとんど進まない．

溶鉱炉では羽口からの空気により，コークスが燃焼し，どうしてもCO_2ガス分圧が高くなる傾向を示すので，SiO_2の間接還元は考えられない．

MnOの還元では，ref. 2より
$$2Mn(l) + O_2(g) = 2MnO(s):$$

$$\Delta G° = -807520 + 172.04T \text{ (J)} \tag{7}$$

（3）−（7）より

$$MnO(s) + CO(g) = Mn(l) + CO_2(g) :$$
$$\Delta G° = 121340 + 0.63T \text{ (J)}$$

また，

$$\Delta G° = -RT \ln \frac{a_{Mn} \cdot p_{CO_2}}{a_{MnO} \cdot p_{CO}}$$

$a_{MnO} = 1$ とし，$a_{Mn} = 0.6$ とし，$T = 1873$ K，2073 K，2273 K について p_{CO_2}/p_{CO} 比を求める．

$$p_{CO_2}/p_{CO} = 6.381 \times 10^{-4} \quad \text{at 1873 K}$$
$$p_{CO_2}/p_{CO} = 1.353 \times 10^{-3} \quad \text{at 2073 K}$$
$$p_{CO_2}/p_{CO} = 2.514 \times 10^{-3} \quad \text{at 2273 K}$$

Si の場合と同様に，CO_2 ガスがほとんど存在しない．

仮に，$a_{Mn} = 0.1$ としても

$$p_{CO_2}/p_{CO} = 3.829 \times 10^{-4} \quad \text{at 1873 K}$$
$$p_{CO_2}/p_{CO} = 8.118 \times 10^{-3} \quad \text{at 2073 K}$$
$$p_{CO_2}/p_{CO} = 1.508 \times 10^{-3} \quad \text{at 2273 K}$$

よって，CO による還元は考えられない．

91 硫酸 Ni の加圧水素還元：還元 pH の算出

硫酸ニッケル水溶液を加圧水素還元して金属ニッケル粉末を得ようとする．

$$Ni^{2+}+H_2=Ni+2H^+ \qquad \log K=-\frac{3340}{T}+3.07$$

温度 373 K（100 ℃），473 K（200 ℃），$p_{H_2}=10$ atm，100 atm，最終的な Ni の活量を $a_{Ni^{2+}}=10^{-2}$，10^{-3} としたとき，還元可能な最終 pH を求め，この反応におよぼす各種因子の影響を論ぜよ．

解

$$Ni^{2+}+H_2=Ni+2H^+ \qquad (1)$$

この反応の平衡定数を K とおくと，

$$K=\frac{a_{Ni}\cdot a_{H^+}^2}{a_{Ni^{2+}}\cdot p_{H_2}} \qquad (2)$$

温度 373 K，473 K では与えられた条件式より

$$\log K_{373}=-5.88 \qquad \log K_{473}=-3.99 \qquad (3)$$

いま，金属ニッケル粉末を得ようとしているので，(2)式で $a_{Ni}=1$ とおくと，

$$a_{H^+}^2=K\cdot a_{Ni^{2+}}\cdot p_{H_2} \qquad (4)$$

両辺の対数をとると

$$\log a_{H^+}=\frac{1}{2}(\log K+\log a_{Ni^{2+}}+\log p_{H_2}) \qquad (5)$$

ここで，pH$=-\log a_{H^+}$ なので，(5)式は次のようになる．

$$pH=-\frac{1}{2}(\log K+\log a_{Ni^{2+}}+\log p_{H_2}) \qquad (6)$$

各条件を(6)式に代入して pH を求める．結果を表1に示す．

表1

温度（K）	373	373	373	373	473	473	473	473
p_{H_2}	10	10	100	100	10	10	100	100
$a_{Ni^{2+}}$	10^{-2}	10^{-3}	10^{-2}	10^{-3}	10^{-2}	10^{-3}	10^{-2}	10^{-3}
pH	3.44	3.94	2.94	3.44	2.50	3.00	2.00	2.50

以上のことから還元反応を進めるためには，表1の pH 値より高い値に保たなければならない．また，還元反応が進行するに従って，H$^+$ の生成が起こり，その結果 pH が低下し，還元速度が低下する．したがって，還元可能な pH が低いほど有利である．

これらの観点から，表1の計算結果を見ると，温度は高い方が，また p_{H_2} も高い方が有利といえる．

[コメント] Sherritt Gordon 法においてはオートクレーブを使用し，その操作条件は，水素圧：3500 kPa 程度，温度：450～470 K といわれている．

[補足]
$$Ni^{2+}+H_2=Ni+2H^+ \quad (1)$$
この反応は二つの半電池が構成する電池反応と見なせる.

$$Ni^{2+}+2e^-=Ni$$

$$E_{Ni}=E_{Ni}^\circ+\frac{RT}{2F}\ln a_{Ni^{2+}}$$

$$=-0.257+9.92\times10^{-5}T\log a_{Ni^{2+}} \quad (V) \quad (2)$$

$$2H^++2e^-=H_2$$

$$E_{H_2}=E_{H_2}^\circ+\frac{RT}{2F}\ln\frac{a_{H^+}^2}{p_{H_2}}$$

$$=-1.984\times10^{-4}T\cdot pH-9.92\times10^{-5}T\log p_{H_2} \quad (V) \quad (3)$$

ただし,E_{Ni}, E_{H_2} はそれぞれの反応の電極電位を示す.

$E_{Ni}>E_{H_2}$ の場合には Ni の析出が起こり, $E_{Ni}<E_{H_2}$ の場合には Ni の溶出が起こる.

373 K のとき

(2)式　　$E_{Ni}=-0.257+0.037\log a_{Ni^{2+}}$

(3)式　　$E_{H_2}=-0.074pH-0.037\log p_{H_2}$

473 K のとき

(2)式　　$E_{Ni}=-0.257+0.047\log a_{Ni^{2+}}$

(3)式　　$E_{H_2}=-0.094pH-0.047\log p_{H_2}$

各温度について,E_{H_2} の pH による変化と E_{Ni} を図1に示す.

還元反応 $Ni^{2+}+H_2=Ni+2H^+$ が進行するのは $E_{Ni}>E_{H_2}$ の範囲であり,温度および水素分圧が高くなるほど,その範囲が低 pH 側にシフトする.

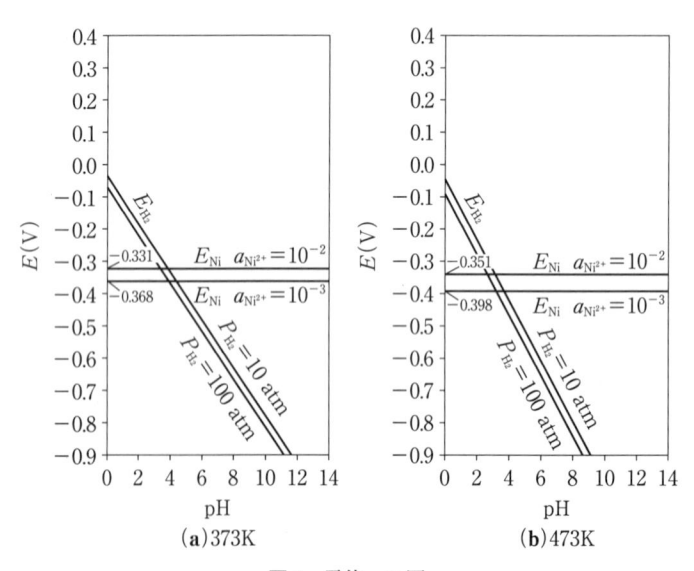

図1　電位-pH 図

硫化物の硫酸浸出：溶解度積から pH-溶解度図作成

CuS，CdS，ZnS，FeS よりなる複雑硫化鉱を H_2SO_4 溶液で選択的に硫酸塩化し，各々を分離回収しようとする．反応を，$MS+H_2SO_4=MSO_4+H_2S$ とし，平衡論的に進むと考えた場合，硫酸濃度をどのようにすればよいか．ただし，溶解度積 $S=a_{M^{2+}}\cdot a_{S^{2-}}$ として，

表1

MS	CuS	CdS	ZnS	FeS
S	10^{-36}	10^{-27}	10^{-24}	10^{-18}

とする．また，溶解した H_2S は約 $0.1\ mol/l$ でヘンリー則に従うとみなすことができ，また，$H_2S(aq)=2H^++S^{2-}$ の反応における平衡定数 K は，$K=10^{-20}$ である．

解

$$H_2S=2H^++S^{2-} \tag{1}$$
$$K=10^{-20} \tag{2}$$

より，S^{2-} の濃度を求める．

$$K=\frac{a_{H^+}^2\cdot a_{S^{2-}}}{a_{H_2S}}=\frac{a_{H^+}^2\cdot a_{S^{2-}}}{0.1}=10^{-20} \tag{3}$$

$$\therefore\ a_{S^{2-}}=\frac{10^{-21}}{a_{H^+}^2} \tag{4}$$

$S=a_{M^{2+}}\cdot a_{S^{2-}}$ に(4)式を代入して，

$$a_{M^{2+}}=\frac{S\cdot a_{H^+}^2}{10^{-21}} \tag{5}$$

両辺の対数をとって（ここで，$pH=-\log a_{H^+}$），

$$\log a_{M^{2+}}=\log S+21-2pH \tag{6}$$

ゆえに，(6)式に各条件を代入すると，次のようになる．

CuS：$\log a_{Cu^{2+}}=-15-2pH$
CdS：$\log a_{Cd^{2+}}=-6-2pH$
ZnS：$\log a_{Zn^{2+}}=-3-2pH$
FeS：$\log a_{Fe^{2+}}=3-2pH$

図1から，酸性溶液により H_2S を発生させて浸出が可能な硫化鉱物は ZnS より右にあるものであり，CuS は H_2S を発生させて酸性溶液に溶解することは不可能である[注]．他の元素の浸出挙動も合わせて示したのが図2である．したがって，目的の硫化物が分離回収可能なように硫酸の濃度を調節すれば

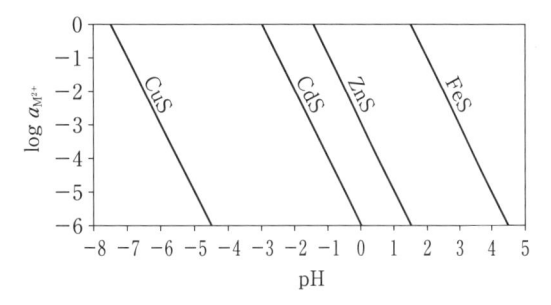

図1 活量と pH の関係

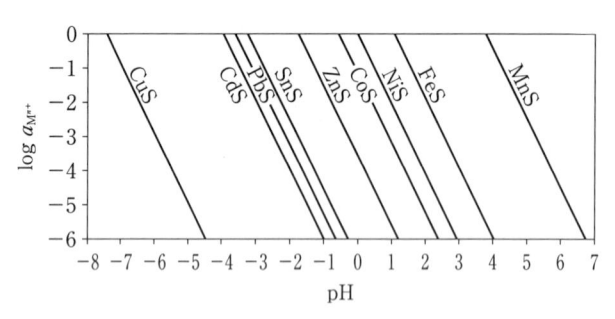

図2 活量とpHの関係

よい．

(**注**) ref. 2, 159 参照．

[**コメント**] 黒鉱（$CuFeS_2$, ZnS, PbS, FeS_2 の複雑硫化鉱）処理にこの反応を応用しようとしたことがある．
硫酸による浸出により
　　残渣：$CuFeS_2$, FeS_2, $PbSO_4$
　　液　：Cd^{2+}, Zn^{2+}

残渣中の $PbSO_4$ は浮遊選鉱あるいは浸出により分離できる．液中の $a_{Zn^{2+}}$ は 0.1 以上にはしたいが，そのためには pH はマイナスにしなければならない．実際には，20％H_2SO_4 の電解液を用いて浸出することになるので困難である．そこで，Zn は $ZnSO_4 \cdot 7H_2O$ として回収するが，このときアルコールを加えると $ZnSO_4$ の溶解度が急激に下がる．また，アルコールを蒸発させるのは水に比べてはるかに楽になるという利点もある．

93

Cu-Ni 電解：電極電位から析出限界の算出

Cu|Cu^{2+} と Ni|Ni^{2+} の各々の標準電極電位は，0.337 V と -0.250 V であるとする．銅およびニッケルのイオンの活量が両方とも 0.1 である溶液を白金電極を用いて，定電流で徐々に電解したとき，ニッケルイオンが電着し始めるときの銅イオンのおよその濃度はいくらか．

解

$$E_{Cu} = E°_{Cu} + \frac{RT}{2F} \ln a_{Cu^{2+}}$$

$$= 0.337 + \frac{8.314 \times 298}{2 \times 96485} \ln a_{Cu^{2+}}$$

$$= 0.337 + 0.0128 \ln a_{Cu^{2+}} \tag{1}$$

$$E_{Ni} = E°_{Ni} + \frac{RT}{2F} \ln a_{Ni^{2+}}$$

$$= -0.250 + \frac{8.314 \times 298}{2 \times 96485} \ln a_{Ni^{2+}}$$

$$= -0.250 + 0.0128 \ln a_{Ni^{2+}} \tag{2}$$

$a_{Cu^{2+}} = a_{Ni^{2+}} = 0.1$ のとき，

$$E_{Cu} = 0.3075 \text{ (V)} \tag{3}$$

$$E_{Ni} = -0.2795 \text{ (V)} \tag{4}$$

Cu は Ni より貴であるので，Ni より先に析出する．そして，次第に液中の銅イオンが減少し，$E_{Cu} = E_{Ni} = -0.2795$ V になったところで，ニッケルイオンが析出し始める．このときの銅イオンの活量 $a_{Cu^{2+}}$ は(1)式より，

$$-0.2795 = 0.337 + 0.0128 \ln a_{Cu^{2+}}$$

$$\therefore \ a_{Cu^{2+}} = 1.209 \times 10^{-21}$$

$$\approx 1.21 \times 10^{-21}$$

[**コメント**]　電位-pH 図で考えることもできる．図 1 で，Cu^{2+}↔Cu のライン A は，$a_{Cu^{2+}}$ が低下すると下へ移動し，Ni^{2+}↔Ni のラインに重なったところで Ni の析出が始まる．

実際には次の 2 点で異なる．

①Cu-Ni は全率固溶体を作るので，析出するのは始めから Cu-Ni 合金である．

②速度論的見方を加味すると，電極近傍のイオン濃度分布が問題となり，電極のごく近くでは Cu^{2+} 濃度は急激に下がっているため Ni はもっと析出しやすくなる．

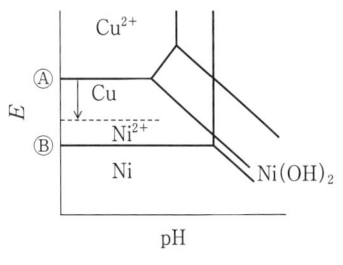

図 1　M-H$_2$O 系電位-pH 図（298 K）
（ref. 2, 162 より）

94

Zn の電解採取：電極電位，水素過電圧から電析挙動説明

各々 0.5 mol/l の硫酸カドミウムおよび硫酸亜鉛と 0.1 mol/l の H_2SO_4 を含む溶液から電解採取によってカドミウムと亜鉛を抽出したい．ここで，水素が気泡として観察できる電流密度でのカドミウム上での水素発生過電圧は 0.48 V であり，亜鉛上での水素発生過電圧は 0.70 V である．カドミウム電極の標準電極電位 $E°$ は -0.403 V，亜鉛の $E°$ は -0.763 V である．この電解の過程を論ぜよ．もし，必要ならば $\gamma_{Zn^{2+}}=0.1$，$\gamma_{Cd^{2+}}=0.1$，$\gamma_{H^+}=0.15$ を用いよ．また，Zn ならびに Cd 析出の分極はわずかであり無視できるとせよ．

解

この電解採取の反応は

$$ZnSO_4 + H_2O = Zn + H_2SO_4 + \frac{1}{2}O_2 \tag{1}$$

$$CdSO_4 + H_2O = Cd + H_2SO_4 + \frac{1}{2}O_2 \tag{2}$$

カソード反応は

$$Cd^{2+} + 2e^- = Cd \tag{3}$$

$$Zn^{2+} + 2e^- = Zn \tag{4}$$

$$2H^+ + 2e^- = H_2 \tag{5}$$

298 K（25 ℃）における平衡電極電位は，

$$E_{Zn} = E°_{Zn} + \frac{RT}{2F} \ln a_{Zn^{2+}}$$

$$= -0.763 + \frac{8.314 \times 298}{2 \times 96485} \ln a_{Zn^{2+}}$$

$$= -0.763 + 0.0128 \ln a_{Zn^{2+}} \tag{6}$$

$$E_{Cd} = E°_{Cd} + \frac{RT}{2F} \ln a_{Cd^{2+}}$$

$$= -0.403 + 0.0128 \ln a_{Cd^{2+}} \tag{7}$$

$$E_H = \frac{RT}{F} \ln a_{H^+}$$

$$= 0.0256 \ln a_{H^+} \tag{8}$$

一方，

$$a_{Zn^{2+}} = \gamma_{Zn^{2+}} \times [Zn^{2+}] = 0.1 \times 0.5 = 0.05 \tag{9}$$

$$a_{Cd^{2+}} = \gamma_{Cd^{2+}} \times [H^+] = 0.1 \times 0.5 = 0.05 \tag{10}$$

$$a_{H^+} = \gamma_{H^+} \times [Cd^{2+}] = 0.15 \times 0.2 = 0.03 \tag{11}$$

（0.1 mol の H_2SO_4 であるので，プロトン濃度を 0.2 と推定）

（9）～（11）式を（6）～（8）式へ代入して，

$$E_{Zn} = -0.801 \text{ (V)}, \quad E_{Cd} = -0.441 \text{ (V)}, \quad E_H = -0.0898$$

これより，仮に，初期の電極も大きな水素発生過電圧を有しているとすると，電極電位 (E) を $E < E_H$ に

しても水素発生はなく，$E<E_{Cd}$で始めにCdが析出する．さらにゆっくりと電解をつづけ，電位を卑にし，$a_{Cd^{2+}}$を低下させ，$E_H-0.48$，すなわち-0.570（V）になったところでH_2が発生すると考えられる．

濃度分極が起こらずに電解が進んだとする．H_2の発生するときのCd^{2+}濃度をCとすると，Cは十分小さいので$\gamma_{Cd^{2+}}=1$[注1]とし，$C=a_{Cd^{2+}}$となる．このときのH^+濃度は，Cd^{2+}の析出に伴いH_2SO_4が増加しているので，初期濃度より大きくなっており，次のように表される．

$$[H^+]=0.2+2\times(0.5-C)=1.2-2C \tag{12}$$

このとき，$E_{Cd}=E_H-0.48$であるから，$\gamma_{H^+}=0.15$を用いて，

$$-0.403+0.0128\ln C=0.0256\ln\{0.15\times(1.2-2C)\}-0.48 \tag{13}$$

$$0.0256\ln(1.2-2C)-0.0128\ln C=0.12557$$

$$\therefore \quad \ln\frac{(1.2-2C)^2}{C}=9.80986$$

$$\therefore \quad \frac{(1.2-2C)^2}{C}=1.8212\times10^4$$

$$\therefore \quad 4C^2-18216.8C+1.44=0 \tag{14}$$

(14)式を解くと，$C\leq1$なので

$$C=\frac{18216.8-\sqrt{18216.8^2-4\times4\times1.44}}{8}$$

$$=7.905\times10^{-5} \tag{15}$$

このとき，

$$E_{Cd}=-0.403+0.0128\ln(7.905\times10^{-5})=-0.524 \text{（V）} \tag{16}$$

であり，この電位はCd上で水素が発生する電位となる．

また，(12)式に(15)式のCの値を代入して，

$$[H^+]=1.2 \tag{17}$$

よって，(11)式に代入して，Zn上で水素が発生する電位は，

$$E_{H(on\ Zn)}=0.0256\ln(0.15\times1.2)-0.70=-0.744 \text{（V）} \tag{18}$$

となる．$E_{Zn}=-0.801$なので，H_2が発生しZnは析出しないように見えるが，実際は高電流密度にすると，水素発生過電圧がさらに大きくなりZnを析出させることができる．このように，Znの電解では，例えばCdなら8×10^{-5} mol/l 以下にしないとZnを析出させることはできず，電解前に徹底した浄液が必要になる[注2]．

(注1) 濃度が10^{-3} mol/l以下なら$\gamma=1$としても大きな違いはない．
(注2) ref. 2, 235～236 参照.

95

Cu アンミン錯体：pH による Cu アンミン錯体濃度の算出

銅イオンとアンモニアを含む水溶液では次の平衡反応が成立する．
$$Cu(NH_3)_{n-1}^{2+} + NH_3 = Cu(NH_3)_n^{2+} \quad (n=1, 2, 3, 4)$$
各々の反応の平衡定数は次の如くである．
$$K_1 = 10^{4.31},\ K_2 = 10^{3.67},\ K_3 = 10^{3.04},\ K_4 = 10^{2.30}$$
$$H^+ + NH_3 = NH_4^+,\ K_5 = 10^{9.62}$$
全銅イオンの濃度は 0.01 M である．次の条件における各錯イオンの濃度を求めよ．ただし，活量係数は 1 とする（$\gamma = 1$）．

（ⅰ） 全アンモニアの濃度が 0.01 M のとき，pH と錯イオン濃度の関係を示せ．
（ⅱ） pH の値が 10.26 のときの錯イオン濃度と全アンモニア濃度の関係を示せ．

解

$$Cu^{2+} + NH_3 = Cu(NH_3)^{2+} \qquad K_1 = 10^{4.31} \qquad (1)$$
$$Cu(NH_3)^{2+} + NH_3 = Cu(NH_3)_2^{2+} \qquad K_2 = 10^{3.67} \qquad (2)$$
$$Cu(NH_3)_2^{2+} + NH_3 = Cu(NH_3)_3^{2+} \qquad K_3 = 10^{3.04} \qquad (3)$$
$$Cu(NH_3)_3^{2+} + NH_3 = Cu(NH_3)_4^{2+} \qquad K_4 = 10^{2.30} \qquad (4)$$
$$H^+ + NH_3 = NH_4^+ \qquad K_5 = 10^{9.62} \qquad (5)$$

それぞれのイオンの濃度（＝活量）を次のように表す．
$$NH_3 : N_0,\ NH_4^+ : N_1,\ H^+ : H,\ Cu^{2+} : C_0,\ Cu(NH_4)_n^{2+} : C_n\ (n=1, 2, 3, 4)$$

（1）～（5）式より C_n，N_1 は次のように表される．
$$C_1 = K_1 C_0 N_0 \qquad (6)$$
$$C_2 = K_2 C_1 N_0 = K_1 K_2 C_0 N_0^2 \qquad (7)$$
$$C_3 = K_3 C_2 N_0 = K_1 K_2 K_3 C_0 N_0^3 \qquad (8)$$
$$C_4 = K_4 C_3 N_0 = K_1 K_2 K_3 K_4 C_0 N_0^4 \qquad (9)$$
$$N_1 = K_5 H N_0 \qquad (10)$$
$$\Sigma[Cu^{2+}] = 0.01 \text{ より} \qquad C_0 + C_1 + C_2 + C_3 + C_4 = 0.01 \qquad (11)$$
$$\Sigma[NH_3] = A \text{ とおくと} \qquad N_0 + N_1 + C_1 + 2C_2 + 3C_3 + 4C_4 = A \qquad (12)$$

(10)式を(12)式に代入して
$$(1 + K_5 H) N_0 + C_1 + 2C_2 + 3C_3 + 4C_4 = A \qquad (13)$$

（6）～（9）式を(13)式に代入して
$$(1 + K_5 H) N_0 + K_1 C_0 N_0 + 2 K_1 K_2 C_0 N_0^2 + 3 K_1 K_2 K_3 C_0 N_0^3 + 4 K_1 K_2 K_3 K_4 C_0 N_0^4 = A \qquad (14)$$

（6）～（9）式を(11)式に代入して
$$C_0 + K_1 C_0 N_0 + K_1 K_2 C_0 N_0^2 + K_1 K_2 K_3 C_0 N_0^3 + K_1 K_2 K_3 K_4 C_0 N_0^4 = 0.01 \qquad (15)$$

$$\therefore\ C_0 = \frac{0.01}{1 + K_1 N_0 + K_1 K_2 N_0^2 + K_1 K_2 K_3 N_0^3 + K_1 K_2 K_3 K_4 N_0^4} \qquad (16)$$

(14)式より

$$C_0 = \frac{A - (1 + K_5H)N_0}{K_1N_0 + 2K_1K_2N_0^2 + 3K_1K_2K_3N_0^3 + 4K_1K_2K_3K_4N_0^4} \tag{17}$$

(16), (17)式より C_0 を消去して，N_0 について整理すると，

$$-K_1K_2K_3K_4(1+K_5H)N_0^5$$
$$+\{AK_1K_2K_3K_4 - 0.04K_1K_2K_3K_4 - K_1K_2K_3(1+K_5H)\}N_0^4$$
$$+\{AK_1K_2K_3 - 0.03K_1K_2K_3 - K_1K_2(1+K_5H)\}N_0^3$$
$$+\{AK_1K_2 - 0.02K_1K_2 - K_1(1+K_5H)\}N_0^2$$
$$+\{AK_1 - 0.01K_1 - (1+K_5H)\}N_0 + A = 0 \tag{18}$$

（ⅰ） $A = 0.01$ なので $pH = -\log[H^+]$ を 0 から 14 まで変化させて(18)式を解く．

なお N_0 は 1 より小さい正の実数であるので，(18)式に示す 5 次方程式を計算機を利用して解いた場合，題意に適した N_0 の値は各 pH に 1 個ずつであった．その結果を表 1 に，錯イオン濃度と pH の関係を図 1 に示す．

表 1 （ⅰ）の結果

pH	C_0	C_1	C_2	C_3	C_4	N_0	N_1
0	1.000×10^{-2}	4.898×10^{-10}	5.495×10^{-18}	1.445×10^{-26}	6.918×10^{-36}	2.399×10^{-12}	1.000×10^{-2}
1	1.000×10^{-2}	4.898×10^{-9}	5.495×10^{-16}	1.445×10^{-23}	6.918×10^{-32}	2.399×10^{-11}	1.000×10^{-2}
2	1.000×10^{-2}	4.898×10^{-8}	5.595×10^{-14}	1.445×10^{-20}	6.918×10^{-28}	2.399×10^{-10}	1.000×10^{-2}
3	1.000×10^{-2}	4.897×10^{-7}	5.495×10^{-12}	1.445×10^{-17}	6.917×10^{-24}	2.399×10^{-9}	1.000×10^{-2}
4	1.000×10^{-2}	4.893×10^{-6}	5.487×10^{-10}	1.443×10^{-14}	6.901×10^{-20}	3.398×10^{-8}	9.995×10^{-3}
5	1.000×10^{-2}	4.850×10^{-5}	5.415×10^{-8}	1.418×10^{-11}	6.751×10^{-16}	2.387×10^{-7}	9.951×10^{-3}
6	9.550×10^{-3}	4.463×10^{-4}	4.778×10^{-6}	1.199×10^{-8}	5.476×10^{-12}	2.289×10^{-6}	9.542×10^{-3}
7	7.280×10^{-3}	2.516×10^{-3}	1.993×10^{-4}	3.698×10^{-6}	1.249×10^{-8}	1.693×10^{-5}	7.057×10^{-3}
8	3.940×10^{-3}	4.695×10^{-3}	1.282×10^{-3}	8.203×10^{-5}	9.552×10^{-7}	5.837×10^{-5}	2.433×10^{-3}
9	2.833×10^{-3}	4.972×10^{-3}	2.001×10^{-3}	1.887×10^{-4}	3.238×10^{-6}	8.601×10^{-5}	3.585×10^{-4}
10	2.683×10^{-3}	4.982×10^{-3}	2.120×10^{-3}	2.114×10^{-4}	3.837×10^{-6}	9.096×10^{-5}	3.792×10^{-5}
11	2.667×10^{-3}	4.983×10^{-3}	2.132×10^{-3}	2.139×10^{-4}	3.905×10^{-6}	9.150×10^{-5}	3.814×10^{-6}
12	2.666×10^{-3}	4.983×10^{-3}	2.134×10^{-3}	2.142×10^{-4}	3.912×10^{-6}	9.155×10^{-5}	3.816×10^{-7}
13	2.666×10^{-3}	4.983×10^{-3}	2.134×10^{-3}	2.142×10^{-4}	3.913×10^{-6}	9.156×10^{-5}	3.817×10^{-8}
14	2.666×10^{-3}	4.983×10^{-3}	2.134×10^{-3}	2.142×10^{-4}	3.913×10^{-6}	9.156×10^{-5}	3.817×10^{-9}

（ⅱ） $pH = 10.26$ なので $A = (\Sigma NH_3)$ を 10^{-1} から 10^{-8} まで変化させ，計算機を利用して(18)式を解く．N_0 は 1 より小さい正の実数であるので，(18)式を解いた場合，題意に適した N_0 の値は各 A に対して 1 個ずつ存在した．その結果を表 2 に，図 2 に錯イオンと全アンモニア濃度の関係を示す．

（**注**） ref. 5, 206 を参照．

[**別解**]

従来，計算機が発達していなかったときは(6)～(9)式を(11)式に代入して，

$$C_0(1 + K_1N_0 + K_1K_2N_0^2 + K_1K_2K_3N_0^3 + K_1K_2K_3K_4N_0^4) = 0.01$$

$$\therefore C_0 = \frac{0.01}{1 + K_1N_0 + K_1K_2N_0^2 + K_1K_2K_3N_0^3 + K_1K_2K_3K_4N_0^4} \tag{13}'$$

(6)～(10)式を(12)式へ代入する．

$$N_0 + K_5HN_0 + K_1C_0N_0(1 + 2K_2N_0 + 3K_2K_3N_0^2 + 4K_2K_3K_4C_0N_0^3) = A$$

95 Cuアンミン錯体：pH による Cu アンミン錯体濃度の算出

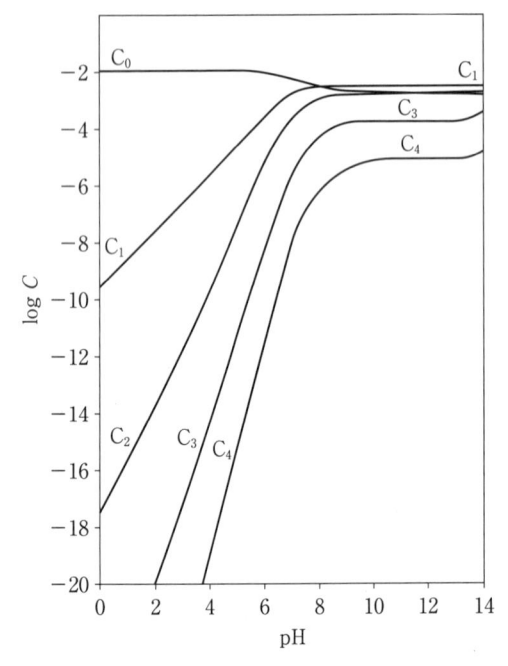

図1 錯イオン濃度と pH の関係

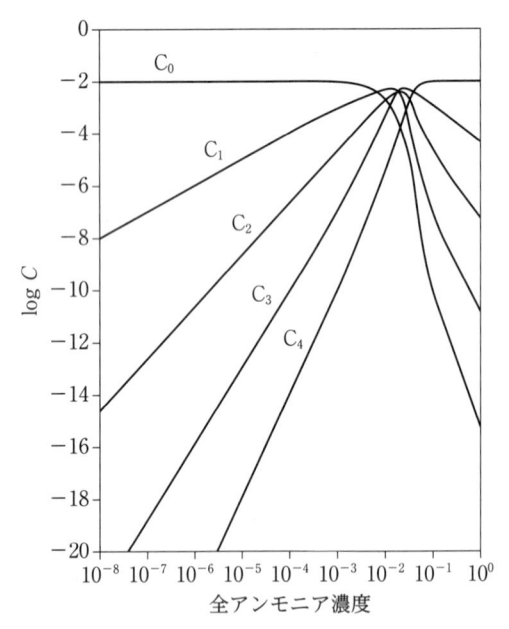

図2 錯イオン濃度の全アンモニア濃度の関係

表2 (ⅱ)の結果

ΣNH_3	C_0	C_1	C_2	C_3	C_4	N_0	N_1
5.0×10^{-1}	2.404×10^{-14}	1.838×10^{-10}	3.218×10^{-7}	1.321×10^{-4}	9.868×10^{-3}	3.744×10^{-1}	8.576×10^{-2}
2.5×10^{-1}	5.426×10^{-13}	1.895×10^{-9}	1.517×10^{-6}	2.846×10^{-4}	9.714×10^{-3}	1.711×10^{-1}	3.920×10^{-2}
1.0×10^{-1}	7.176×10^{-11}	7.266×10^{-8}	1.685×10^{-5}	9.163×10^{-4}	9.067×10^{-3}	4.959×10^{-2}	1.136×10^{-2}
7.5×10^{-2}	5.228×10^{-10}	3.172×10^{-7}	4.409×10^{-5}	1.437×10^{-3}	8.519×10^{-3}	2.972×10^{-2}	6.808×10^{-3}
5.0×10^{-2}	2.163×10^{-8}	4.874×10^{-6}	2.515×10^{-4}	3.043×10^{-3}	6.700×10^{-3}	1.103×10^{-2}	2.528×10^{-3}
2.5×10^{-2}	6.466×10^{-5}	1.099×10^{-3}	4.280×10^{-3}	3.907×10^{-3}	6.490×10^{-4}	8.325×10^{-4}	1.907×10^{-4}
1.0×10^{-2}	2.675×10^{-3}	4.982×10^{-3}	2.126×10^{-3}	2.127×10^{-4}	3.871×10^{-6}	9.123×10^{-5}	2.090×10^{-5}
1.0×10^{-3}	9.029×10^{-3}	9.477×10^{-4}	2.279×10^{-5}	1.284×10^{-7}	1.317×10^{-10}	5.141×10^{-6}	1.178×10^{-6}
1.0×10^{-4}	9.901×10^{-3}	9.894×10^{-5}	2.265×10^{-7}	1.216×10^{-10}	1.187×10^{-14}	4.895×10^{-7}	1.121×10^{-7}
1.0×10^{-5}	9.990×10^{-3}	9.936×10^{-6}	2.264×10^{-9}	1.209×10^{-13}	1.175×10^{-18}	4.871×10^{-8}	1.116×10^{-8}
1.0×10^{-6}	9.999×10^{-3}	9.940×10^{-7}	2.264×10^{-11}	1.208×10^{-16}	1.174×10^{-22}	4.869×10^{-9}	1.115×10^{-9}
1.0×10^{-7}	1.000×10^{-2}	9.940×10^{-8}	2.264×10^{-13}	1.208×10^{-19}	1.174×10^{-26}	4.869×10^{-10}	1.115×10^{-10}
1.0×10^{-8}	1.000×10^{-2}	9.940×10^{-9}	2.264×10^{-15}	1.208×10^{-22}	1.174×10^{-30}	4.868×10^{-11}	1.115×10^{-11}

$$1+K_5H+K_1C_0(1+2K_2N_0+3K_2K_3N_0^2+4K_2K_3K_4C_0N_0^3)=\frac{A}{N_0}$$

ここで，$K_1(1+2K_2N_0+3K_2K_3N_0^2+4K_2K_3K_4C_0N_0^3)=\alpha$ とおくと，

$$1+K_5H+\alpha C_0=\frac{A}{N_0} \tag{14}'$$

$$H=\left(\frac{A}{N_0}-1-\alpha C_0\right)/K_5 \tag{15}'$$

（ⅰ）$\Sigma[NH_3]=A=0.01$ だから(15)′式で A＝0.01 とし，N_0 を与えることにより(13)′式より C_0 が求まり，この N_0，C_0 より(15)′式により $H=10^{-pH}$ が得られる．

(ii) (14)′式より，$A = K_5 N_0 H + N_0 + \alpha C_0 N_0$．$N_0$ の値を与えることにより，(13)′式によって C_0 が求まり，この N_0, C_0 および，pH=10.26 ($H = 10^{-10.26}$) より (16)′式により A が得られる． (16)′

表3 別解(i)の結果

N_0	α	C_0	C_1	C_2	C_3	C_4	N_1	pH
9.15×10^{-5}	4.059×10^4	2.667×10^{-3}	4.983×10^{-3}	2.133×10^{-3}	2.140×10^{-4}	3.906×10^{-6}	3.400×10^{-6}	10.7
9.11×10^{-5}	4.046×10^4	2.682×10^{-3}	4398×10^{-3}	2.121×10^{-3}	2.116×10^{-4}	3.842×10^{-6}	3.460×10^{-5}	9.7
9.00×10^{-5}	4.021×10^4	2.711×10^{-3}	4.982×10^{-3}	2.097×10^{-3}	2.069×10^{-4}	3.716×10^{-6}	9.868×10^{-5}	9.2
8.00×10^{-5}	8.775×10^4	3.031×10^{-3}	4.951×10^{-3}	1.853×10^{-3}	1.625×10^{-4}	2.594×10^{-6}	7.640×10^{-4}	8.3
7.00×10^{-5}	3.536×10^4	3.409×10^{-3}	4.872×10^{-3}	1.595×10^{-3}	1.224×10^{-4}	1.710×10^{-6}	1.497×10^{-3}	7.9
6.00×10^{-5}	3.303×10^4	3.859×10^{-3}	4.727×10^{-3}	1.327×10^{-3}	8.727×10^{-5}	1.045×10^{-6}	2.281×10^{-3}	7.7
5.00×10^{-5}	3.076×10^4	4.400×10^{-3}	4.492×10^{-3}	1.051×10^{-3}	5.759×10^{-5}	5.745×10^{-7}	3.155×10^{-3}	7.5
1.00×10^{-5}	2.236×10^4	8.239×10^{-3}	1.682×10^{-3}	7.688×10^{-5}	8.627×10^{-7}	1.721×10^{-9}	8.128×10^{-3}	6.4
5.00×10^{-6}	2.138×10^4	9.054×10^{-3}	9.243×10^4	2.162×10^{-5}	1.185×10^{-7}	1.182×10^{-10}	9.099×10^{-3}	6.0
1.00×10^{-6}	2.061×10^4	9.799×10^{-3}	2.001×10^4	9.358×10^{-7}	1.026×10^{-9}	2.047×10^{-13}	9.772×10^{-3}	5.3

表4 別解(ii)の結果

N_0	α	C_0	C_1	C_2	C_3	C_4	N_1	A
10^{-1}	8.673×10^{10}	4.556×10^{-12}	9.302×10^{-9}	4.351×10^{-6}	4.771×10^{-4}	9.518×10^{-3}	10^{-2}	1.495×10^{-1}
10^{-2}	1.169×10^8	3.092×10^{-8}	6.313×10^{-6}	2.953×10^{-4}	3.238×10^{-3}	6.460×10^{-3}	10^{-3}	4.715×10^{-2}
10^{-3}	6.091×10^5	4.123×10^{-5}	8.419×10^{-4}	3.938×10^{-3}	4.318×10^{-3}	8.615×10^{-4}	10^{-4}	2.622×10^{-2}
10^{-4}	4.274×10^4	2.437×10^{-3}	4.976×10^{-3}	2.327×10^{-3}	2.552×10^{-4}	5.091×10^{-6}	10^{-5}	1.053×10^{-2}
10^{-5}	2.236×10^4	8.239×10^{-3}	1.682×10^{-3}	7.868×10^{-5}	8.627×10^{-7}	1.721×10^{-9}	10^{-6}	1.853×10^{-3}
10^{-6}	2.061×10^4	9.799×10^{-3}	2.001×10^{-4}	9.358×10^{-7}	1.026×10^{-9}	2.047×10^{-13}	10^{-7}	12.03×10^{-4}

これら別解の結果も，図1，図2とほぼ同一である．

96 硫化鉄の硫酸浸出：E-pH 図作成

FeS，FeS_2 の硫酸水溶液による浸出に関し，298 K（25℃）における電位-pH 図を次の手順により作成せよ．

（ⅰ） Fe-H_2O 系の電位-pH 図をイオン活量 1 および 10^{-6} の条件で作れ．

（ⅱ） 同様に S-H_2O 系についての図を作れ．$a_{H_2S(aq)}$ は 0.1 とする．

（ⅲ） 相互干渉がないものとして（ⅰ），（ⅱ）の二つの図と，さらに FeS，FeS_2 の電位-pH の関係を重ね合わせ，FeS，FeS_2 につき，それぞれ 1 枚の図にまとめよ．

（ⅳ） 得られた図から FeS と FeS_2 との溶解の難易を論ぜよ．

なお解析を容易にするため，$Fe(OH)_3$ の存在を仮定してよい．また熱力学データは ref.2 を参照せよ．

【解】

$$xA + mH^+ + ne^- = yB + zH_2O \tag{1}$$

において，一般的に $T=298$ K では

$$E = \frac{0.0591}{n}(x \log a_A - y \log a_B - m\text{pH} + \log K) \tag{2}$$

なる関係がある．

（ⅰ） Fe-H_2O 系

（1） $Fe^{2+} + 2e^- = Fe$ ∴ $\Delta G° = 78.87$（kJ）

  $\log K = -13.82$

$a_{Fe^{2+}} = 1$ のとき，(2)式より

$$E = \frac{0.0591}{2} \times (-13.82) = -0.408 \text{ (V)}$$

$a_{Fe^{2+}} = 10^{-6}$ のとき，(2)式より

$$E' = \frac{0.0591}{2}((-6)+(-13.82)) = -0.586 \text{ (V)}$$

以下，E ならびに pH はイオン活量が 1，E' ならびに pH′ はイオン活量が 10^{-6} の場合とする．

（2） $Fe^{3+} + e^- = Fe^{2+}$ ∴ $\Delta G° = -74.27$（kJ）

  $\log K = 13.02$

  $E = 0.0591 \times 13.02 = 0.769$（V）

  $E' = \frac{0.0591}{1} \times 13.02 = 0.769$（V）

（3） $Fe^{2+} + 2H_2O = Fe(OH)_2 + 2H^+$ ∴ $\Delta G° = 66.036$（kJ）

  $\Delta G° = \Delta G°_{Fe(OH)_2} + 2\Delta G°_{H^+} - \Delta G°_{Fe^{2+}} - 2\Delta G°_{H_2O}$

    $= -486.6 - \{(-78.87) + 2 \times (-237.18)\} = 66.63$（kJ）

  $\log K = -2\text{pH} - \log a_{Fe^{2+}} = -11.573$

  pH $= 5.787$, pH′ $= 8.787$

(4) $Fe^{3+} + 3H_2O = Fe(OH)_3 + 3H^+$ ∴ $\Delta G° = 19.534$ (kJ)

　　　$\log K = -3pH - \log a_{Fe^{3+}} = -3.423$

　　　$pH = 1.141,\ pH' = 3.141$

(5) $Fe(OH)_3 + 3H^+ + e^- = Fe^{2+} + 3H_2O$

　　　∴ $\Delta G° = -93.804$ (kJ)

　　　$\log K = 16.44$

　　　$E = 0.0591(-\log a_{Fe^{2+}} - 3pH + \log K)$

　　　　$= 0.972 - 0.177 pH$ (V)

　　　$E' = 1.327 - 0.177 pH'$ (V)

(6) $Fe(OH)_2 + 2H^+ + 2e^- = Fe + 2H_2O$

　　　∴ $\Delta G° = 12.244$ (kJ)

　　　$\log K = -2.146$

　　　$E = 0.0295(-2pH + \log K)$

　　　　$= -0.063 - 0.0591 pH$ (V)

　　　$E' = -0.063 - 0.0591 pH'$ (V)

(7) $Fe(OH)_3 + H^+ + e^- = Fe(OH)_2 + H_2O$

　　　∴ $\Delta G° = -27.178$ (kJ)

　　　$\log K = 4.763$

　　　$E = 0.0591(-pH + \log K)$

　　　　$= -0.281 - 0.0591 pH$ (V)

　　　$E' = -0.281 - 0.0591 pH'$ (V)

(1)～(7)より図1の電位-pH図が得られる．

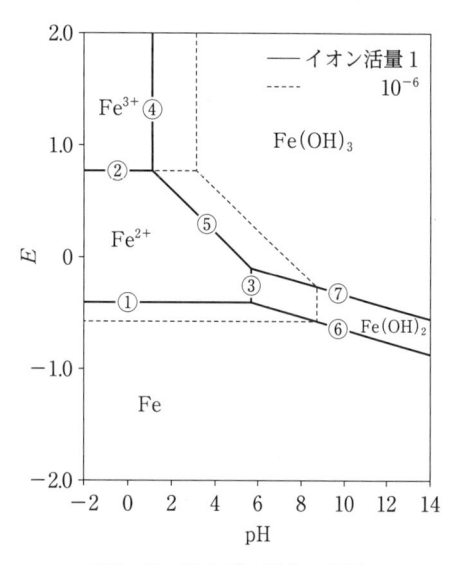

図1 Fe-H$_2$O系の電位-pH図

(ii) S-H$_2$O系

(8) $S° + 2H^+ + 2e^- = H_2S(aq)$ ∴ $\Delta G° = -27.178$ (kJ)

　　　$\log K = 4.883$

　　　$E = 0.144 - 0.0591 pH - 0.0295 \log a_{H_2S}$

　　　　$= 0.174 - 0.0591 pH$ (V)

　　　$E' = 0.174 - 0.0591 pH'$ (V)

(9) $H^+ + HS^- = H_2S(aq)$ ∴ $\Delta G° = -39.91$ (kJ)

　　　$\log K = 6.994$

　　　$pH = 6.994 + \log a_{HS^-} - \log a_{H_2S}$

　　　　$= 7.994 + \log a_{HS^-}$

　　　$pH = 7.994,\ pH' = 1.994$

(10) $H^+ + SO_4^{2-} = HSO_4^-$ ∴ $\Delta G° = -11.380$ (kJ)

　　　$\log K = 1.991$

　　　$pH = 1.991 + \log a_{SO_4^{2-}} - \log a_{SO_4^-}$

　　　$pH = 1.991,\ pH' = 1.991$

(11) $H^+ + S^{2-} = HS^-$ ∴ $\Delta G° = -73.75$ (kJ)

　　　$\log K = 12.925$

pH＝12.925＋log $a_{S^{2-}}$ －log a_{HS^-}

pH＝pH′＝12.925

(12) $8H^+ + 6e^- + SO_4^{2-} = S° + 4H_2O$ ∴ $\Delta G° = -204.082$ (kJ)

log $K = -35.766$

$E = \dfrac{0.0591}{6}(\log a_{SO_4^{2-}} - 8pH + 35.766)$

 $= 0.352 + 0.010 \log a_{SO_4^{2-}} - 0.079pH$

$E = 0.352 - 0.079pH$ (V)

$E' = 0.292 - 0.079pH'$ (V)

(13) $HSO_4^- + 7H^+ + 6e^- = S° + 4H_2O$ ∴ $\Delta G° = -192.702$ (kJ)

log $K = 33.772$

$E = \dfrac{0.0591}{6}(\log a_{HSO_4^-} - 7pH + 33.722)$

 $= 0.333 + 0.010 \log a_{HSO_4^-} - 0.069pH$

$E = 0.333 - 0.069pH$ (V)

$E' = 0.273 - 0.069pH'$ (V)

(14) $S° + H^+ + 2e^- = HS^-$ ∴ $\Delta G° = 12.05$ (kJ)

log $K = -2.112$

$E = \dfrac{0.0591}{2}(\log K - pH - \log a_{HS^-})$

 $= -0.062 - 0.0295pH - 0.0295 \log a_{HS^-}$

$E = -0.062 - 0.0295pH$ (V)

$E' = 0.115 - 0.0295pH'$ (V)

(15) $SO_4^{2-} + 9H^+ + 8e^- = HS^- + 4H_2O$

∴ $\Delta G° = -192.032$ (kJ)

log $K = 33.654$

$E = \dfrac{0.0591}{8}(\log a_{SO_4^{2-}} - \log a_{HS^-} + \log K - 9pH)$

 $= 0.249 - 0.066pH$ (V)

$E' = 0.249 - 0.066pH'$ (V)

(16) $SO_4^{2-} + 8H^+ + 8e^- = S^{2-} + 4H_2O$

∴ $\Delta G° = -118.282$ (kJ)

log $K = 20.729$

$E = \dfrac{0.0591}{8}(\log K - \log a_{S^{2-}} + \log a_{SO_4^{2-}} - 8pH)$

 $= 0.153 - 0.0591pH$ (V)

$E' = 0.153 - 0.0591pH'$ (V)

(17) $2H^+ + 2e^- = H_2$ ∴ $\Delta G° = 0$ (kJ)

$E = -0.0591pH$ ($p_{H_2} = 1$) (V)

$E' = -0.0591pH'$ (V)

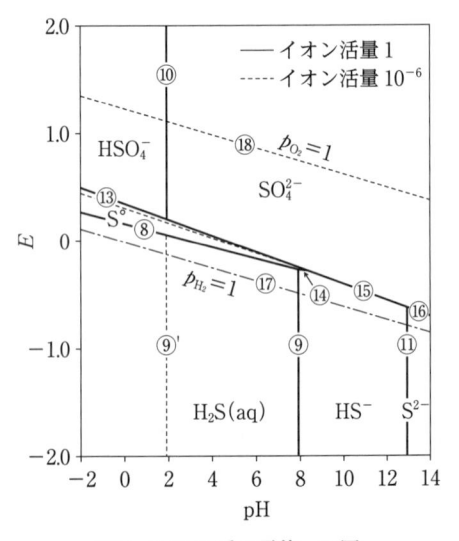

図2 S-H_2O 系の電位-pH 図

(18) $2H^+ + \frac{1}{2}O_2 + 2e^- = H_2O$ ∴ $\Delta G° = -237.178$ (kJ)

$\log K = 41.566$

$E = \dfrac{0.0591}{2}(\log K - 2pH + \dfrac{1}{2}\log p_{O_2})$

　　$= 1.226 - 0.0591 pH$ (V)

$E' = 1.226 - 0.0591 pH'$ (V), ($p_{O_2} = 1$)

(8)〜(18)より図2の電位-pH図が得られる．

(iii)-1 FeS-H₂O系

(19) $Fe^{2+} + S° + 2e^- = FeS$ ∴ $\Delta G° = -21.530$ (kJ)

$\log K = 3.773$

$E = \dfrac{0.0591}{2}(\log K + \log a_{Fe^{2+}})$

　　$= 0.111 + 0.0295 \log a_{Fe^+}$

$E = 0.111$ (V)

$E' = -0.066$ (V)

(20) $Fe^{2+} + HSO_4^- + 7H^+ + 8e^- = FeS + 4H_2O$ ∴ $\Delta G° = -442.432$ (kJ)

$\log K = 77.538$

$E = \dfrac{0.0591}{8}(\log K + \log a_{Fe^{2+}} + \log a_{HSO_4^-} - 7pH)$

　　$= 0.573 - 0.052 pH + 0.0074(\log a_{Fe^{2+}} + \log a_{HSO_4^-})$

$E = 0.573 - 0.052 pH$ (V)

$E' = 0.484 - 0.052 pH'$ (V)

(21) $FeS + 2H^+ = Fe^{2+} + H_2S$

∴ $\Delta G° = -6.330$ (kJ)

$\log K = 1.109$

$\log K = 2pH + \log a_{Fe^{2+}} + \log a_{H_2S}$

$pH = 1.055 - \dfrac{1}{2}\log a_{Fe^{2+}}$

$pH = 1.055$, $pH' = 4.055$

(22) $Fe^{2+} + SO_4^{2-} + 8H^+ + 8e^- = FeS + 4H_2O$

∴ $\Delta G° = -225.612$ (kJ)

$\log K = 39.539$

$E = \dfrac{0.0591}{8}(\log K + \log a_{Fe^{2+}} + \log a_{SO_4^{2-}} - 8pH)$

　　$= 0.292 - 0.0591 pH + 0.0074(\log a_{Fe^{2+}} + \log a_{SO_4^{2-}})$

$E = 0.292 - 0.0591 pH$ (V)

$E' = 0.203 - 0.0591 pH'$ (V)

(23) $FeS + 2H^+ + 2e^- = Fe + H_2S$

∴ $\Delta G° = 72.54$ (kJ)

$\log K = -12.71$

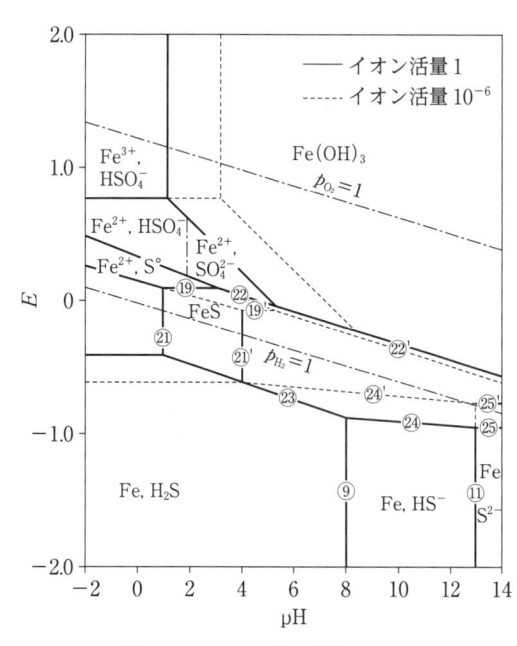

図3 FeS-H₂O系の電位-pH図

$$E = \frac{0.0591}{2}(\log K - 2\text{pH})$$

$$= -0.376 - 0.0591\text{pH} \quad (\text{V})$$

$$E' = -0.376 + 0.0591\text{pH}' \quad (\text{V})$$

(24) $\text{FeS} + 2\text{H}^+ + 2\text{e}^- = \text{Fe} + \text{HS}^- \qquad \therefore \quad \Delta G° = 112.45 \ (\text{kJ})$

$\log K = -19.71$

$$E = \frac{0.0591}{2}(\log K - \text{pH} - \log a_{\text{HS}^-})$$

$$= -0.583 - 0.0296\text{pH} - 0.0296 \log a_{\text{HS}^-} \quad (\text{V})$$

$$E = -0.583 - 0.0296\text{pH} \quad (\text{V})$$

$$E' = -0.405 - 0.0296\text{pH}' \quad (\text{V})$$

(25) $\text{FeS} + 2\text{e}^- = \text{Fe} + \text{S}^{2-} \qquad \therefore \quad \Delta G° = 186.2 \ (\text{kJ})$

$\log K = -32.6$

$$E = \frac{0.0591}{2}(\log K - \log a_{\text{S}^{2-}})$$

$$= -0.965 - 0.0296 \log a_{\text{S}^{2-}} \quad (\text{V})$$

$$E = -0.965 \quad (\text{V})$$

$$E' = -0.787 \quad (\text{V})$$

(19)～(25)より図3の電位-pH図が得られる.

(iii)-2 FeS_2-H_2O 系

(26) $\text{Fe}^{2+} + 2\text{S}° + 2\text{e}^- = \text{FeS}_2 \qquad \therefore \quad \Delta G° = -88.03 \ (\text{kJ})$

$\log K = 15.43$

$$E = \frac{0.0591}{2}(\log K + \log a_{\text{Fe}^{2+}})$$

$$= 0.456 + 0.0296 \log a_{\text{Fe}^{2+}}$$

$$E = 0.456 \quad (\text{V})$$

$$E' = 0.278 \quad (\text{V})$$

(27) $\text{Fe}^{2+} + 2\text{HSO}_4^- + 14\text{H}^+ + 14\text{e}^- = \text{FeS}_2 + 8\text{H}_2\text{O} \qquad \therefore \quad \Delta G° = -473.434 \ (\text{kJ})$

$\log K = 82.97$

$$E = \frac{0.0591}{14}(\log K + \log a_{\text{Fe}^{2+}} + 2\log a_{\text{HSO}_4^-} - 14\text{pH})$$

$$= 0.350 - 0.0591\text{pH} + 4.22 \times 10^{-3} \log a_{\text{Fe}^{2+}} + 8.44 \times 10^{-3} \log a_{\text{HSO}_4^-}$$

$$E = 0.350 - 0.0591\text{pH} \quad (\text{V})$$

$$E' = 0.274 - 0.0591\text{pH}' \quad (\text{V})$$

(28) $\text{FeS}_2 + 4\text{H}^+ + 2\text{e}^- = \text{Fe}^{2+} + 2\text{H}_2\text{S(aq)} \qquad \therefore \quad \Delta G° = 32.31 \ (\text{kJ})$

$\log K = -5.663$

$$E = \frac{0.0591}{2}(\log K - \log a_{\text{Fe}^{2+}} - 4\text{pH})$$

$$= -0.167 - 0.118\text{pH} - 0.0296 \log a_{\text{Fe}^{2+}}$$

$$E = -0.167 - 0.118\text{pH} \quad (\text{V})$$

$$E' = 0.016 - 0.118\text{pH}' \quad (\text{V})$$

(29) $Fe^{2+}+2SO_4^{2-}+16H^++14e^-=FeS_2+8H_2O$

∴ $\Delta G°=-496.194$ (kJ)

$\log K=86.958$

$E=\dfrac{0.0591}{14}(\log K-16pH+\log a_{Fe^{2+}}+2\log a_{SO_4^{2-}})$

$\quad =0.367-0.068pH+4.22\times 10^{-3}\log a_{Fe^{2+}}+8.44$
$\quad \times 10^{-3}\log a_{SO_4^{2-}}$

$E=0.367-0.068pH$ (V)

$E'=0.291-0.068pH'$ (V)

(30) $FeS_2+4H^++4e^-=Fe+2H_2S$

∴ $\Delta G°=111.18$ (kJ)

$\log K=-19.49$

$E=\dfrac{0.0591}{4}(\log K-4pH)$

$\quad =-0.288-0.0591pH$ (V)

$E'=-0.288-0.0591pH'$ (V)

(31) $FeS_2+2H^++4e^-=Fe+2HS^-$

∴ $\Delta G°=191$ (kJ)

$\log K=-33.47$

$E=\dfrac{0.0591}{4}(\log K-2pH-2\log a_{HS^-})$

$\quad =-0.495-0.0296pH-0.0296\log a_{HS^-}$ (V)

$E=-0.495-0.0296pH$ (V)

$E'=-0.317-0.0296pH'$ (V)

(32) $FeS_2+4e^-=Fe+2S^{2-}$ ∴ $\Delta G°=338.5$ (kJ)

$\log K=-59.33$

$E=\dfrac{0.0591}{4}(\log K-2\log a_{S^{2-}})$

$\quad =-0.877-0.0296\log a_{S^{2-}}$ (V)

$E=0.88$ (V)

$E'=0.702$ (V)

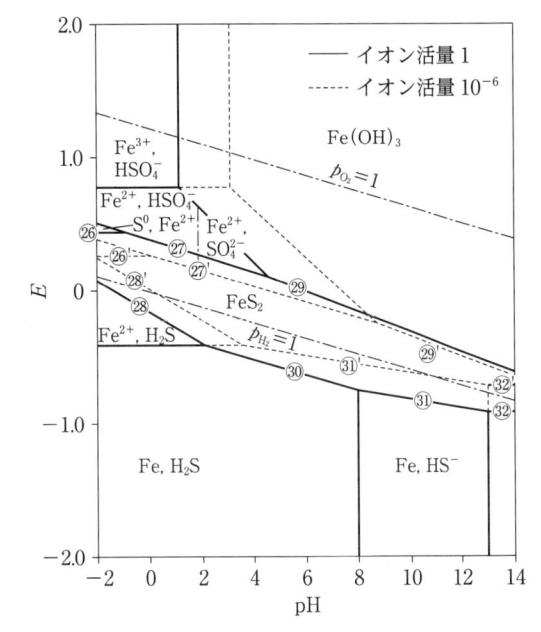

図4 FeS_2-H_2O 系の電位-pH 図

(26)～(32)より図4の電位-pH 図が得られる.

(ⅳ)

図3と比較すると，図4は FeS より FeS_2 の安定領域が広く硫酸水溶液中でパイライトのほうがピロタイトより安定なことを暗示している．硫化鉄を酸素加圧湿式処理して元素イオウと製鉄原料になる酸化鉄を得ようという試みがあるが，ピロタイトの方は単に水と混合し 10～20 kg/cm² の酸素加圧の下で 383～393 K (110～120℃) に加熱すれば目的を達するのに対して，パイライトは酸化鉄と硫化イオンになってしまいやすく，元素イオウを得るためには最初に濃い酸を与えねばならない．

（参考文献）

矢澤　彬，日本金属学会誌，**31**（1967）1158.

（注） 現在（2010）では，$Fe(OH)_3$ という化合物は存在しないと考えられている．硫酸イオン不在時には，$FeOOH$，硫酸イオンが共存するときには，$HFe_3(SO_4)_2(OH)_6$ が生成する．硫酸イオンが存在してかつ，アルカリ金属イオン M が存在するときには，$MFe_3(SO_4)_2(OH)_6$ が生成する．本問題では，解析を容易にするために，仮に $Fe(OH)_3$ の存在を仮定している．実際の電位-pH 図は，$Fe(OH)_3/Fe^{3+}$ は，酸性側へずれる．

97

Zn の浄液工程：E-pH 図作成，浄液工程の解析

亜鉛，銅，ニッケル，コバルト，カドミウム（i～v）と H_2O の系について，298 K（25℃）での電位-pH 図をまとめ，鉄の場合も含め亜鉛の電解採取前の浄液工程に適用して説明せよ．また，得られた電位-pH 図をそれぞれの電解製錬工程に適用して説明せよ．

なお，解析を容易にするため，$Fe(OH)_3$ の存在を仮定してよい．熱力学データは ref.2 を参照せよ．

解

(i) 亜鉛-水系の電位-pH 図

(1) $Zn^{2+}+2e^-=Zn$：$\Delta G°=147.03$（kJ）

$$E=E°-\frac{RT}{nF}\ln\frac{a_{Zn}}{a_{Zn^{2+}}}$$

$$=\frac{-147030}{2\times 96485}+\frac{8.314\times 298}{2\times 96485}\times 2.303\log a_{Zn^{2+}}$$

$$=-0.7619+0.02957\log a_{Zn^{2+}}\ (V)$$

$a_{Zn^{2+}}=1$ とすると，$E=-0.7619$（V）

(2) $Zn^{2+}+2H_2O=Zn(OH)_2+2H^+$：

$$\Delta G°=\Delta G°_{Zn(OH)_2}+2\Delta G°_{H^+}-\Delta G°_{Zn^{2+}}-2\Delta G°_{H_2O}$$

$$=553.58-(-147.03-2\times 237.18)=67.80\ (kJ)$$

$$\log K=\frac{-67800}{2.303\times 8.314\times 298}=-11.88$$

$$\log\frac{a_{H^+}^2}{a_{Zn^{2+}}}=-11.88$$

$$-2pH=-11.88+\log a_{Zn^{2+}}$$

$$\therefore pH=5.94-\frac{1}{2}\log a_{Zn^{2+}}$$

$a_{Zn^{2+}}=1$ とすると，pH=5.94

(3) $Zn(OH)_2+2H^++2e^-=Zn+2H_2O$：

$$\Delta G°=-2\times 237.18+553.58=79.22\ (kJ)$$

$$E=\frac{-79220}{2\times 96485}+\frac{8.314\times 298}{2\times 96485}\times 2.303\log a_{H^+}^2$$

$$=-0.411-0.0591pH\ (V)$$

(1)～(3)より図1を得る．なお，図中の破線（a），（b）は下記の反応を表す．

(a) $2H^++\frac{1}{2}O_2+2e^-=H_2O$：

$$E=1.23-0.0591pH+0.015\log p_{O_2}$$

ここで，$p_{O_2}=1$ atm として，$E=1.23-0.0591pH$（V）

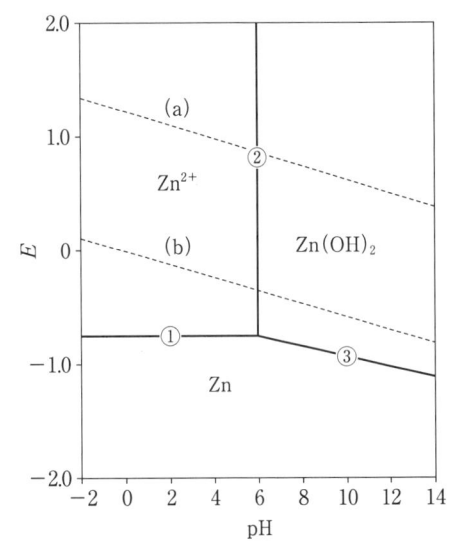

図1 亜鉛-水系の電位-pH 図（$a_{Zn^{2+}}=1$）

(b)　$2H^+ + 2e = H_2$

　　$E = -0.0591 pH + 0.015 \log p_{H_2}$

ここで，$p_{H_2} = 1$ atm として，$E = -0.0591 pH$ (V)

(ii)　銅-水系の電位-pH 図

(4)　$Cu^{2+} + 2e^- = Cu$：$\Delta G° = -65.52$ (kJ)

　　$E = \dfrac{65520}{2 \times 96485} + \dfrac{8.314 \times 298}{2 \times 96485} \times 2.303 \log a_{Cu^{2+}}$

　　　$= 0.340 + 0.0296 \log a_{Zn^{2+}}$ (V)

　　$a_{Cu^{2+}} = 1$ とすると，$E = 0.340$ (V)

(5)　$Cu_2O + 2H^+ + 2e^- = 2Cu + H_2O$：$\Delta G° = -91.178$ (kJ)

　　$E = \dfrac{91178}{2 \times 96485} - \dfrac{8.314 \times 298}{2 \times 96485} \times 2.303 \log \dfrac{a_{Cu}^2 \cdot a_{H_2O}}{a_{Cu_2O} \cdot a_{H^+}^2}$

　　　$= 0.427 - 0.0591 pH$ (V)

(6)　$2Cu^{2+} + H_2O + 2e^- = Cu_2 + 2H^+$　　$\Delta G° = -39.862$ (kJ)

　　$E = \dfrac{39862}{2 \times 96485} - \dfrac{8.314 \times 298}{2 \times 96485} \times 2.303 \log \dfrac{a_{Cu_2O} \cdot a_{H^+}^2}{a_{Cu^{2+}}^2 \cdot a_{H_2O}}$

　　　$= 0.2065 + 0.0591 pH$ (V)

(7)　$Cu^{2+} + H_2O = CuO + 2H^+$：$\Delta G° = 41.958$ (kJ)

　　$\log K = \dfrac{-41.958}{2.303 \times 8.314 \times 298} = \log \dfrac{a_{H^+}^2}{a_{Cu^{2+}}}$

　　$2pH = 7.353 + \log a_{Cu^{2+}}$

　　$pH = 3.677 - \dfrac{1}{2} \log a_{Cu^{2+}}$

　　$a_{Cu^{2+}} = 1$ として，$pH = 3.677$

(8)　$2CuO + 2H^+ + 2e^- = 2Cu_2 + H_2O$：
　　$\Delta G° = -123.778$ (kJ)

　　$E = \dfrac{123778}{2 \times 96485} - \dfrac{8.314 \times 298}{2 \times 96485} \times 2.303 \log \dfrac{a_{Cu_2O} \cdot a_{H_2O}}{a_{CuO}^2 \cdot a_{H^+}^2}$

　　　$= 0.641 - 0.0591 pH$ (V)

(4)〜(8)より図2を得る．

(iii)　ニッケル-水系の電位-pH 図

(9)　$Ni^{2+} + 2e^- = Ni$：$\Delta G° = 45.6$ (kJ)

　　$E = \dfrac{-45600}{2 \times 96485} + \dfrac{8.314 \times 298}{2 \times 96485} \times 2.303 \log a_{Ni^{2+}}$

　　　$= -0.236 + 0.0296 \log a_{Ni^{2+}}$ (V)

　　$a_{Ni^{2+}} = 1$ として，$E = -0.236$ (V)

(10)　$Ni(OH)_2 + 2H^+ = Ni^{2+} + 2H_2O$：$\Delta G° = -72.656$ (kJ)

　　$\log K = \dfrac{72656}{2.303 \times 8.314 \times 298} = \log \dfrac{a_{Ni^{2+}}}{a_{Ni(OH)_2} \cdot a_{H^+}^2}$

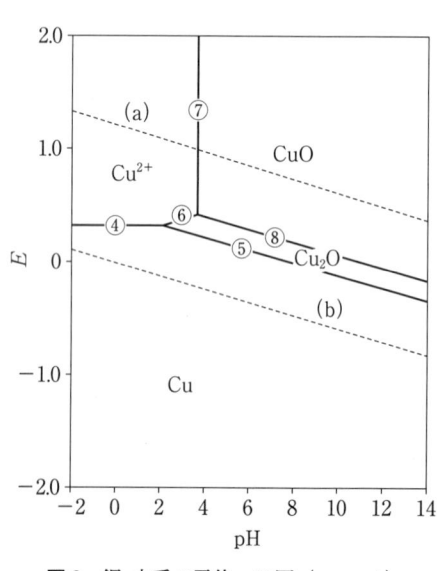

図2　銅-水系の電位-pH 図 ($a_{Cu^{2+}} = 1$)

$2\text{pH} = 12.733 - \log a_{\text{Ni}^{2+}}$

$\text{pH} = 6.367 - \dfrac{1}{2} \log a_{\text{Ni}^{2+}}$

$a_{\text{Ni}^{2+}} = 1$ として，pH = 6.367

(11)　$\text{Ni(OH)}_2 + 2\text{H}^+ + 2e^- = \text{Ni} + 2\text{H}_2\text{O} : \Delta G° = -27.056$ (kJ)

$E = \dfrac{27056}{2 \times 96485} - \dfrac{8.314 \times 298}{2 \times 96485} \times 2.303 \log \dfrac{a_{\text{Ni}} \cdot a_{\text{H}_2\text{O}}}{a_{\text{Ni(OH)}_2} \cdot a_{\text{H}^+}^2}$

$\quad = 0.140 - 0.0591 \text{pH}$ (V)

(12)　$\text{Ni(OH)}_3 + \text{H}^+ + e^- = \text{Ni(OH)}_2 + \text{H}_2\text{O} : \Delta G° = -142.678$ (kJ)

$E = \dfrac{142678}{1 \times 96485} - \dfrac{8.314 \times 298}{1 \times 96485} \times 2.303 \log \dfrac{a_{\text{Ni(OH)}_2} \cdot a_{\text{H}_2\text{O}}}{a_{\text{Ni(OH)}_3} \cdot a_{\text{H}^+}}$

$\quad = 1.479 - 0.0591 \text{pH}$ (V)

(13)　$\text{Ni(OH)}_3 + 3\text{H}^+ + e^- = \text{Ni}^{2+} + 3\text{H}_2\text{O} \qquad \Delta G° = -215.334$ (kJ)

$E = \dfrac{215334}{1 \times 96485} - \dfrac{8.314 \times 298}{1 \times 96485} \times 2.303 \log \dfrac{a_{\text{Ni}^{2+}} \cdot a_{\text{H}_2\text{O}}^3}{a_{\text{Ni(OH)}_3} \cdot a_{\text{H}^+}^3}$

$\quad = 2.232 - 0.177 \text{pH} + 0.059 \log a_{\text{Ni}^{2+}}$

$a_{\text{Ni}^{2+}} = 1$ として，$E = 2.232 - 0.177 \text{pH}$ (V)

（9）～(13)より図3を得る．

(**iv**)　コバルト-水系の電位-pH図

(14)　$\text{Co}^{2+} + 2e^- = \text{Co} : \Delta G° = 54.4$ (kJ)

$E = \dfrac{-54400}{2 \times 96485} + \dfrac{8.314 \times 298}{2 \times 96485} \times 2.303 \log a_{\text{Co}^{2+}}$

$\quad = -0.282 + 0.0296 \log a_{\text{Co}^{2+}}$ (V)

$a_{\text{Co}^{2+}} = 1$ として，$E = -0.282$ (V)

(15)　$\text{Co(OH)}_2 + 2\text{H}^+ = \text{Co}^{2+} + 2\text{H}_2\text{O}$:

$\Delta G° = -74.34$ (kJ)

$\log K = \dfrac{74340}{2.303 \times 8.314 \times 298} = \log \dfrac{a_{\text{Co}^{2+}} \cdot a_{\text{H}_2\text{O}}^2}{a_{\text{Co(OH)}_2} \cdot a_{\text{H}^+}^2}$

$2\text{pH} = 13.029 - \log a_{\text{Co}^{2+}}$

$\text{pH} = 6.514 - \dfrac{1}{2} \log a_{\text{Co}^{2+}}$

$a_{\text{Co}^{2+}} = 1$ として，pH = 6.514 (V)

(16)　$\text{Co(OH)}_2 + 2\text{H}^+ + 2e^- = \text{Co} + 2\text{H}_2\text{O}$:

$\Delta G° = -19.956$ (kJ)

$E = \dfrac{19956}{2 \times 96485} - \dfrac{8.314 \times 298}{2 \times 96485} \times 2.303 \log \dfrac{a_{\text{Co}} \cdot a_{\text{H}_2\text{O}}^2}{a_{\text{Co(OH)}_2} \cdot a_{\text{H}^+}^2}$

$\quad = 0.103 - 0.0591 \text{pH}$ (V)

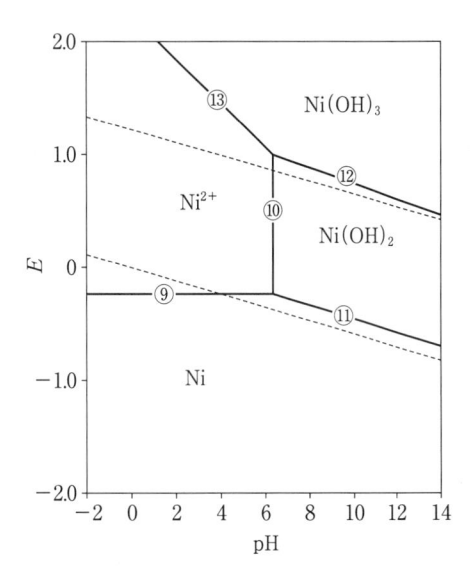

(17)　$\text{Co(OH)}_3 + \text{H}^+ + e^- = \text{Co(OH)}_2 + \text{H}_2\text{O}$:

$\Delta G° = -94.978$ (kJ)

図3 ニッケル-水系の電位-pH図 ($a_{\text{Ni}^{2+}} = 1$)

$$E = \frac{94978}{1 \times 96485} - \frac{8.314 \times 298}{1 \times 96485} \times 2.303 \log \frac{a_{Co(OH)_2} \cdot a_{H_2O}}{a_{Co(OH)_3} \cdot a_{H^+}}$$

$$= 0.984 - 0.0591 \text{pH} \quad (V)$$

(18) $Co(OH)_3 + 3H^+ + e^- = Co^{2+} + 3H_2O$:

$\Delta G° = -169.334$ (kJ)

$$E = \frac{169334}{1 \times 96485} - \frac{8.314 \times 298}{1 \times 96485} \times 2.303 \log \frac{a_{Co^{2+}} \cdot a_{H_2O}^3}{a_{Co(OH)_3} \cdot a_{H^+}^3}$$

$$= 1.755 - 0.177 \text{pH} - 0.0591 \log a_{Co^{2+}}$$

$a_{Co^{2+}} = 1$ として, $E = 1.755 - 0.177 \text{pH}$ (V)

(14)〜(18) より図 4 を得る.

(**V**) カドミウム-水系の電位-pH 図

(19) $Cd^{2+} + 2e^- = Cd$: $\Delta G° = 77.580$ (kJ)

$$E = \frac{-77580}{2 \times 96485} + \frac{8.314 \times 298}{2 \times 96485} \times 2.303 \log a_{Cd^{2+}}$$

$$= -0.402 + 0.0296 \log a_{Cd^{2+}} \quad (V)$$

$a_{Cd^{2+}} = 1$ として, $E = -0.402$ (V)

(20) $Cd(OH)_2 + 2H^+ = Cd^{2+} + 2H_2O$:

$\Delta G° = -78.354$ (kJ)

$$\log K = \frac{78354}{2.303 \times 8.314 \times 298} = \log \frac{a_{Cd^{2+}} \cdot a_{H_2O}^2}{a_{Cd(OH)_2} \cdot a_{H^+}^2}$$

$2\text{pH} = 13.732 - \log a_{Cd^{2+}}$

$\text{pH} = 6.866 - \frac{1}{2} \log a_{Cd^{2+}}$

$a_{Cd^{2+}} = 1$ として, $\text{pH} = 6.866$

(21) $Cd(OH)_2 + 2H^+ + 2e^- = Cd + 2H_2O$:

$\Delta G° = -0.756$ (kJ)

$$E = \frac{756}{2 \times 96485} - \frac{8.314 \times 298}{2 \times 96485} \times 2.303 \log \frac{a_{Cd} \cdot a_{H_2O}^2}{a_{Cd(OH)_2} \cdot a_{H^+}^2}$$

$$= 0.0039 - 0.0591 \text{pH} \quad (V)$$

(19)〜(21) より図 5 を得る.

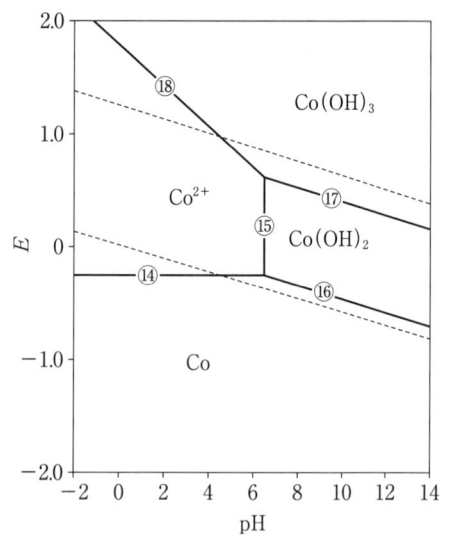

図 4 コバルト-水系の電位-pH 図 ($a_{Co^{2+}} = 1$)

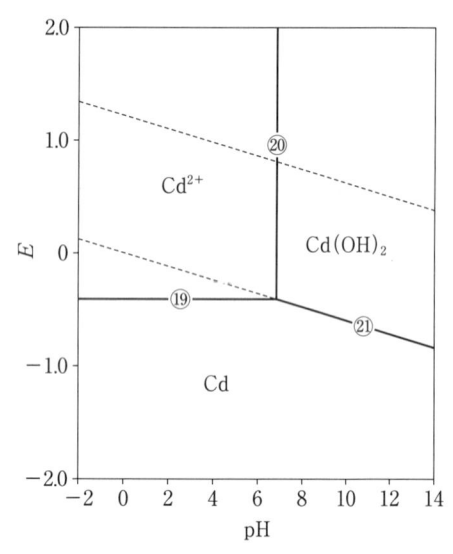

図 5 カドミウム-水系の電位-pH 図 ($a_{Cd^{2+}} = 1$)

[**コメント**] 湿式製錬における浸出工程では,目的金属だけを完全に選択的に溶出させることは不可能で,鉱石中の他の含有成分も量の多少に違いはあるが浸出されるのが通例である.したがって,目的金属の回収に悪影響を及ぼす不純物は浄液によって溶液中から除去する必要がある.例えば,電解により金属を採取しようとする場合には,目的金属より貴な金属イオンは電解時に析出するので浄液して除去する必要があり,Zn のように卑な金属の電解採取では除かなければならない金属も多い.これに対して,Cu の電解採取では浸出工程で溶出する貴な金属は少ないが,Fe やその他の不純物があると電流効率を低下させたり,製品純度を害したりするので,浄液を行って除去しなければならない.

　加水分解により,水酸化物の沈殿を作って金属不純物の除去を図ることは浄液で最も広く用いられる手法である.加水分解は,

$$M^{n+} + nH_2O = M(OH)_n + nH^+$$

で示され,溶存金属イオンが完全に沈殿除去される目安として,その活量値を 10^{-6} にとると,各種金属イオンを除

去するのに必要な pH を知ることができる．すなわち，主要な金属では Fe^{3+}, Pb^{2+}, Cu^{2+}, Fe^{2+}, Zn^{2+}, Ni^{2+}, Co^{2+}, Cd^{2+} の順に水酸化物を生成する pH が高くなる．しかし，さらに pH を高くすると，ZnO のように $HZnO_2^-$ のような陰イオンとなり再溶解するものもあるので注意を要する．

また，Fe^{3+} は比較的低い pH で $Fe(OH)_3$（もしくは FeOOH と考えるべきか）の沈殿を作るが，Fe^{2+} を $Fe(OH)_2$ として沈殿させるには pH7 以上が必要である．このため酸化によって沈殿除去を図る．しかし，Fe^{2+} の酸化反応は希薄酸溶液中では空気中の O_2 を利用したのでは非常に遅いので，MnO_2 や $KMnO_4$ のような酸化剤を用いることが多い．

(参考文献)　ref. 2, 159〜163, 188.

98

複雑鉱の硫酸浸出：E-pH 図作成，選択浸出の解析

FeS, FeS_2 のほか ZnS, CuS, CdS, NiS（ⅰ～ⅵ）などの浸出に関する電位-pH 図を問 96 と同様に 298 K（25 ℃）で作り，これらを 1 枚の図にまとめて複雑硫化鉱の硫酸溶液による選択硫酸化浸出の骨子について説明せよ．熱力学データは ref. 2 を参照せよ．ただし各イオンの活量は 1.0 とする．また $a_{H_2S}=0.1$ として考えよ．

解

(ⅰ) FeS-H_2O 系

(1) $FeS + 2H^+ = Fe^{2+} + H_2S$

$\Delta G° = \Delta G°_{Fe^{2+}} + \Delta G°_{H_2S} - \Delta G°_{FeS} - 2\Delta G°_{H^+} = -78.87 - 27.86 - (-100.4) = -6.330$ (kJ)

$\log K = 1.109$

$\log K - 2\text{pH} - \log a_{Fe^{2+}} - \log a_{H_2S} = 0$

∴ pH = 1.055

(2) $Fe^{2+} + S° + 2e^- = FeS$ $\Delta G° = -21.53$ (kJ)

$\log K = 3.773$

$E = \dfrac{0.0591}{2}(\log K + \log a_{Fe^{2+}})$ (V)

∴ $E = 0.111$ (V)

(3) $Fe^{2+} + SO_4^{2-} + 8H^+ + 8e^- = FeS + 4H_2O$ $\Delta G° = -225.612$ (kJ)

$\log K = 39.539$

$E = \dfrac{0.0591}{8}(\log K - 8\text{pH} + \log a_{Fe^{2+}} + \log a_{SO_4^{2-}})$

$= 0.292 - 0.0591\text{pH} + 0.007(\log a_{Fe^{2+}} + \log a_{SO_4^{2-}})$ (V)

∴ $E = 0.292 - 0.0591\text{pH}$ (V)

(ⅱ) FeS_2-H_2O 系

(4) $FeS_2 + 4H^+ + 2e^- = Fe^{2+} + 2H_2S(aq)$ $\Delta G° = 32.31$ (kJ), $\log K = -5.631$

$E = -0.167 - 0.118\text{pH} - 0.0591\log a_{H_2S}$ ($a_{H_2S}=0.1$)

$= -0.1079 - 0.118\text{pH}$ (V)

(5) $Fe^{2+} + 2HSO_4^- + 14H^+ + 14e^- = FeS_2 + 8H_2O$ $\Delta G° = -473.434$ (kJ), $\log K = 82.973$

$E = \dfrac{0.0591}{14}(\log K + 2\log a_{HSO_4^-} - 14\text{pH} - \log a_{FeS_2})$

$E = 0.350 - 0.0591\text{pH}$ (V)

(6) $Fe^{2+} + 2SO_4^{2-} + 16H^+ + 14e^- = FeS_2 + 8H_2O$ $\Delta G° = -496.194$ (kJ), $\log K = 86.962$

$E = \dfrac{0.0591}{14}(\log K + \log a_{Fe^{2+}} + 2\log a_{SO_4^{2-}} - 16\text{pH} - \log a_{FeS})$

$E = 0.367 - 0.068\text{pH}$ (V)

(7) $Fe^{2+} + 2S° + 2e^- = FeS_2$ $\Delta G° = -88.03$ (kJ), $\log K = 15.482$

$$E=\frac{0.0591}{2}(\log K+a_{Fe^{2+}}+2\log a_{S^\circ}-\log a_{FeS_2})$$

$$E=0.456\ (V)$$

[**コメント**] 実際の鉱石の浸出ではFeS，FeS_2のみでなく，$CuFeS_2$も含まれていることに注意せよ．

(iii) $ZnS-H_2O$系

(8) $ZnS+2H^+=Zn^{2+}+H_2S$ $\Delta G°=-147.03-27.86+201.29=26.4\ (kJ)$

$$\log K=\log\frac{a_{Zn^{2+}}\cdot a_{H_2S}}{a_{ZnS}\cdot a_{H^+}^2}=\frac{-26400}{8.314\times298\times2.303}=-4.626$$

$2pH=-4.626-\log a_{H_2S}$ ($a_{H_2S}=0.1$)

∴ $pH=-1.813$

(9) $Zn^{2+}+S°+2e^-=ZnS$ $\Delta G°=-201.29+147.03=-54.26\ (kJ)$

$$E=\frac{54260}{2\times96485}-\frac{8.314\times298\times2.303}{2\times96485}\log\frac{a_{Zn^{2+}}\cdot a_{S°}}{a_{ZnS}}$$

$=0.2812\ (V)$

(10) $Zn^{2+}+HSO_4^-+7H^++8e^-=ZnS+4H_2O$

$\Delta G°=-201.29+4\times(-237.178)+147.03+756.01=-246.962\ (kJ)$

$$E=\frac{246962}{8\times96485}-\frac{8.314\times298\times2.303}{8\times96485}\log\frac{a_{ZnS}\cdot a_{H_2O}^4}{a_{Zn^{2+}}\cdot a_{HSO_4^-}\cdot a_{H^+}^7}$$

$=0.320-0.0517pH\ (V)$

(11) $Zn^{2+}+SO_4^{2-}+8H^++8e^-=ZnS+4H_2O$

$\Delta G°=-201.29+4\times(-237.178)+147.03+744.63=-258.342\ (kJ)$

$$E=\frac{258342}{8\times96485}-\frac{8.314\times298\times2.303}{8\times96485}\log\frac{a_{ZnS}\cdot a_{H_2O}^4}{a_{Zn^{2+}}\cdot a_{SO_4^{2-}}\cdot a_{H^+}^8}$$

$=0.335-0.0591pH\ (V)$

(iv) $CuS-H_2O$系

(12) $CuS+2H^+=Cu^{2+}+H_2S$ $\Delta G°=65.52-27.86+53.6=91.26\ (kJ)$

$$\frac{-91260}{8.314\times298\times2.303}=\log\frac{a_{Cu^{2+}}\cdot a_{H_2S}}{a_{CuS}\cdot a_{H^+}^2}$$

$2pH=-15.99-\log a_{H_2S}$ ($a_{H_2S}=0.1$)

∴ $pH=-7.495$

(13) $Cu^{2+}+S°+2e^-=CuS$ $\Delta G°=-53.6-65.52=-119.12\ (kJ)$

$$E=\frac{119120}{2\times96485}-\frac{8.314\times298\times2.303}{2\times96485}\log\frac{a_{CuS}}{a_{Cu^{2+}}}$$

$=0.617\ (V)$

(14) $Cu^{2+}+HSO_4^-+7H^++8e^-=CuS+4H_2O$

$\Delta G°=-53.6+4\times(-237.178)-65.52+756.01=-311.822\ (kJ)$

$$E=\frac{311822}{8\times96485}-\frac{8.314\times298\times2.303}{8\times96485}\log\frac{a_{CuS}\cdot a_{H_2O}^4}{a_{Cu^{2+}}\cdot a_{HSO_4^-}\cdot a_{H^+}^7}$$

$=0.404-0.0517pH\ (V)$

(15)　$Cu^{2+}+SO_4^{2-}+8H^++8e^-=CuS+4H_2O$

　　$\Delta G°=-53.6+4\times(-237.178)-65.52+744.63=-323.202$ （kJ）

　　$E=\dfrac{323202}{8\times96485}-\dfrac{8.314\times298\times2.303}{8\times96485}\log\dfrac{a_{CuS}\cdot a_{H_2O}^4}{a_{Cu^{2+}}\cdot a_{SO_4^{2-}}\cdot a_{H^+}^8}$

　　$=0.418-0.0591\text{pH}$ （V）

(ⅴ)　CdS-H$_2$O 系

(16)　$CdS+2H^+=Cd^{2+}+H_2S$　　$\Delta G°=-77.580-27.86+156.5=51.06$ （kJ）

　　$\log K=\log\dfrac{a_{Cd^{2+}}\cdot a_{H_2S}}{a_{CdS}\cdot a_{H^+}^2}=\dfrac{-51060}{8.314\times298\times2.303}=-8.949$

　　$2\text{pH}=-8.949-\log a_{H_2S}$　$(a_{H_2S}=0.1)$

　　∴　$\text{pH}=-3.974$

(17)　$Cd^{2+}+S°+2e^-=CdS$　　$\Delta G°=-156.5+77.580=-78.92$ （kJ）

　　$E=\dfrac{78920}{2\times96485}-\dfrac{8.314\times298\times2.303}{2\times96485}\log\dfrac{a_{CdS}}{a_{Cd^{2+}}}$

　　$=0.409$ （V）

(18)　$Cd^{2+}+HSO_4^-+7H^++8e^-=CdS+4H_2O$

　　$\Delta G°=-156.5+4\times(-237.178)-77.580+756.01=-271.622$ （kJ）

　　$E=\dfrac{271622}{8\times96485}-\dfrac{8.314\times298\times2.303}{8\times96485}\log\dfrac{a_{CdS}\cdot a_{H_2O}^4}{a_{Cd^{2+}}\cdot a_{HSO_4^-}\cdot a_{H^+}^7}$

　　$=0.352-0.0517\text{pH}$ （V）

(19)　$Cd^{2+}+SO_4^{2-}+8H^++8e^-=CdS+4H_2O$

　　$\Delta G°=-156.5+4\times(-237.178)-77.580+744.63=-283.002$ （kJ）

　　$E=\dfrac{283002}{8\times96485}-\dfrac{8.314\times298\times2.303}{8\times96485}\log\dfrac{a_{CdS}\cdot a_{H_2O}^4}{a_{Cd^{2+}}\cdot a_{SO_4^{2-}}\cdot a_{H^+}^8}$

　　$=0.367-0.0591\text{pH}$ （V）

(ⅵ)　NiS-H$_2$O 系

(20)　$NiS+2H^+=Ni^{2+}+H_2S$　　$\Delta G°=-45.6-27.86+79.5=6.04$ （kJ）

　　$\log K=\log\dfrac{a_{Ni^{2+}}\cdot a_{H_2S}}{a_{NiS}\cdot a_{H^+}^2}=\dfrac{-6040}{8.314\times298\times2.303}=-1.058$

　　$2\text{pH}=-1.058-\log a_{H_2S}$ $(a_{H_2S}=0.1)$

　　∴　$\text{pH}=-0.029$

(21)　$Ni^{2+}+S°+2e^-=NiS$　　$\Delta G°=-79.5+45.6=-33.9$ （kJ）

　　$E=\dfrac{33900}{2\times96485}-\dfrac{8.314\times298\times2.303}{2\times96485}\log\dfrac{a_{NiS}}{a_{Ni^{2+}}}$

　　$=0.176$ （V）

(22)　$Ni^{2+}+SO_4^{2-}+8H^++8e^-=NiS+4H_2O$

　　$\Delta G°=-79.5+4\times(-237.178)-45.6+744.63=-237.982$ （kJ）

　　$E=\dfrac{237982}{8\times96485}-\dfrac{8.314\times298\times2.303}{8\times96485}\log\dfrac{a_{NiS}\cdot a_{H_2O}^4}{a_{Ni^{2+}}\cdot a_{SO_4^{2-}}\cdot a_{H^+}^8}$

　　$=0.308-0.0591\text{pH}$ （V）

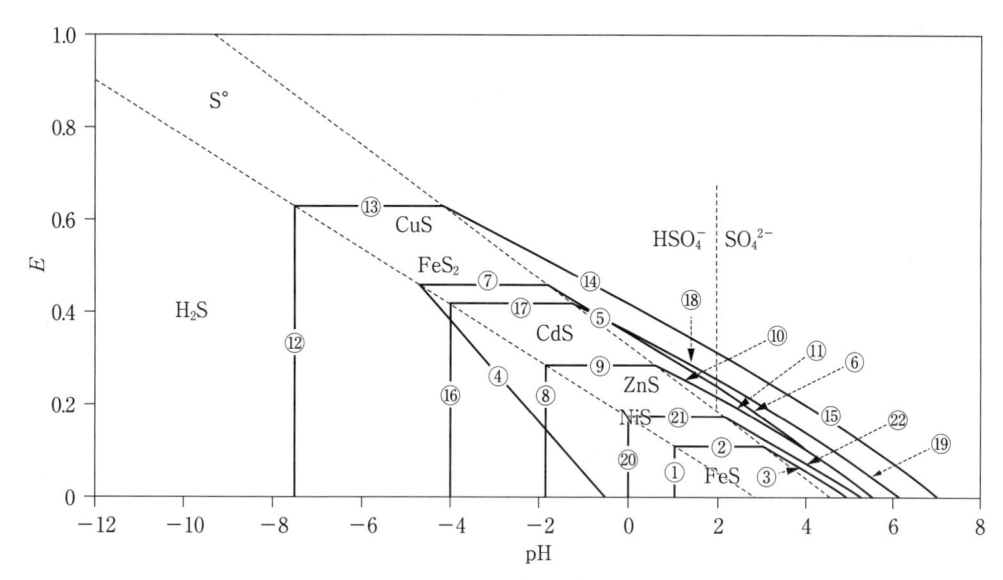

図1 M-S-H₂O 系の電位-pH 図

以上より図1を得る.

　非鉄金属の原料に占める硫化鉱の割合は非常に大きいから,硫化鉱の浸出反応は重要であり,新しい製錬法を考えるときの基本となる.硫化鉱の酸浸出反応は,せん亜鉛鉱（ZnS）を例にとると,酸化性,酸性度の条件によって,次の三つの反応が起こり得る.

$$ZnS + 2H^+ = Zn^{2+} + H_2S \tag{1}$$

$$ZnS + 2H^+ + \frac{1}{2}O_2 = Zn^{2+} + H_2O + S° \tag{2}$$

$$ZnS + 2O_2 = Zn^{2+} + SO_4^{2-} \tag{3}$$

これらの反応はそれぞれ H_2S 発生型, $S°$ 生成型, SO_4 生成型といわれる.これらの反応から H_2S 発生型反応は非酸化性で酸性度の高いとき, $S°$ 生成型は弱酸化性で酸性度の高いとき, SO_4 生成型は酸化性が強く酸性度の低いときに起こることが分かる. $S°$ 生成型, SO_4 生成型の反応は,

$$ZnS = Zn^{2+} + S° + 2e^- \tag{4}$$

$$ZnS + 4H_2O = Zn^{2+} + SO_4^{2-} + 8H^+ + 8e^- \tag{5}$$

なるアノード反応と

$$2H^+ + \frac{1}{2}O_2 + 2e^- = H_2O \tag{6}$$

なるカソード反応との組み合わせとも考えることができるから, ZnS の溶解反応は(1)(4)(5)によって溶解すると考えてよいことになる.この考え方を各種硫化物に適用し, $a_{H_2S}=0.1$, $a_{M^{2+}}=1$, $a_{HSO_4^-}+a_{SO_4^{2-}}=1$ のときの 298 K における M-S-H₂O 系の電位-pH 図を作ると,図1のようになり,これから硫化鉱物の溶解しやすさは,

$$CuS < Fe_2S < CdS < ZnS < NiS < FeS$$

の順になる.

（**参考文献**）ref. 2, 172〜173.

99

高温での浸出：高温での E-pH 図作成，浸出反応解析

M^{2+}-$M(OH)_2$ の線は問 97 で常温において求められているが，これが 473 K（200 ℃）ではどのように変わるか計算せよ．ただし，解析を容易にするため，473 K での沈殿は $Fe(OH)_3 \rightarrow Fe_2O_3$，$Zn(OH)_2 \rightarrow ZnO$ のごとく，無水の酸化物になるものとする．なお，得られた結果が実際の製錬プロセスに示唆する点も論ぜよ．水溶液反応に関与する成分の温度依存性を含む熱力学データは，ref. 5 の値を参照せよ．ただし，各イオンの活量は 1.0 とする．

解

(i) Zn-H_2O 系

(1) $Zn^{2+} + 2e^- = Zn$　　$\Delta G°_{473} = 144.6$ (kJ)

$$E = \frac{-144600}{2 \times 96485} - \frac{8.314 \times 473}{2 \times 96485} \times 2.303 \log \frac{a_{Zn}}{a_{Zn^{2+}}}$$

$= -0.749$ (V)　　($a_{Zn^{2+}} = 1$)

(2) $Zn^{2+} + H_2O = ZnO + 2H^+$

$\Delta G°_{473} = \Delta G°_{ZnO} + 2\Delta G°_{H^+} - \Delta G°_{Zn^{2+}} - \Delta G°_{H_2O} = -301.0 + 210.1 + 144.6 = 53.7$ (kJ)

$$\log K = \frac{-53700}{8.314 \times 473 \times 2.303} = \log \frac{a_{H^+}^2}{a_{Zn^{2+}}}$$

$2\text{pH} = 5.93$

$\text{pH} = 2.96$

(3) $ZnO + 2H^+ + 2e^- = Zn + H_2O$　　$\Delta G°_{473} = -210.1 + 301.0 = 90.9$ (kJ)

$$E = \frac{-90900}{2 \times 96485} - \frac{8.314 \times 473}{2 \times 96485} \times 2.303 \log \frac{a_{Zn} \cdot a_{H_2O}}{a_{ZnO} \cdot a_{H^+}^2}$$

$= -0.471 - 0.094 \text{pH}$ (V)

(ii) Ni-H_2O 系

(4) $Ni^{2+} + 2e^- = Ni$　　$\Delta G°_{473} = 42.47$ (kJ)

$$E = \frac{-42470}{2 \times 96485} - \frac{8.314 \times 473}{2 \times 96485} \times 2.303 \log \frac{a_{Ni}}{a_{Ni^{2+}}}$$

$= -0.220$ (V)　　($a_{Ni^{2+}} = 1$)

(5) $Ni^{2+} + H_2O = NiO + 2H^+$　　$\Delta G°_{473} = -195.3 + 42.47 + 210.1 = 57.27$ (kJ)

$$\log K = \frac{-57270}{8.314 \times 473 \times 2.303} = \log \frac{a_{H^+}^2}{a_{Ni^{2+}}}$$

$2\text{pH} = 6.32$

$\text{pH} = 3.16$

(6) $NiO + 2H^+ + 2e^- = Ni + H_2O$　　$\Delta G°_{473} = -210.1 + 195.3 = -14.8$ (kJ)

$$E = \frac{14800}{2 \times 96485} - \frac{8.314 \times 473}{2 \times 96485} \times 2.303 \log \frac{a_{Ni} \cdot a_{H_2O}}{a_{NiO} \cdot a_{H^+}^2}$$

$= 0.077 - 0.094\text{pH}$ (V)

(iii) Co-H_2O 系

(7) $Co^{2+} + 2e^- = Co$ $\Delta G°_{473} = 55.02$ (kJ)

$$E = \frac{-55020}{2 \times 96485} - \frac{8.314 \times 473}{2 \times 96485} \times 2.303 \log \frac{a_{Co}}{a_{Co^{2+}}}$$

$= -0.285$ (V)   ($a_{Co^{2+}} = 1$)

(8) $Co^{2+} + H_2O = CoO + 2H^+$

$\Delta G°_{473} = -201.92 + 55.02 + 210.12 = 63.22$ (kJ)

$$\log K = \frac{-63220}{8.314 \times 473 \times 2.303} = \log \frac{a_{H^+}^2}{a_{Co^{2+}}}$$

$2\text{pH} = 6.98$

$\text{pH} = 3.49$ ($a_{Co^{2+}} = 1$)

(9) $CoO + 2H^+ + 2e^- = Co + H_2O$

$\Delta G°_{473} = -210.12 + 201.92 = -8.2$ (kJ)

$$E = \frac{8200}{2 \times 96485} - \frac{8.314 \times 473}{2 \times 96485} \times 2.303 \log \frac{1}{a_{H^+}^2}$$

$= 0.042 - 0.094\text{pH}$ (V)

(iv) Cd-H_2O 系

(10) $Cd^{2+} + 2e^- = Cd$ $\Delta G°_{473} = 80.12$ (kJ)

$$E = \frac{-80120}{2 \times 96485} = -0.415 \text{ (V)}$$

(11) $Cd^{2+} + H_2O = CdO + 2H^+$ $\Delta G°_{473} = -202.92 + 80.12 + 210.12 = 87.32$ (kJ)

$$\log K = \frac{-87320}{8.314 \times 473 \times 2.303} = \log \frac{a_{H^+}^2}{a_{Cd^{2+}}}$$

$2\text{pH} = 9.64$

$\text{pH} = 4.82$ ($a_{Cd^{2+}} = 1$)

(12) $CdO + 2H^+ + 2e^- = Cd + H_2O$ $\Delta G°_{473} = -210.12 + 202.92 = -7.2$ (kJ)

$$E = \frac{7200}{2 \times 96485} - \frac{8.314 \times 473}{2 \times 96485} \times 2.303 \log \frac{1}{a_{H^+}^2}$$

$= 0.037 - 0.094\text{pH}$ (V)

(1)~(12)より図1を得る．

(v) Cu-H_2O 系

(13) $Cu^{2+} + 2e^- = Cu$ $\Delta G°_{473} = -64.89$ (kJ)

$$E = \frac{64890}{2 \times 96485} = 0.336 \text{ (V)}$$

(14) $Cu_2O + 2H^+ + 2e^- = 2Cu + H_2O$ $\Delta G°_{473} = -210.12 + 134.56 = -75.56$ (kJ)

$$E = \frac{75560}{2 \times 96485} - \frac{8.314 \times 473}{2 \times 96485} \times 2.303 \log \frac{1}{a_{H^+}^2}$$

$= 0.392 - 0.094\text{pH}$ (V)

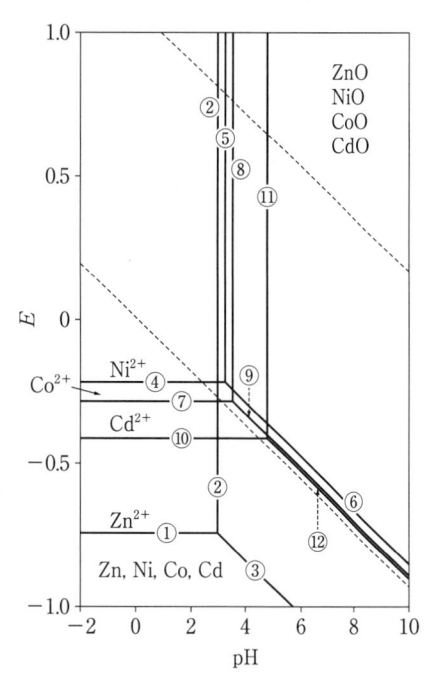

図1 473 K での M^{2+}-H_2O 系電位-pH 図

(15)　$2CuO + 2H^+ + 2e^- = Cu_2O + H_2O$　　$\Delta G°_{473} = -134.56 - 210.12 + 2 \times 112.17 = -120.33$ (kJ)

$$E = \frac{120330}{2 \times 96485} - \frac{8.314 \times 473}{2 \times 96485} \times 2.303 \log \frac{1}{a_{H^+}^2}$$

　　$= 0.624 - 0.094 \mathrm{pH}$ (V)

(16)　$2Cu^{2+} + 2e^- + H_2O = Cu_2O + 2H^+$　　$\Delta G°_{473} = -134.56 - 2 \times 64.89 + 210.12 = -54.22$ (kJ)

$$E = \frac{54220}{2 \times 96485} - \frac{8.314 \times 473}{2 \times 96485} \times 2.303 \log a_{H^+}^2$$

　　$= 0.281 + 0.094 \mathrm{pH}$ (V)

(17)　$CuO + 2H^+ = Cu^{2+} + H_2O$　　$\Delta G°_{473} = 64.89 - 210.12 + 112.17 = -33.06$ (kJ)

$$\log K = \frac{33060}{8.314 \times 473 \times 2.303} = \log \frac{1}{a_{H^+}^2} \quad (a_{Cu^{2+}} = 1)$$

　　$\therefore$　$\mathrm{pH} = 1.825$

(vi)　Fe–H$_2$O 系

(18)　$Fe^{2+} + 2e^- = Fe$　　$\Delta G°_{473} = 83.85$ (kJ)

$$E = \frac{-83850}{2 \times 96485} = -0.435 \text{ (V)}$$

(19)　$Fe^{3+} + e^- = Fe^{2+}$　　$\Delta G°_{473} = -83.85 - 10.92 = -94.77$ (kJ)

$$E = \frac{94770}{1 \times 96485} = 0.982 \text{ (V)}$$

(20)　$Fe_3O_4 + 8H^+ + 8e^- = 3Fe + 4H_2O$

　　$\Delta G°_{473} = 4 \times (-210.12) + 957.93 = 117.45$ (kJ)

$$E = \frac{-117450}{8 \times 96485} - \frac{8.314 \times 473}{8 \times 96485} \times 2.303 \log \frac{1}{a_{H^+}^8}$$

　　$= -0.152 - 0.094 \mathrm{pH}$ (V)

(21)　$2Fe^{3+} + 3H_2O = Fe_2O_3 + 6H^+$

　　$\Delta G°_{473} = -696.30 + 2 \times (-10.92) + 3 \times 210.12$

　　　　$= -87.78$ (kJ)

$$\log K = \frac{87780}{8.314 \times 473 \times 2.303} = \log a_{H^+}^6$$

　　$\therefore$　$\mathrm{pH} = -1.615$

(22)　$Fe_3O_4 + 8H^+ + 2e^- = 3Fe^{2+} + 4H_2O$

　　$\Delta G°_{473} = 3 \times (-83.85) + 4 \times (-210.12) + 957.93$

　　　　$= -134.1$ (kJ)

$$E = \frac{134100}{2 \times 96485} - \frac{8.314 \times 473}{2 \times 96485} \times 2.303 \log \frac{1}{a_{H^+}^8}$$

　　$= 0.695 - 0.375 \mathrm{pH}$ (V)

(23)　$3Fe_2O_3 + 2H^+ + 2e^- = 2Fe_3O_4 + H_2O$

　　$\Delta G°_{473} = 2 \times (-957.93) - 210.12 + 3 \times 696.30 = -37.08$ (kJ)

$$E = \frac{37080}{2 \times 96485} - \frac{8.314 \times 473}{2 \times 96485} \times 2.303 \log \frac{1}{a_{H^+}^2}$$

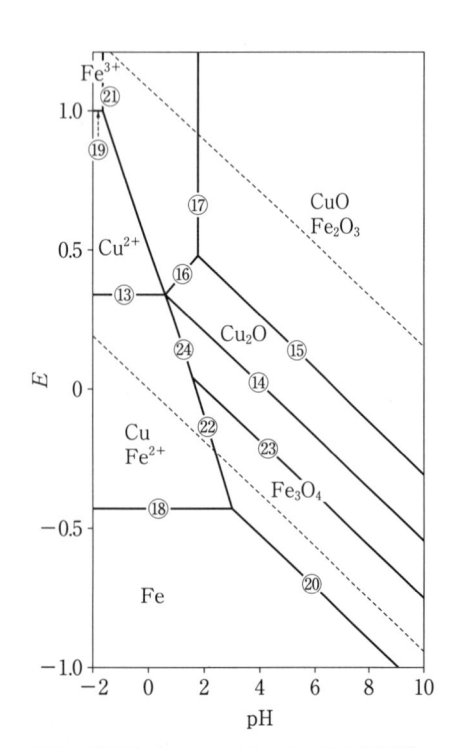

　　$= 0.192 - 0.094 \mathrm{pH}$ (V)

図 2　473 K での Fe–H$_2$O, Cu–H$_2$O 系電位-pH 図

(24)　$Fe_2O_3 + 6H^+ + 2e^- = 2Fe^{2+} + 3H_2O$

$\Delta G°_{473} = 2\times(-83.85) + 3\times(-210.12) + 696.30$
$= -101.76 \ (kJ)$

$E = \dfrac{101760}{2\times 96485} - \dfrac{8.314\times 473}{2\times 96485}\times 2.303 \log \dfrac{1}{a_{H^+}^6}$

$= 0.527 - 0.282 pH \ (V)$

(13)～(24)より図2を得る.

　一般に，373 K（100 ℃）程度なら普通の目的には 298 K（25 ℃）の図から考察して十分なことが多い.しかし，473 K（200 ℃）程度にもなると，常温との差は無視できないほどになり，ことに，高温では沈殿物の形態が変わることもあるので，あらためて検討しなければならない. Fe-H_2O 系でも浸出を考えるときの固相は，Fe_2O_3，Fe_3O_4 というような酸化物をとればよいが，溶液からの沈殿を考えるときは，403 K（130 ℃）辺りを境として低温域は FeOOH，高温範囲は Fe_2O_3 となることが知られている.

　キューバの Moa Bay，あるいはフィリピンの Coral Bay におけるラテライトの高温硫酸浸出も湿式製錬の可能性の拡大につき，大きな示唆を与えた著名な例である. 反応式は簡単で

$$NiO + H_2SO_4 = NiSO_4 + H_2O$$

のように酸化ニッケルを浸出するが，普通の手段では母体をなしている酸化鉄が多量に溶け出し選択的にニッケル浸出液を得ることはできない. そこで 473 K 以上になると，10 % H_2SO_4 中でも Fe_2O_3 は安定で溶解しないという性質を利用し，選択的に非鉄重金属のみを溶かし出すことに成功している. この原理は，酸化物あるいは水酸化物の溶解-析出の線が高温になると低 pH 側に移動することで説明することができる. 鉄酸化物は 473 K 以上になると，pH が 1 以下の強い酸の中でも溶解しないのに対し，Cu，Ni，Zn などの溶解-析出線は低 pH 側に移行するものの，pH 値に対して 2～3 辺りに止まるために，通常の浸出に用いる程度の酸で十分可溶である. このようにして，常温付近では選択浸出は期待できなくても，473 K 以上になるとラテライトの大部分は溶かさずに，Ni，Cu，Co などを浸出することが可能になる.

(参考文献)　ref. 5.

銅の電解精製：E-pH 図による電解の解析

図1に示される $Cu-H_2O$ 系の pH-potential 平衡図を用いて銅の電解精製の原理を定性的に説明せよ．

解

今，$a_{Cu^{2+}}=1$ となるように $Cu(OH)_2$ なる塩が溶けている水溶液を考える．図1から，この液中に Cu なる金属の板をつけると，そのときの電位は B 点で示されるように標準電極電位 E°_{Cu} に相当する．Cu の板を2枚にし，この2枚の間を導体で結んで直流を流すと分極が起こり，図上で A ならびに C のような位置の電位となる．A なる金属板はイオン安定範囲にあるから，$Cu \to Cu^{2+}+2e^-$ なる反応により銅が溶け出し，この電子は導体を通って金属安定範囲に位置する金属板 C に至って，$Cu^{2+}+2e^- \to Cu$ なる析出反応を起こす．したがって A なる極板は絶えず溶け出して陽極となり，C なる陰極板上に金属が移行析出することになる．このような溶解，析出を起こす電位その他の条件は金属の種類により異なるから，A なる極板を粗金属として溶解させ C なる純金属陰極板上に移し，いわゆる電解精製を行うことができる．

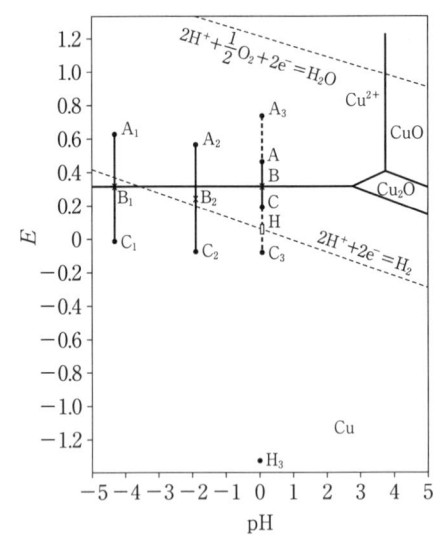

図1 $Cu-H_2O$ 系の電位-pH 図（$a_{Cu^{2+}}=1$, 298 K）

電解精製の際の pH，液濃度，電流密度などの影響を定性的に論じてみる．もし，pH を下げ極板が A_1, C_1 のような位置にあるとすれば，C_1 点では平衡論的には $2H^++2e^- \to H_2$ なる水素ガス発生反応が可能になるので，このとき，極板上の水素過電圧が小さければ $Cu^{2+}+2e^- \to Cu$ の反応に先行して水素ガス発生が起こってしまう．また，電解採取を続けて Cu^{2+} の濃度が極端に低くなってくると，B 点にあたる位置が低電位側にずれることになり，極板の位置は A_2, C_2 のごとく，これも陰極上で水素を発生する恐れがある．さらに電解電流密度を増やした場合を考えると，当然分極が大きくなるので，極板の位置は A_3, C_3 のようになり，一見水素ガス発生により電流効率低下の恐れがありそうに思われるが，この際は水素ガス発生のための分極の方がいっそう大きく，この電流密度に相当する水素ガス発生の電位は H_3 のように低下するので，どちらかといえば電流効率はむしろ向上する傾向になる場合も少なくない[注]．

[**コメント**]　電解採取と電解精製の根本的な相違は，電解精製では鉱石を乾式製錬して得た粗金属またはスクラップ（故銅）を可溶性陽極とし，適当な電解液中で電解して目的金属を陰極に析出させるのに対し，電解採取では不溶性陽極を用い浸出液を電気分解して目的金属を析出させる点にある．

（注）ref. 5, 190 参照．

101

Na-Hg の活量：蒸気圧データから活量計算

Na-Hg アマルガムの入ったボートを 1 気圧，373 K（100 ℃）に保ち，この上に N_2 ガスを Hg ガスが平衡するに十分なほどゆっくり流し，蒸気圧測定を行った．

（ i ） まず，純水銀上に，22 l（293 K（20 ℃），760 mmHg で測定）の N_2 ガスを流したところ，ガスは 0.0674 g の Hg を含んでいた．水銀の蒸気圧を計算せよ．

（ ii ） 次に，原子分率 0.122 の Na を含むアマルガム上に，25 l（298 K（25 ℃），770 mmHg）の N_2 を流したところ，ガスは 0.0533 g の Hg を含んだ．純水銀を標準として，このアマルガム中の Hg の活量および活量係数を求めよ．

解

計算に必要なデータ

$$\text{Hg の原子量} \quad 200.59$$
$$\text{気体定数} \; R = 0.08206 \; (l \, \text{atm/mol K})$$

（ i ）

$$p°_{Hg} = \frac{n_{Hg}}{n_{N_2} + n_{Hg}} \times P_T \quad (P_T = 1 \; (\text{atm}))$$

$$n_{Hg} = \frac{0.0674}{200.59} = 3.36 \times 10^{-4} \; (\text{mol})$$

$$n_{N_2} = \frac{\frac{760}{760} \times 22}{0.08206 \times 293} = 0.915 \; (\text{mol})$$

$$p°_{Hg} = \frac{n_{Hg}}{n_{N_2} + n_{Hg}} \times P = \frac{3.36 \times 10^{-4}}{0.915 + 3.36 \times 10^{-4}} \times 1 = 3.671 \times 10^{-4} \; (\text{atm})$$

$$= 0.279 \; (\text{mmHg})$$

（ ii ） n_{Na} は無視できるほど小さいことを考慮し同様の方法で，

$$p°_{Hg} = \frac{n_{Hg}}{n_{N_2} + n_{Hg} + n_{Na}} \times P_T \approx \frac{n_{Hg}}{n_{N_2} + n_{Hg}} \times P_T$$

$$= \frac{\frac{0.0533}{200.59}}{\frac{0.0533}{200.59} + \frac{\frac{770}{760} \times 25}{0.08206 \times 298}} \times 1 = 2.564 \times 10^{-4} \; (\text{atm})$$

$$= 0.195 \; (\text{mmHg})$$

∴ $a_{Hg} = \dfrac{P_{Hg}}{P°_{Hg}} = \dfrac{2.564 \times 10^{-4}}{3.671 \times 10^{-4}} = 0.698$

$\gamma_{Hg} = \dfrac{a_{Hg}}{X_{Hg}} = \dfrac{a_{Hg}}{1 - X_{Na}} = \dfrac{0.698}{1 - 0.122} = 0.795$

102

Cu-Sn 合金への水素の溶解：溶解度データから $\Delta G°$ 算出

溶融銅-スズ合金に対し，1 atm の H_2 の溶解度（cm³/100 g）は次のようである．

表1

T (K)	1273	1373	1473	1573
100 %Cu	—	5.73	7.34	9.37
88.5 %Cu-11.5 %Sn	3.09	4.11	5.35	6.85
78.3 %Cu-21.7 %Sn	2.11	2.97	3.94	5.10

この水素溶解に対し，K，$\Delta H°$，$\Delta G°$ を算出せよ．

計算に使用するデータ

H_2 の分子量　2.016

気体定数 $R = 8.314$ (J/mol K) $= 0.0821$ (l atm/mol K)

解

気体反応の平衡定数 K の温度変化は，次のように表される．

$$\frac{d \ln K}{dT} = \frac{\Delta H°}{RT^2} \quad \text{(van't Hoff の式)} \tag{1}$$

ここで，$\Delta H°$ が狭い温度領域で一定であるとすると，

$$\ln K = -\frac{\Delta H°}{RT} + C \tag{2}$$

100 %Cu，1373 K のとき溶解する 5.73 cm³/100 g Cu の水素を気体の状態方程式を用いて質量に換算すると

$$\frac{1 \times (5.73 \div 1000) \times 2.016}{0.0821 \times 1373} = 1.02 \times 10^{-4} \text{ (g/100g Cu)}$$

よって，Cu 中の水素濃度は 1.03×10^{-4} (wt%) となる．

同様にして水素の溶解度を wt% に直すと表2となる．

表2

T (K)	1273	1373	1473	1573
100 %Cu	—	1.02×10^{-4}	1.22×10^{-4}	1.46×10^{-4}
88.5 %Cu-11.5 %Sn	5.96×10^{-5}	7.35×10^{-5}	8.92×10^{-5}	1.07×10^{-4}
78.3 %Cu-21.7 %Sn	4.07×10^{-5}	5.31×10^{-5}	6.57×10^{-5}	7.96×10^{-5}

一方，1 atm の H_2 について $1/2\, H_2(g) = H(\text{wt\% in Cu})$ の反応を考えて，

$$K = \frac{a_H}{p_{H_2}^{1/2}} = \frac{H(\text{wt\% in Cu})}{1^{1/2}} = H(\text{wt\% in Cu})$$

よって，K は表2の値と同じになる．

（2）式より，100 %Cu のとき

$$\ln(1.02\times10^{-4})=-\frac{\Delta H°}{1373R}+C$$

$$-)\ \ln(1.46\times10^{-4})=-\frac{\Delta H°}{1573R}+C$$

$$\ln\left(\frac{1.02\times10^{-4}}{1.46\times10^{-4}}\right)=-\frac{\Delta H°}{R}\left(\frac{1}{1373}-\frac{1}{1573}\right)$$

$$\Delta H°=32.20\ (\text{kJ/mol})$$

1573 K での値を(2)式に代入することにより，$C=-6.37$

$$\therefore\ \ln K=-\frac{\Delta H°}{RT}-6.37$$

たとえば，$T=1373$ K のとき

$$\ln K_{1373}=-\frac{32200}{8.314\times1373}-6.37=-9.19$$

$$\Delta G°_{1373}=-RT\ln K_{1373}=-8.314\times1373\times(-9.19)=104.9\ (\text{kJ})$$

以下同様に，88.5 %Cu-11.5 %Sn のとき

$$\ln(5.96\times10^{-5})=-\frac{\Delta H°}{1273R}+C$$

$$-)\ \ln(1.07\times10^{-4})=-\frac{\Delta H°}{1573R}+C$$

$$\ln\left(\frac{5.96\times10^{-5}}{1.07\times10^{-4}}\right)=-\frac{\Delta H°}{R}\left(\frac{1}{1273}-\frac{1}{1573}\right)$$

$$\Delta H°=32.48\ (\text{kJ/mol}),\ C=-6.66$$

78.3 %Cu-21.7 %Sn のとき

$$\ln(4.07\times10^{-5})=-\frac{\Delta H°}{1273R}+C$$

$$-)\ \ln(7.96\times10^{-5})=-\frac{\Delta H°}{1573R}+C$$

$$\ln\left(\frac{4.07\times10^{-5}}{7.96\times10^{-5}}\right)=-\frac{\Delta H°}{R}\left(\frac{1}{1273}-\frac{1}{1573}\right)$$

$$\Delta H°=37.22\ (\text{kJ/mol}),\ C=-6.59$$

以上より，各温度での $\Delta G°$ を計算すると表3を得る．

表3

T (K)	$\Delta G°$ (kJ)				$\Delta H°$ (kJ/mol)
	1273	1373	1473	1573	
100 %Cu	—	104.9	110.2	115.5	32.20
88.5 %Cu-11.5 %Sn	103.0	108.5	114.0	119.6	32.48
78.3 %Cu-21.7 %Sn	107.0	112.4	117.9	123.4	37.22

103

硫化鉄の分解：$\Delta G°$ から分解 S_2 圧算出

FeS_2，$Fe_{(1-x)}S$（$0 \leq x \leq 0.2$）の分解反応の $\Delta G°$ 値に基づき，773 K（500 ℃）にて，パイライト（FeS_2）の分解反応と関与する成分の活量を論ぜよ．また，FeS_2 と $Fe_{(1-x)}S$ が平衡するときの p_{S_2} は，773 K において $p_{S_2}=1.44 \times 10^{-5}$ atm であることが知られている．ただし，パイライトの不定比性は無視できるものとする．また，問 35 の状態図により 773 K で Fe と平衡するときの $Fe_{(1-x)}S$ の x は $x=0$，FeS_2 と平衡するときは $x=0.08$ である．

計算に使用するデータ

$$2FeS_2 = 2Fe_{(1-x)}S + S_2,\ x=0 : \Delta G°=307942-284.5T\ (J) \quad (1)$$

$$2Fe_{(1-x)}S = 2Fe + S_2,\ x=0\ \ : \Delta G°=300494-105.1T\ (J) \quad (2)$$

[解]

Fe-S 系の状態図より，773 K（500 ℃）におけるパイライトの分解反応は，

$$FeS_2 \rightarrow Fe_{(1-x)}S\ (x=0.08 \rightarrow x=0) \rightarrow Fe$$

の経路をとると考えられる．個々の反応は次の通りである．

$$2FeS_2 = 2Fe_{(1-x)}S + S_2,\ x=0.08$$

$$2Fe_{(1-x)}S = 2Fe + S_2,\ x=0$$

関与する成分の活量については，三つの範囲に分けて考える．

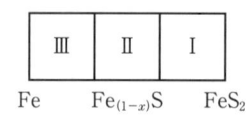

III	II	I
Fe	$Fe_{(1-x)}S$	FeS_2

(I の範囲)

FeS_2 と $Fe_{(1-x)}S$ の二相共存であり，$a_{FeS_2}=1$．
(1)式より，

$$\Delta G°_{773}=88024\ (J)$$

$$K=\frac{a^2_{FeS}\cdot p_{S_2}}{a^2_{FeS_2}}=\exp\left(\frac{-88024}{8.314 \times 773}\right)=1.13 \times 10^{-6}$$

$a_{FeS_2}=1$，$p_{S_2}=1.44 \times 10^{-5}$（atm）より

$$a_{FeS}=0.28$$

((1)式 +(2)式)÷2 より，$FeS_2=Fe+S_2$

$$\Delta G°_{773}=153638\ (J)$$

$$K=\frac{a_{Fe}\cdot p_{S_2}}{a_{FeS_2}}=\exp\left(\frac{-153638}{8.314 \times 773}\right)=4.15 \times 10^{-11}$$

$a_{FeS_2}=1$，$p_{S_2}=1.44 \times 10^{-5}$（atm）より

$$a_{Fe}=2.88 \times 10^{-6}$$

(II の範囲)

各成分の活量の対数は直線的に変化すると仮定する．

(Ⅲの範囲)

Fe と FeS の二相共存であり，$a_{Fe}=1$, $a_{FeS}=1$.
（2）式より，$2FeS=2Fe+S_2$

$$\Delta G°_{773}=219252 \text{ (J)}$$

$$K=\frac{a_{Fe}^2 \cdot p_{S_2}}{a_{FeS}^2}=\exp\left(\frac{-219252}{8.314\times 773}\right)=1.53\times 10^{-15}$$

$a_{Fe}=1$, $a_{FeS}=1$ より $p_{S_2}=1.53\times 10^{-15}$ (atm)

（1）式より，$2FeS_2=2FeS+S_2$

$$K=1.13\times 10^{-6}$$

$a_{FeS}=1$, $p_{S_2}=1.53\times 10^{-15}$ (atm) より

$$a_{FeS_2}=3.68\times 10^{-5}$$

以上をまとめると

(Ⅰの範囲)

$p_{S_2}=1.44\times 10^{-5}$ (atm)	∴	$\log p_{S_2}=-4.84$
$a_{Fe}=2.88\times 10^{-6}$	∴	$\log a_{Fe}=-5.54$
$a_{FeS}=0.28$	∴	$\log a_{FeS}=-0.55$
$a_{FeS_2}=1$,	∴	$\log a_{FeS_2}=0$

(Ⅲの範囲)

$p_{S_2}=1.53\times 10^{-15}$ (atm)	∴	$\log p_{S_2}=-14.82$
$a_{Fe}=1$	∴	$\log a_{Fe}=0$
$a_{FeS}=1$	∴	$\log a_{FeS}=0$
$a_{FeS_2}=3.68\times 10^{-5}$	∴	$\log a_{FeS_2}=-4.43$

以上から，成分の活量変化を図1に示す．

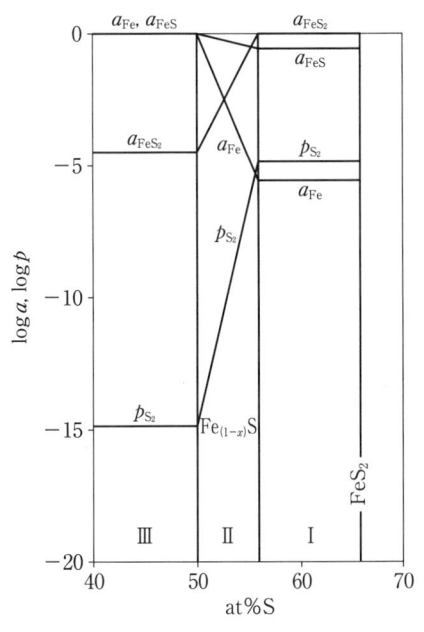

図1 773 K（500℃）における活量変化

(**注**) ref. 2 では，（2）式の $\Delta G°$ として次式が示されている．
$$2FeS(s)=2Fe(s)+S_2(g)：\Delta G°=311200-118.96T \tag{3}$$

また，ref. 2 では，FeS_2 と共存する $Fe_{(1-x)}S$ を 'FeS' と表示して，
$$2'FeS'(s)+S_2(g)=2FeS_2(s)：\Delta G°=-362750+376.56T \tag{4}$$

が与えられており，（4）式より

$$K=\frac{a_{FeS_2}^2}{a_{FeS'}^2 \cdot p_{S_2}}=\exp\left(-\frac{-362750+376.56\times 773}{8.314\times 773}\right)=6.968\times 10^4$$

$a_{FeS_2}=1$, $a_{FeS'}=1$ として $p_{S_2}=1.44\times 10^{-5}$ atm が得られる．

104

Cu–S–O系：ポテンシャル図作成

1473 K（1200 ℃）における Cu–S–O 系の平衡関係を $\log p_{S_2}$ と $\log p_{O_2}$ を両軸とする図の上に表せ．また，図中には $p_{SO_2}=0.2$ とする等 p_{SO_2} 線を加えよ．つづいて p_{SO_2} を一定としたときの Cu 中の S と O の相関を，それぞれの濃度を軸としたグラフに表せ（転炉造銅期反応については問 84 参照）．

計算に使用するデータ

$$4Cu(l)+O_2(g)=2Cu_2O(l)：\Delta G°=-235200+78.20T\ (J)$$

$$4Cu(l)+S_2(g)=2Cu_2S(l)：\Delta G°=-282000+74.52T\ (J)$$

$$2Cu_2O(l)+S_2(g)=2Cu_2S(l)+O_2(g)：\Delta G°=-46800-3.68T\ (J)$$

$$\tfrac{1}{2}S_2(g)+O_2(g)=SO_2(g)：\Delta G°=-362070+73.41T\ (J)$$

$$SO_2\ (mmHg)=S(\%\ in\ Cu)+2O(\%\ in\ Cu)：\Delta G°=128449+1.59T\ (J)$$

解

（1）$4Cu(l)+O_2(g)=2Cu_2O(l)$ より，

$$K=\frac{a_{Cu_2O}^2}{a_{Cu}^4\cdot p_{O_2}}=\frac{1}{p_{O_2}}=\exp\left(\frac{-\Delta G°}{RT}\right)=\exp\left(\frac{120011}{8.314\times 1473}\right)=1.80\times 10^4$$

$$\therefore\ p_{O_2}=5.55\times 10^{-5}$$

$$\log p_{O_2}=-4.25$$

（2）$4Cu(l)+S_2(g)=2Cu_2S(l)$ より，

$$K=\frac{a_{Cu_2S}^2}{a_{Cu}^4\cdot p_{S_2}}=\frac{1}{p_{S_2}}=\exp\left(\frac{172232}{8.314\times 1473}\right)=1.28\times 10^6$$

$$\therefore\ p_{S_2}=7.81\times 10^{-7}$$

$$\log p_{S_2}=-6.11$$

（3）$2Cu_2O(l)+S_2(g)=2Cu_2S(l)+O_2(g)$ より，

$$K=\frac{a_{Cu_2S}^2\cdot p_{O_2}}{a_{Cu_2O}^2\cdot p_{S_2}}=\frac{p_{O_2}}{p_{S_2}}=\exp\left(\frac{52221}{8.314\times 1473}\right)=71.10$$

$$\therefore\ \log p_{O_2}=\log p_{S_2}+1.85$$

（1）〜（3）より，図1を得る．

また，図1に等 SO_2 線を加える．$p_{SO_2}=0.2$ atm のとき

$$K=\frac{p_{SO_2}}{p_{S_2}^{1/2}\cdot p_{O_2}}=\exp\left(\frac{253937}{8.314\times 1473}\right)=1.01\times 10^9$$

$$\therefore\ \log p_{O_2}=-\tfrac{1}{2}\log p_{S_2}+\log p_{SO_2}-9$$

$p_{SO_2}=0.2$ とすると

$$\log p_{O_2}=-\tfrac{1}{2}\log p_{S_2}-9.7$$

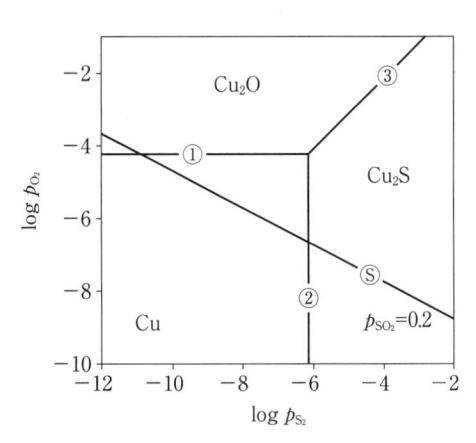

図1 Cu-O-S 系ポテンシャル図

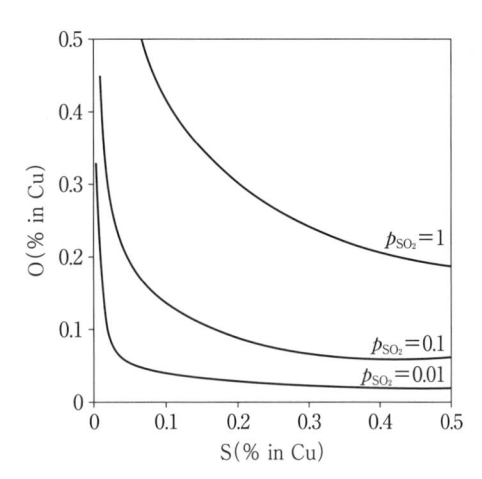

図2 溶銅中の O と S の量

この結果を図1に加える．

次に，Cu 中の S と O の関係を求める．

$$SO_2(mmHg) = S(\% \text{ in Cu}) + 2O(\% \text{ in Cu}) : \Delta G° = 128449 + 1.59T \text{ (J)}$$

$$K = \frac{a_S \cdot a_O^2}{p_{SO_2}} = \frac{[\%S][\%O]^2}{p_{SO_2}} = \exp\left(\frac{-130791}{8.314 \times 1473}\right) = 2.30 \times 10^{-5}$$

$p_{SO_2} = 0.1$ (76 mmHg) のとき

$$\therefore \quad [\%S][\%O]^2 = 2.30 \times 10^{-5} \times 760 \times 0.1 = 1.75 \times 10^{-3}$$

$p_{SO_2} = 0.01$ のとき

$$\therefore \quad [\%S][\%O]^2 = 2.30 \times 10^{-5} \times 760 \times 0.01 = 1.75 \times 10^{-4}$$

$p_{SO_2} = 1$ のとき

$$\therefore \quad [\%S][\%O]^2 = 2.30 \times 10^{-5} \times 760 \times 1 = 1.75 \times 10^{-2}$$

以上より図2を得る．

[**コメント**]

本問は，問84の追加問題である．問84の相互作用係数データと，本問における次式の整合性を検証する．

$$SO_2(mmHg) = S(\% \text{ in Cu}) + 2O(\% \text{ in Cu}) :$$
$$\Delta G° = 128449 + 1.59T$$

1473 K において，$\Delta G° = 130791$ (J)

$$K = \frac{[\%S][\%O]^2}{p_{SO_2}(mmHg)} = 2.30 \times 10^{-5}$$

SO_2 が Cu(l) へ溶解すると，S(% in Cu)≒O(% in Cu) とできるので，

$$S(\% \text{ in Cu}) \text{ または } O(\% \text{ in Cu}) = (2.30 \times 10^{-5} \times p_{SO_2}(mmHg))^{1/3}$$

表 1

p_{SO_2} (atm)	1	0.1	0.01
S, O(% in Cu)	0.260	0.121	0.056

一方，問 84（3）式，（6）式において [%S]＝[%O] とおくと，

$$\log p_{O_2} = -0.752[\%O] + 2\log[\%O] - 4.196$$
$$\log p_{S_2} = -1.0412[\%O] + 2\log[\%O] - 5.756$$

一方，$\frac{1}{2}S_2 + O_2 = SO_2$，$K = 1.01 \times 10^9$，$\log K = 9.004$ より

$$\log p_{SO_2} = \log K + \frac{1}{2}\log p_{S_2} + \log p_{O_2}$$
$$= \log K - 1.273[\%O] + 3\log[\%O] - 7.074$$
$$\therefore \quad \log p_{SO_2} = 1.93 - 1.272[\%O] + 3\log[\%O]$$

表 2

p_{SO_2} (atm)	1	0.1	0.01
S, O(% in Cu)	0.307	0.118	0.052

表 1 と表 2 を比較すると，ほぼ一致しているが，$p_{SO_2} = 1$ (atm) での差がやや大きい．これは，本問で示した $SO_2 = \underline{S} + 2\underline{O}$ のデータでは，S と O の相互作用が考慮されていないことによる．

105

Tiの塩化反応：$\Delta G°$ から平衡関係を考察

チタンの高級塩化物（$TiCl_4$）と低級塩化物（$TiCl_2$）との間には次のような平衡反応があり，不均化反応と呼ばれる．

$$2TiCl_2(s) = Ti(s) + TiCl_4(g):$$
$$\Delta G° = 121336 - 91.21T \ （J）$$

いくつかの温度で，この平衡関係を検討し，反応の進行方向を論ぜよ．

解

$2TiCl_2(s) = Ti(s) + TiCl_4(g)$ において，

$$\Delta G = \Delta G° + RT \ln K$$
$$= 121336 - 91.21T + RT \ln \frac{a_{Ti(s)} p_{TiCl_4(g)}}{a_{TiCl_2(s)}^2}$$

ここで，$a_{Ti(s)} = a_{TiCl_2(s)} = 1$，$p_{TiCl_4(g)} = 1$ atm の場合には，

$$\Delta G = \Delta G°$$

したがって，$\Delta G°$ の正負によって反応の進む方向が決まる．

$\Delta G = 0$ とおくと

$$T = 1330.3 \ K \ （1057.3 \ ℃）$$

$T = 1330.3$ K 以上であれば $\Delta G \leqq 0$ となり，反応は左から右へ進行する．

$T = 1330.3$ K 以下であれば $\Delta G \geqq 0$ となり，反応は右から左へ進行する．

また，$p_{TiCl_4(g)} = 0.1$ atm とすると

$$\Delta G = 121336 - 91.21T + RT \ln 0.1$$
$$= 121336 - 91.21T + 8.314T \times (-2.303)$$
$$= 121336 - 110.36T$$

$\Delta G = 0$ とおくと

$$T = 1099.5 \ K \ （826.5 \ ℃）$$

$T = 1099.5$ K（826.5 ℃）以上で $\Delta G \leqq 0$ となり，反応は左から右へ進行する．

106

溶鉄中の酸素：相互作用助係数から酸素溶解量を算出

ある一定の条件下で純鉄中の酸素量は 0.01 % である．同じ条件下で（すなわち同じ酸素分圧下で） 0.01 %Al, 4 %Cr, 0.1 %Si を含む鋼中の酸素量は計算上どうなるか．ただし

$$e_O^{(Al)}=-0.94,\ e_O^{(Cr)}=-0.041,\ e_O^{(Si)}=-0.14$$

とする．

[解]

鋼中の酸素について次の反応を考える．

$$\frac{1}{2}O_2(g)=\underline{O} \tag{1}$$

$$K=\frac{a_O}{p_{O_2}^{1/2}}=\frac{f_O[\text{wt\% O}]}{p_{O_2}^{1/2}}$$

$$\therefore\ \log[\text{wt\% O}]=\log K-\log f_O+\frac{1}{2}\log p_{O_2} \tag{2}$$

ここで，p_{O_2}, K は純鉄が 0.01 %O を含む平衡条件に対応し純鉄中 $\underline{O}$ が Henry の法則に従うとすれば，純鉄について (1) の反応より

$$\log f_O=0,\ [\text{wt\% O}]=0.01$$

$$\therefore\ \log K+\frac{1}{2}\log p_{O_2}=-2 \tag{3}$$

また求める鋼について (1) の反応を考えると，f_O は与えられたデータより

$$\log f_O=e_O^{(O)}[\text{wt\% O}]+e_O^{(Al)}[\text{wt\% Al}]+e_O^{(Cr)}[\text{wt\% Cr}]+e_O^{(Si)}[\text{wt\% Si}]$$

$\underline{O}$ が希薄で相互作用を無視できるものとし，$e_O^{(O)}\approx 0$ と考える．

$$\log f_O=-0.94\times 0.01+(-0.041)\times 4+(-0.14)\times 0.1$$

$$=-0.1874$$

したがって，求める鋼中の $\underline{O}$ は (2) 式，(3) 式より

$$\log[\text{wt\% O}]=\log K+\frac{1}{2}\log p_{O_2}-\log f_O$$

$$=-2-(-0.1874)$$

$$=-1.8126$$

$$\therefore\ [\text{wt\% O}]=0.015$$

（注） $e_O^{(O)}=0$ としたのは $\underline{O}$ が希薄で $\underline{O}$ の相互作用を無視できるとした場合であるが，$e_O^{(O)}=-0.20$（大谷正康，鉄冶金熱力学（1971）日刊工業新聞社より）を利用すると

$$\log f_O=-0.1874-0.20\times[\text{wt\% O}]$$
$$\log[\text{wt\% O}]=-2-(-0.1874-0.20\times[\text{wt\% O}])$$
$$\therefore\ \log[\text{wt\% O}]-0.20\times[\text{wt\% O}])=-1.8126$$
$$[\text{wt\% O}]=0.015$$

となり，$e_O^{(O)}=0$ とした場合とほとんど変わらない．

[コメント] 計算上は以上のようにして酸素量を求めることができるが，実は Al が 0.01 % 存在すると酸素分圧はもっと低くなり，純鉄中に 0.01 % O を含むような条件とは平衡し得ない．すなわち，$2Al+3\underline{O}=Al_2O_3$ の反応により脱酸が進むため，Al 0.01 % 程度では $\underline{O}$ は $10^{-3} \sim 10^{-4}$ % 程度となる．

[別解（解法のヒント）]

（1） 酸素量を求めるのだから $\frac{1}{2}O_2(g)=\underline{O}$ の反応を考えて

$$K=\frac{a_O}{p_{O_2}^{1/2}}=\frac{f_O[\text{wt\% O}]}{p_{O_2}^{1/2}}$$

$$\therefore \quad \log[\text{wt\% O}]=\log K - \log f_O + \frac{1}{2}\log p_{O_2}$$

（2） 与えられた鋼中の f_O は

$$\log f_O = e_O^{(O)}[\text{wt\% O}]+e_O^{(Al)}[\text{wt\% Al}]+e_O^{(Cr)}[\text{wt\% Cr}]+e_O^{(Si)}[\text{wt\% Si}]$$

（3） p_{O_2} は純鉄が 0.01 % の O を含む場合と同条件ということより

純鉄における $\frac{1}{2}O_2(g)=\underline{O}$ を考え

$$K=\frac{a_O}{p_{O_2}^{1/2}}=\frac{f_O[\text{wt\% O}]}{p_{O_2}^{1/2}}$$

$$\log K = \log f_O + \log[\text{wt\% O}] - \frac{1}{2}\log p_{O_2}$$

$\underline{O}$ が Henry の法則に従うとすれば，$\log f_O = 0$，$[\text{wt\% O}]=0.01$ となり次式が得られる．

$$\log K + \frac{1}{2}\log p_{O_2} = -2$$

107

MgCl₂ の水素還元：量論計算の初歩

MgCl₂ を水素還元して，金属マグネシウムを得ようとする．
$$MgCl_2(g) + H_2(g) = Mg(g) + 2HCl(g) : \Delta G°_{1900} = 147.136 \text{ (kJ)}$$
MgCl₂ と H₂ を同じモル数になるように与え，1900 K（1627 ℃）で全圧 0.1，1，10 atm で反応させた場合，得られる金属マグネシウムの収率を算出せよ（問 22 参照）．

解

生成した Mg のモル数を x（mol）として，
$$MgCl_2(g) + H_2(g) = Mg(g) + 2HCl(g)$$
$$ 1-x \quad\ \ 1-x \quad\ \ x \quad\ \ 2x$$
全モル数は $(1-x) + (1-x) + x + 2x = 2+x$ であるから，
$$p_{MgCl_2} = \frac{1-x}{2+x}P, \quad p_{H_2} = \frac{1-x}{2+x}P, \quad p_{Mg} = \frac{x}{2+x}P, \quad p_{HCl} = \frac{2x}{2+x}P$$
ここで，P は全圧である．

平衡定数 K は，
$$K = \frac{p_{Mg} \cdot p_{HCl}^2}{p_{MgCl_2} \cdot p_{H_2}} = \frac{4x^3}{(1-x)^2(2+x)}P = \exp\left(\frac{-\Delta G°}{RT}\right)$$
$$= \exp\left(-\frac{-147136}{8.314 \times 1900}\right) = 9.01 \times 10^{-5}$$

$P = 0.1$ atm のとき
$$\frac{4x^3}{(1-x)^2(2+x)} \times 0.1 = 9.01 \times 10^{-5}$$
$$\therefore\ 3.9991x^3 + 2.703 \times 10^{-3}x - 1.802 \times 10^{-3} = 0$$
$$\therefore\ x = 7.3727 \times 10^{-2} \qquad\qquad\qquad\qquad \therefore\ \text{収率 7.37 \%}$$

$P = 1$ atm のとき
$$\frac{4x^3}{(1-x)^2(2+x)} \times 1 = 9.01 \times 10^{-5}$$
$$\therefore\ 3.9999x^3 + 2.703 \times 10^{-4}x - 1.802 \times 10^{-4} = 0$$
$$\therefore\ x = 3.4949 \times 10^{-2} \qquad\qquad\qquad\qquad \therefore\ \text{収率 3.49 \%}$$

$P = 10$ atm のとき
$$\frac{4x^3}{(1-x)^2(2+x)} \times 10 = 9.01 \times 10^{-5}$$
$$\therefore\ 3.99999x^3 + 2.703 \times 10^{-5}x - 1.802 \times 10^{-5} = 0$$
$$\therefore\ x = 1.6380 \times 10^{-2} \qquad\qquad\qquad\qquad \therefore\ \text{収率 1.64 \%}$$

108

溶銅からの鉄の酸化除去：$\Delta G°$ から平衡の考察

溶銅中の微量の鉄の酸化除去について検討せよ．ただし，生成する酸化物は純 Fe_3O_4 とする．

（ⅰ）熱力学的に検討すべき反応式を一つあげ，文献を調べ，1523 K（1250 ℃）における平衡定数を求めよ．

（ⅱ）溶銅が酸素で飽和されているときの鉄の活量の概略値を求めよ．

（ⅲ）溶銅中の鉄の希薄溶液に対する活量係数が $\gamma_{Fe}° = 15$ であるとき，（ⅱ）の条件下で求めた鉄の濃度を求めよ．

解

（ⅰ）
$$3Fe(l) + 4Cu_2O(l) = Fe_3O_4(s) + 8Cu(l) \tag{1}$$

$$\frac{3}{2}Fe(l) + O_2(g) = \frac{1}{2}Fe_3O_4(s) : \Delta G_2° = -547830 + 151.17T \text{ (J)} \quad \text{(ref. 2 より)} \tag{2}$$

$$4Cu(l) + O_2(g) = 2Cu_2O(l) : \Delta G_3° = -235200 + 78.20T \text{ (J)} \quad \text{(ref. 2 より)} \tag{3}$$

$$\Delta G_1° = 2\Delta G_2° - 2\Delta G_3° = -625260 + 145.94T \text{ (J)}$$

$$\therefore K_{1523} = \exp\left(\frac{-\Delta G°}{RT}\right) = 6.64 \times 10^{13}$$

（ⅱ）

$$K = \frac{a_{Fe_3O_4} \cdot a_{Cu}^8}{a_{Fe}^3 \cdot a_{Cu_2O}^4} = 6.64 \times 10^{13}$$

$$a_{Fe_3O_4} = 1, \ a_{Cu} = 1, \ a_{Cu_2O} = 1$$

とすると

$$\therefore a_{Fe} = 2.47 \times 10^{-5}$$

（ⅲ）

$$a_{Fe} = \gamma_{Fe}° \cdot N_{Fe}$$

より

$$N_{Fe} = \frac{a_{Fe}}{\gamma_{Fe}°} = \frac{2.47 \times 10^{-5}}{15} = 1.65 \times 10^{-6}$$

$$[\text{wt\% Fe}] = 100 \times \frac{55.85 \times 1.65 \times 10^{-6}}{\{55.85 \times 1.65 \times 10^{-6} + 63.54 \times (1 - 1.65 \times 10^{-6})\}} = 1.45 \times 10^{-4}$$

[コメント] 本問では，生成する酸化物を純 Fe_3O_4 としてあるが，実際には，Fe_3O_4 と $CuFe_2O_4$ の固溶体，あるいは $CuFeO_2$ が生成する．どんな化合物が生成するか判断するところに，金属製錬プロセスに関わる技術者のセンスが要求される．また，（ⅱ），（ⅲ）では，酸素飽和であり，$a_{Cu_2O} = 1$ としているが，実際には，$a_{Cu_2O} = 0.2〜0.3$ であり，wt% Fe は 0.01 % 程度となる．

109 Pb からの脱銅：$\Delta G°$ から平衡の考察

溶融鉛の加硫脱銅について次の問に答えよ．ただし，反応生成物は純 $Cu_2S(\beta)$ とする．

（ⅰ） 熱力学的に検討すべき反応式を一つあげ，文献を調べ 600 K（327℃）と 800 K（527℃）における平衡定数を求めよ．

（ⅱ） 仮に生成硫化物が純固体硫化物であるとき，600 K および 800 K における鉛中の銅の活量を求めよ．

（ⅲ） 溶融鉛中の銅の活量が wt% に対して直線的に変わるとき，600 K および 800 K における脱銅限界を求めよ．解答には，図1の状態図を参考にせよ．

解

（ⅰ）
$Pb(l)+Cu_2S(s)=PbS(s)+2Cu(s)$：
$\Delta G°=-32390+56.74T$ （J）　　（ref. 2, 136 より）
$\Delta G°=-RT \ln K$ の関係を用いて，
$$K_{600}=0.718$$
$$K_{800}=0.142$$

（ⅱ）
（ⅰ）で用いた反応式より，
$$K=\frac{a_{PbS} \cdot a_{Cu}^2}{a_{Pb} \cdot a_{Cu_2S}}$$
生成硫化物が純粋な固体であることから
$$a_{PbS}=1,\ a_{Cu_2S}=1,$$
また $a_{Pb}=1$ とおけるので
$$K=a_{Cu}^2$$
600 K：$a_{Cu}=0.847$
800 K：$a_{Cu}=0.377$

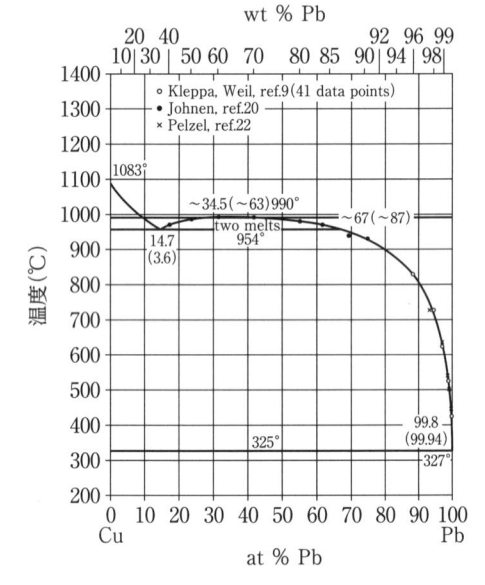

図1 Cu-Pb 系の状態図

（ⅲ）
Cu-Pb 系状態図より，
600 K の Pb への Cu の溶解度は 0.06 wt%
800 K の Pb への Cu の溶解度は 0.5 wt%

溶解度以上の濃度では，固体 Cu が別相として共存するので $a_{Cu}=1$ と考えてよい．与えられた条件により a_{Cu} は wt% に対して直線的に変化して溶解限で $a_{Cu}=1$ となる．したがって，Pb 中の Cu の残存量を w_{Cu} とすると，

600 K のとき
$$w_{Cu} = 0.847 \times 0.06 = 0.051\ \%$$

800 K のとき
$$w_{Cu} = 0.376 \times 0.5 = 0.188\ \%$$

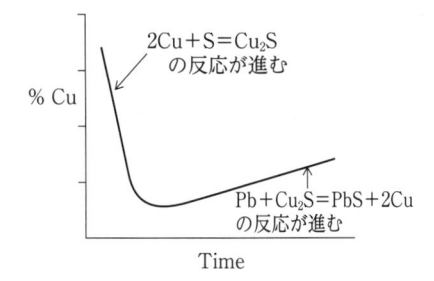

[コメント] S を添加する加硫脱銅法では，ときには Cu を 0.001 % 以下にまで除去可能である．この原因には諸説あるが，そのうちの一つは，Cu と S，Pb と S の反応速度の差に起因するものである．つまり，添加した S はまず Cu と反応し Cu_2S を形成する．このとき，Cu/Cu_2S 平衡においては，S が存在することによって解答よりも S の活量が大きく，a_{Cu} が小さくなると考える．Pb と S との反応は遅いため，時間が経過してから Pb と S，もしくは Pb と Cu_2S から PbS が形成すると考える．実際に，図 2 のようなデータもある（ref.2, 136 参照）．

図2 鉛中の銅濃度の変化

110

Sn の乾式還元：$\Delta G°$ から製錬プロセスの考察

錫の乾式還元製錬を簡単化して $SnO_2(s)$ と $FeO(l)$ の選択還元であると考え，次の問に答えよ．

（ⅰ）熱力学的に検討すべき反応式を一つあげ，文献より値を探し，1473 K（1200 ℃）で平衡定数を求めよ．

（ⅱ）Sn-Fe 系状態図に基づき，1473 K における Sn，Fe の活量曲線の概略を描け．
ただし，それぞれの活量係数は，小池[1]の 1623 K（1350 ℃）におけるデータより

$$\log \gamma_{Fe}=0.88(x_{Sn})^2 : 0 \leq x_{Sn}^2 \leq 1 \qquad (1)$$

$$\log \gamma_{Sn}=0.89(x_{Fe})^2 : 0 \leq x_{Fe}^2 \leq 0.6 \qquad (2)$$

$$\log \gamma_{Sn}=0.17+0.61(x_{Fe})^2 : 0.6 \leq x_{Fe}^2 \leq 1 \qquad (3)$$

であるとせよ．

（ⅲ）Fe の活量がそれぞれ 0.1 および 0.8 であるとき SnO_2 の活量を求めよ．ただし，FeO の活量は常に 0.4 であるとする．また，得られた結果を実際の製錬過程と結びつけて説明せよ．

解

（ⅰ）ref. 2, 70 より

$$Sn(l)+O_2(g)=SnO_2(s) : \Delta G°=-584090+212.55T \ (J) \qquad (4)$$

$$2Fe(s)+O_2(g)=2FeO(l) : \Delta G°=-477560+97.06T \ (J) \qquad (5)$$

（4）−（5）より

$$Sn(l)+2FeO(l)=SnO_2(s)+2Fe(s) :$$
$$\Delta G°=-106530+115.49T \ (J) \qquad (6)$$

$T=1473$（K）における（6）式の平衡定数を K とすると

$$K_{(6),1473}=\frac{a_{Fe}^2 \cdot a_{SnO_2}}{a_{Sn} \cdot a_{FeO}^2}=5.56 \times 10^{-3} \qquad (7)$$

（ⅱ）Fe-Sn 系の状態図より 1473 K において

$0 \leq x_{Sn} \leq 0.073$	α-Fe 相
$0.073 \leq x_{Sn} \leq 0.243$	α-Fe＋Liquid（2相）
$0.243 \leq x_{Sn} \leq 0.311$	Liquid 相
$0.311 \leq x_{Sn} \leq 0.78$	Liquid（1）＋Liquid（2）（2液相）
$0.78 \leq x_{Sn} \leq 1$	Liquid 相

以上より（1）〜（3）式を用い活量曲線の概略を求め，図1に示す．

（ⅲ）（ⅱ）より $a_{Fe}=0.1$，$a_{Fe}=0.8$ のときの a_{Sn} を求め，（ⅰ）の平衡定数より a_{SnO_2} を求める．

（a）$a_{Fe}=0.1$ のとき（ⅱ）より $a_{Sn}=0.98$．題意より $a_{FeO}=0.4$ であるから（7）式より

$$\frac{a_{Fe}^2 \cdot a_{SnO_2}}{a_{Sn} \cdot a_{FeO}^2}=5.56 \times 10^{-3}$$

110 Snの乾式還元：$\Delta G°$から製錬プロセスの考察

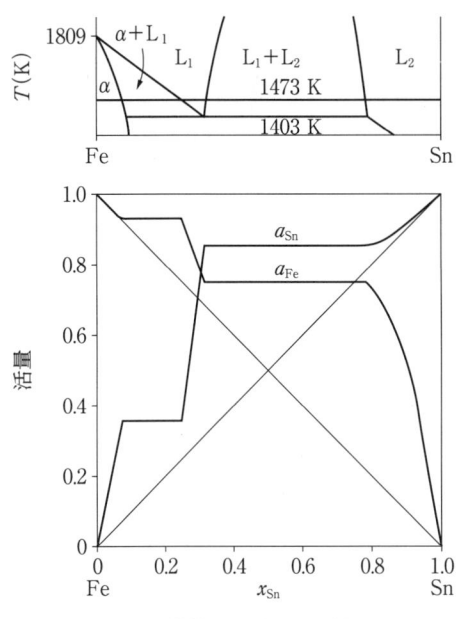

図1 状態図と活量の関係

$$\therefore a_{SnO_2} = 5.56 \times 10^{-3} \times \frac{0.98 \times (0.4)^2}{(0.1)^2}$$

$$= 0.087$$

（b） $a_{Fe}=0.8$ のとき(ⅱ)より $a_{Sn}=0.71$．また $a_{FeO}=0.4$ より

$$a_{SnO_2} = 5.56 \times 10^{-3} \times \frac{0.71 \times (0.4)^2}{(0.8)^2}$$

$$= 0.00099$$

（a），（b）よりSn製錬の第一段においてはスラグ中へのSnのロスが大きく，第二段の"からみ吹き"においてFeも還元させるほど強還元にすると，スラグロスは少なくなることが分かる．

（**注**） 本問作成時においてはSnOの熱力学データ不備のため，SnO_2としてある．ref.2, 70においてはSnOで計算している．

[**コメント**] Sn-Fe系の活量については以下の報告がある．
（1）〜（4）のすべてのデータとも活量が正に大きく偏移している．この問題では1473 K（1200 ℃）での検討であることから，小池[1]の実験温度と近いため，小池[1]のデータを参考にした．
（1）小池一男, 錫製錬に関連する融体の熱力学的研究（1983）東北大学博士論文．（1623 K）
（2）丸山信俊, 萬谷志郎, 日本金属学会誌, **44**（1980）1422．（1873 K）
（3）ref. 4．（1820 K）
（4）C. Wagner and G. R. St. Pierre, Met. Trans., **3**（1972）2873．（1810 K）

111

ZnS の還元揮発：量論計算による生成物量算出

ZnS の還元揮発を単純に考え，多量の ZnS が固体炭素と共に，一定温度に保持されているところへ，中性のキャリアガス（I）を流して生成ガスを 1 atm の下で導き出すとする．炭素 1 mol が反応で CS_2 に消費された場合に反応した ZnS 量，各種ガスのモル数を，1473 K（1200 ℃）および 1573 K（1300 ℃）で計算せよ．

計算に使用するデータ

$$ZnS(s) = Zn(g) + \frac{1}{2}S_2(g) : \Delta G° = 397350 + 33.7 T \log T - 313.5 T \text{ (J)} \tag{1}$$

$$C(s) + S_2(g) = CS_2(g) : \Delta G° = -10390 - 7.36 T \text{ (J)} \tag{2}$$

解

ZnS(s) が C で還元される反応は，(1)式および(2)式より，

$$2ZnS(s) + C(s) = 2Zn(g) + CS_2(g) : \Delta G° = 784310 + 67.4 T \log T - 634.36 T \text{ (J)} \tag{3}$$

1473 K では $\Delta G°_{1473} = 164438$ (J)　　1573 K では $\Delta G°_{1573} = 125380$ (J)

平衡定数 K は，$\Delta G° = -RT \ln K$ より

$$K_{1473} = p_{Zn}^2 \cdot p_{CS_2} = 1.474 \times 10^{-6} \tag{4}$$

$$K_{1573} = p_{Zn}^2 \cdot p_{CS_2} = 6.865 \times 10^{-5} \tag{5}$$

また，p_{Zn}，p_{CS_2} の間には当量関係があり，

$$p_{Zn} = 2 p_{CS_2} \tag{6}$$

また，流した中性キャリアガスの量を n_I とすると，全ガス量 n_T は，

$$n_T = n_{Zn} + n_{CS_2} + n_I \tag{7}$$

また，生成ガスの圧力は 1 atm であるから

$$\frac{n_{Zn}}{n_T} = p_{Zn} \tag{8}$$

$$\frac{n_{CS_2}}{n_T} = p_{CS_2} \tag{9}$$

$$\frac{n_I}{n_T} = p_I \tag{10}$$

今，初めの炭素が 1 mol であるから $n_{CS_2} = 1$ mol となり，(4)〜(10)式よりそれぞれのモル数および分圧を各温度で求めると表1のようになる．反応 ZnS はいずれの場合も 2 mol である．

表 1

	p_{CS_2} (atm)	n_{CS_2}	p_{Zn} (atm)	n_{Zn}	p_I (atm)	n_I	p_T (atm)	n_T
1473 K	7.170×10^{-3}	1	1.434×10^{-2}	2	0.9785	136.47	1	139.47
1573 K	2.579×10^{-2}	1	5.158×10^{-2}	2	0.9226	35.78	1	38.78

[**コメント**] 以上の結果は反応生成物として CS を無視して計算した結果であるが，高温になると CS が無視できなくなるため CS を考慮して計算してみる．反応式は次の三つである．

$$ZnS(s) = Zn(g) + \frac{1}{2}S_2(g) : \Delta G° = 397350 + 33.7T \log T - 313.5T \quad (J) \tag{11}$$

$$C(s) + S_2(g) = CS_2(g) \quad : \Delta G° = -10390 - 7.36T \quad (J) \tag{2}$$

$$C(s) + \frac{1}{2}S_2(g) = CS(g) \quad : \Delta G° = 246856 - 95.186T \quad (J) \quad (\text{ref. 1 より}) \tag{12}$$

上の反応の平衡定数を 1473 K, 1573 K で求めると

(11)式より $\quad K^{(11)} = p_{Zn} \cdot p_{S_2}^{1/2}, \quad K_{1473}^{(11)} = 5.103 \times 10^{-4}, \quad K_{1573}^{(11)} = 3.580 \times 10^{-3}$ (13)

(2)式より $\quad K^{(2)} = \dfrac{p_{CS_2}}{p_{S_2}}, \quad K_{1473}^{(2)} = 5.661, \quad K_{1573}^{(2)} = 5.364$ (14)

(12)式より $\quad K^{(12)} = \dfrac{p_{CS}}{p_{S_2}^{1/2}}, \quad K_{1473}^{(12)} = 1.652 \times 10^{-4}, \quad K_{1573}^{(12)} = 5.950 \times 10^{-4}$ (15)

また，モルバランスを考えると

$$Zn : n_{ZnS} = n_{Zn} \tag{16}$$

$$C : 1 = n_{CS} + n_{CS_2} \tag{17}$$

$$S : n_{ZnS} = n_{CS} + 2n_{CS_2} + 2n_{S_2} \tag{18}$$

$$n_T = n_{Zn} + n_{S_2} + n_{CS} + n_{CS_2} + n_I \tag{19}$$

また，全圧 $P_T = 1$ atm であるから成分 i のモル数を n_i とすると

$$\frac{n_i}{n_T} = p_i \tag{20}$$

(13), (14), (15)式および(16), (18)式および(20)式より

$$p_{Zn}^3 - K^{(11)} K^{(12)} p_{Zn} - 2(K^{(12)})^2 (K^{(2)} + 1) = 0 \tag{21}$$

(21)式より p_{Zn} を求め，これを(13)～(20)式に代入し，それぞれのガスおよび ZnS の量を求めると表 2 の結果を得る．

表 2

	1473 K	1573 K		1473 K	1573 K
p_{Zn}	0.01526 atm	0.05484 atm	n_{S_2}	0.1765 mol	0.1861 mol
p_{S_2}	1.1184×10^{-3} atm	4.2528×10^{-3} atm	n_{CS_2}	0.9991 mol	0.9983 mol
p_{CS_2}	6.3313×10^{-3} atm	2.2813×10^{-2} atm	n_{CS}	8.7182×10^{-4} mol	1.6981×10^{-3} mol
p_{CS}	5.5246×10^{-6} atm	3.8804×10^{-5} atm	n_I	154.22 mol	40.175 mol
p_I	0.97728 atm	0.91806 atm	n_T	157.81 mol	43.761 mol
n_{Zn}	2.4081 mol	2.3999 mol	n_{ZnS}	2.4081 mol	2.3999 mol

以上の結果より p_{Zn} は CS を考慮した場合としない場合でほとんど違いが出ず，いずれも p_{Zn} は小さい値となる．参考として ZnS の解離反応による p_{Zn} の結果を示す．

$$2Zn(g) + S_2(g) = 2ZnS(s) : \Delta G° = -733880 + 378.24T \quad (J) \tag{22}$$

この反応式より $p_{Zn} = 2p_{S_2}$ として表 3 の結果を得る．以上より，C を使用した場合は，単純解離反応よりは p_{Zn} が大きくなるがそれほどの期待はもてないことが分かる．

表 3

	1473 K	1573 K
p_{Zn}	0.01026 atm	0.03653 atm

112

ZnS の CO 還元：量論計算による生成物量算出

ZnS の CO ガス 1 mol による還元について COS が生成するとの仮定の基に，1 atm の下で，1473 K (1200 ℃)，1573 K (1300 ℃) で計算し，生成ガス中の各成分のモル数を求めよ．また CO 1 mol と N_2 9 mol の混合ガスで，1573 K で還元する場合はどうか．

計算に使用するデータ（ref. 2 より）

$$2CO(g) + S_2(g) = 2COS(g) : \Delta G° = -190320 + 159.24T \text{ (J)} \tag{1}$$

$$2Zn(g) + S_2(g) = 2ZnS(s) : \Delta G° = -733880 + 378.24T \text{ (J)} \tag{2}$$

解

((1)式－(2)式)/2 より

$$ZnS(s) + CO(g) = Zn(g) + COS(g) : \Delta G° = 271780 - 109.5T \text{ (J)} \tag{3}$$

反応した ZnS の量を x mol とすると，ガスの生成は次のように与えられる．

$$CO(g) : (1-x) \text{ mol}$$
$$Zn(g) : \quad x \text{ mol}$$
$$\underline{COS(g) : \quad x \text{ mol}}$$
$$\text{全ガスのモル数} \quad (1+x) \text{ mol}$$

したがってガスの分圧は，全圧が 1 atm であるので

$$p_{CO} = \frac{1-x}{1+x}, \quad p_{Zn} = \frac{x}{1+x}, \quad p_{COS} = \frac{x}{1+x} \text{ (atm)} \tag{4}$$

(3)式の平衡定数 K は，

$$K = \frac{p_{Zn} \cdot p_{COS}}{p_{CO}}$$

$$= \exp\left(-\frac{32687.9}{T} + 13.170\right) \tag{5}$$

(4)式を(5)式に代入し，

$$K = \frac{x^2}{(1+x)(1-x)}$$

$$\therefore \quad x = \sqrt{\frac{K}{1+K}} \tag{6}$$

1473 K において，(5)式より，

$$K = 1.208 \times 10^{-4}$$

(6)式より，

$$x = 1.099 \times 10^{-2} \text{ (mol)}$$

したがって各ガスのモル数は，

$$CO(g) : 0.989 \text{ mol}$$
$$Zn(g) : 0.011 \text{ mol}$$
$$COS(g) : 0.011 \text{ mol}$$

1573 K においても同様に，$K=4.951\times 10^{-4}$ であり，$x=2.225\times 10^{-2}$ (mol)．故に各ガスのモル数は，

$$\text{CO(g)} : 0.978 \text{ mol}$$
$$\text{Zn(g)} : 0.022 \text{ mol}$$
$$\text{COS(g)} : 0.022 \text{ mol}$$

CO 1 mol，N_2 9 mol の混合ガスを使用した場合，上と同様に，反応した ZnS の量を x mol で与えることによって，各ガスの成分は次のようになる．

$$\text{CO(g)} : (1-x) \text{ mol}$$
$$\text{Zn(g)} : x \text{ mol}$$
$$\text{COS(g)} : x \text{ mol}$$
$$\underline{\text{N}_2\text{(g)} : 9 \text{ mol}}$$
$$\text{全ガスのモル数} \quad (10+x) \text{mol}$$

よって各ガスの分圧は，

$$p_{\text{CO}}=\frac{1-x}{10+x},\quad p_{\text{Zn}}=\frac{x}{10+x},\quad p_{\text{COS}}=\frac{x}{10+x},\quad p_{\text{N}_2}=\frac{9}{10+x} \text{ (atm)}$$

上式を(5)式に代入すると，

$$K=\frac{x^2}{(10+x)(1-x)}$$

この式を x について整理し，

$$(1+K)x^2+9Kx-10K=0$$

を得る．1573 K における平衡定数 $K=4.951\times 10^{-4}$ を上式に代入し，x について解くと

$$x=0.068 \text{ mol}$$

故に，各ガスの成分は，

$$\text{CO(g)} : 0.932 \text{ mol}$$
$$\text{Zn(g)} : 0.068 \text{ mol}$$
$$\text{COS(g)} : 0.068 \text{ mol}$$
$$\text{N}_2\text{(g)} : 9 \text{ mol}$$

編者紹介

早稲田 嘉夫（わせだ よしお）
東北大学 多元物質科学研究所 教育研究支援者
東北大学名誉教授

大藏 隆彦（おおくら たかひこ）
早稲田大学 理工学術院 客員教授
東京大学 生産技術研究所 特任研究員

森 芳秋（もり よしあき）
住友金属鉱山株式会社 技術本部
技術企画部 担当部長

岡部 徹（おかべ とおる）
東京大学 生産技術研究所 教授

宇田 哲也（うだ てつや）
京都大学 大学院工学研究科 准教授

2011年 7月10日 第1版発行

矢澤彬の熱力学問題集

編者の了解により検印を省略いたします

ⓒ編者　早稲田　嘉夫
　　　　大藏　隆彦
　　　　森　芳秋
　　　　岡部　徹
　　　　宇田　哲也

発行者　内田　学
印刷者　山岡　景仁

発行所　株式会社　内田老鶴圃　〒112-0012 東京都文京区大塚3丁目34-3
電話 03(3945)6781(代)・FAX 03(3945)6782
http://www.rokakuho.co.jp
印刷・製本／三美印刷 K.K.

Published by UCHIDA ROKAKUHO PUBLISHING CO., LTD.
3-34-3 Otsuka, Bunkyo-ku, Tokyo 112-0012, Japan

U. R. No. 587-1

ISBN 978-4-7536-5550-2　C3042

X線構造解析　原子の配列を決める

早稲田嘉夫・松原英一郎　著　A5・308頁・本体 3800 円（税別）

X線の基本的な性質／結晶の幾何学／結晶面および方位の記述法／原子および結晶による回折／粉末資料からの回折／簡単な結晶の構造解析／結晶物質の定量および微細結晶粒子の解析／実格子と逆格子／原子による散乱強度の導出／小さな結晶からの回折および積分強度／結晶における対称性の解析／非晶質物質による散乱強度／異常散乱による複雑系の精密構造解析

演習 X線構造解析の基礎　必修例題とその解き方

早稲田嘉夫・松原英一郎・篠田弘造　著　A5・276頁・本体 3800 円（税別）

X線の発生と基本的な性質　問題と解法（11題）／結晶の幾何学および記述法　問題と解法（22題）／原子および結晶による散乱・回折　問題と解法（13題）／粉末結晶試料からの回折および簡単な結晶の構造解析　問題と解法（18題）／逆格子および結晶からの積分強度　問題と解法（18題）／結晶の対称性解析と International Table の利用法　問題と解法（8題）／演習問題（95題）／演習問題解答

金属の相変態　材料組織の科学 入門

榎本正人　著　A5・304頁・本体 3800 円（税別）

序論／自由エネルギーと相平衡／変態核の生成／拡散変態界面の移動／3成分系における拡散律速成長と溶解／異相界面の構造とエネルギー／マッシブ変態／セル状析出と共析変態／マルテンサイトとベイナイト　付録／化学ポテンシャルのローゼボームの式，ガウスの誤差関数，3成分系の連立拡散方程式の一般解，鉄合金の拡散係数

材料における拡散　格子上のランダム・ウォーク

小岩昌宏・中嶋英雄　著　A5・328頁・本体 4000 円（税別）

拡散の現象論／拡散の原子論 I—ランダム・ウォークと拡散／拡散の原子論 II—拡散の機構／純金属および合金における拡散／拡散による擬弾性―侵入型原子の拡散―／拡散における相関効果／ランダム・ウォーク理論の基礎／濃度勾配下での拡散／高速拡散路―粒界・転位・表面―に沿った拡散／さまざまな物質における拡散／電場および温度勾配下での拡散／多相系における拡散／析出と粗大化の速度論

再結晶と材料組織　金属の機能性を引きだす

古林英一　著　A5・212頁・本体 3500 円（税別）

再結晶とは何か　再結晶の領域／再結晶と材料工学／再結晶に及ぼす材料因子とプロセス因子の影響／回復および再結晶過程の測定法／1次結晶化の定式化　再結晶をより深く知るために　集合組織と再結晶／再結晶優先方位の形成機構／金属組織と再結晶

鉄鋼材料の科学　鉄に凝縮されたテクノロジー

谷野 満・鈴木 茂　著　A5・304頁・本体 3800 円（税別）

金属結晶と格子欠陥／鉄鋼材料の基礎知識／鉄ができるまで／鋼の基本的性質／鉄鋼材料を強くする手段／鉄鋼材料の破壊現象／構造用鉄鋼材料の材質設計／種々の鉄鋼材料の材質制御／表面反応と表面改質／錆とのたたかい／多様な機能をもつ鉄鋼製品／鉄の未来

Kingery/Bowen/Uhlmann：Introduction to Ceramics
セラミックス材料科学入門

基礎編・応用編　小松和蔵・佐多敏之・守吉佑介・北澤宏一・植松敬三訳

基礎編　A5・622頁・本体 8800 円（税別）　応用編　A5・480頁・本体 7800 円（税別）

基礎編　1　セラミックスの製造工程とその製品／2　結晶の構造／3　ガラスの構造／4　構造欠陥／5　表面・界面・粒界／6　原子の移動／7　セラミックスの状態図／8　相転移・ガラス形成・ガラスセラミックス／9　固体の関与する反応と固体反応／10　粒成長・焼結・溶化／11　セラミックスの微構造
応用編　12　熱的性質／13　光学的性質／14　塑性変形・粘性流動・クリープ／15　弾性・粘弾性・強度／16　熱応力と組成応力／17　電気伝導／18　誘電的性質／19　磁気的性質

表示の価格は税別の本体価格です．　　　　　　　　　　　　http://www.rokakuho.co.jp